Umweltinformationssysteme – Vielfalt, Offenheit, Komplexität

Frank Fuchs-Kittowski · Andreas Abecker ·
Friedhelm Hosenfeld · Heidrun Ortleb ·
Michael Klafft
(Hrsg.)

Umweltinformationssysteme – Vielfalt, Offenheit, Komplexität

Tagungsband des 29. Workshops
"Umweltinformationssysteme (UIS 2022)"
des Arbeitskreises „Umweltinformationssysteme" der Fachgruppe „Informatik
im Umweltschutz" der Gesellschaft für
Informatik e.V. (GI)

Hrsg.
Frank Fuchs-Kittowski
Umweltinformatik, HTW Berlin
Berlin, Deutschland

Friedhelm Hosenfeld
DigSyLand
Husby, Deutschland

Michael Klafft
Management Information Technologie, Jade
Hochschule
Wilhelmshaven, Deutschland

Andreas Abecker
Disy Informationssysteme GmbH
Karlsruhe, Deutschland

Heidrun Ortleb
Angewandte Informatik, Jade Hochschule
Wilhelmshaven, Deutschland

ISBN 978-3-658-39795-1   ISBN 978-3-658-39796-8   (eBook)
https://doi.org/10.1007/978-3-658-39796-8

Die Deutsche Nationalbibliothek verzeichnet diese Publikation in der Deutschen Nationalbibliografie; detaillierte bibliografische Daten sind im Internet über http://dnb.d-nb.de abrufbar.

Planung/Lektorat: Daniel Fröhlich
Springer Vieweg ist ein Imprint der eingetragenen Gesellschaft Springer Fachmedien Wiesbaden GmbH und ist ein Teil von Springer Nature.
Die Anschrift der Gesellschaft ist: Abraham-Lincoln-Str. 46, 65189 Wiesbaden, Germany

Vorwort

Dieses Buch präsentiert die wichtigsten Forschungsergebnisse der 29. Ausgabe der seit langem etablierten, interdisziplinären Konferenzreihe über Umweltinformationssysteme (UIS 2022) des Arbeitskreises Umweltinformationssysteme der Gesellschaft für Informatik e.V. (GI).

Die Konferenz wurde vom Arbeitskreis Umweltinformationssysteme der Gesellschaft für Informatik vom 11. bis 13. Mai 2022 an der Jade Hochschule in Wilhelmshaven durchgeführt und stand unter dem Motto „Vielfalt – Offenheit - Komplexität". Sie wurde vom Arbeitskreis Umweltinformationssysteme der Gesellschaft für Informatik in Zusammenarbeit mit der Jade Hochschule Wilhelmshaven organisiert. Die Organisation lag in den Händen von Friedhelm Hosenfeld (DigSyLand), Dr. Andreas Abecker (Disy Informationssysteme GmbH), Anja Reineke (Umweltbundesamt) und Prof. Dr. Frank Fuchs-Kittowski (HTW Berlin) seitens des Arbeitskreises Umweltinformationssysteme sowie Prof. Dr. Heidrun Ortleb und Prof. Dr. Michael Klafft seitens der Gastgeberin Jade Hochschule Wilhelmshaven.

Ziel der Konferenzreihe „Umweltinformationssysteme (UIS)" ist es, den neuesten Stand der Forschung und Entwicklung auf dem Gebiet der Umweltinformatik (UI) und umweltbezogener IT-Anwendungsbereiche vorzustellen und zu diskutieren. Dies umfasst sowohl Konzepte und Anwendungen von Umweltinformationssystemen als auch Technologien, die moderne Umweltinformationssysteme unterstützen und ermöglichen. Der offene Erfahrungsaustausch zwischen Fachleuten aus öffentlicher Verwaltung, Wirtschaft und Wissenschaft steht dabei traditionsgemäß im Fokus der jährlich stattfindenden Konferenz.

Die Tagung richtet sich zum einen an UIS-Anwender:innen (z.B. aus Behörden) und Fachexpert:innen aus dem Umweltbereich (z.B. aus Geoökologie, Hydrologie, Biologie, Geographie etc.), zum anderen an UIS-Entwickler:innen (z.B. aus Unternehmen) und zudem an UIS-Wissenschaftler:innen (z.B. aus Hochschulen und Forschungseinrichtungen). Der Workshop soll UIS-Entwicklern:innen ermöglichen, Lösungen vorzustellen und deren Nutzbarkeit mit Fachanwender:innen kritisch zu diskutieren. Er soll helfen, Erfahrungen und Anforderungen von UIS-Anwender:innen frühzeitig an Entwickler:innen zu kommunizieren, um neue Bedürfnisse zu identifizieren. Zudem sollen neuartige Ideen und Ansätze aus der Forschung Perspektiven und Chancen für innovative UIS eröffnen.

Die zum „Aufruf zum Einreichen von Beiträgen" eingereichten Beitragsvorschläge für die UIS2022 wurden einem intensiven Review durch das Programmkomitee unterzogen. Zu jedem Beitragsvorschlag wurden mehrere Gutachten erstellt. Als Ergebnis dieses Reviews wurden 23 Beiträge zum Vortrag auf der Tagung angenommen. Danach erfolgte ein weiteres Review der überarbeiteten Langfassungen durch das Programmkomitee mit mehreren Gutachten pro Beitrag, in dessen Ergebnis 13 Beiträge zur Veröffentlichung in diesem Konferenzband angenommen wurden.

Die in diesem Tagungsband enthaltenen Beiträge bilden eine breite Vielfalt an Themen und aktuellen wissenschaftlichen Diskussionen zum Einsatz moderner Informations- und Kommunikationstechnologien (IKT) im Umweltbereich ab. Die Beiträge wurden in vier Blöcken strukturiert:

- KI und Maschinelles Lernen im Umweltbereich
- Innovative Umweltdatenbereitstellung und -visualisierung
- Modellierung mariner Systeme
- Moderne Anwendungen für Behörden und zur Entscheidungsunterstützung

Der erste Block **„KI und Maschinelles Lernen im Umweltbereich"** zeigt, wie im Umweltbereich innovative Methoden der Künstlichen Intelligenz und des Maschinellen Lernens eingesetzt werden können. Der erste Beitrag in diesem Block stellt ein Konzept vor, in dem Maschinelle Lernverfahren zur Verarbeitung (z.B. zur Interpolation) von Satellitendaten eingesetzt werden, um diese Daten zur Überwachung der Meere sowie zum Aufbau eines digitalen Zwillings, der die Meere realistisch digital abbildet, nutzen zu können. Im zweiten Beitrag wird ein auf KI-Methoden basiertes Verfahren vorgestellt, das aus an bestimmten Beobachtungspunkten aufgenommenen Bildern des Wattbodens die Bereiche mit Seegras extrahiert und aus diesen die Bedeckung berechnet. Der dritte Beitrag stellt die Ergebnisse einer Analyse des Einflusses des Wetters auf die Fahrgeschwindigkeiten von Lastkraftwagen und Fernbussen mittels KI-basierter Methoden vor, um damit Navigationssysteme und Frühwarnsysteme zu verbessern. Der letzte Beitrag in diesem Block präsentiert ein mehrstufiges Verfahren (Prozessmodell), in dem Geodaten mit Algorithmen der Künstlichen Intelligenz verarbeitet werden, um damit 3D-Objekte effizient und automatisiert zu identifizieren und zu generieren.

Der zweite Block **„Innovative Umweltdatenbereitstellung und -visualisierung"** wird von einem Beitrag eröffnet, der eine mobile Anwendung mit Erweiterter Realität (Augmented Reality) zur dreidimensionalen Visualisierung geplanter Freiflächen-Photovoltaik-Anlagen präsentiert, sodass bereits in der Planungsphase solche Anlagen realitätsnah vor Ort visualisiert und potenzielle Auswirkungen auf das Landschaftsbild diskutiert werden können. Danach folgt ein Beitrag, der sich mit der Bereitstellung der Datengrundlagen für ein Modell zur Berechnung der potenziellen Treibhausgaseinsparungen durch den Einsatz von Holz als Baumaterial beschäftigt, sodass die geplanten Berechnungen effizient und deutschlandweit durchgeführt werden können. Der letzte Beitrag in diesem Block beschreibt, wie die neue Generation von OGC-Standards (insb. OGC API Features und OGC SensorThings API) genutzt werden kann, um Luftqualitätsdaten und zugehörige Stationsinformationen leichtwichtig und entwicklerfreundlich bereitzustellen.

Ein besonderer Schwerpunkt der UIS-Tagung lag in diesem Jahr aufgrund des Veranstaltungsorts Wilhelmshaven auf der **„Modellierung mariner Systeme"**. Die Beiträge im dritten Block befassen sich mit diesem Thema. Der erste Beitrag in diesem Block stellt ein Konzept vor zur Erstellung eines Umweltzustandsbildes (als Teil eines Küstenzustandsbildes), um marine Ökosysteme und Einflüsse des Küstenschutzes auf diese zu beschreiben. Auch der folgende Beitrag beschäftigt sich mit der Zustandsbewertung mariner Ökosysteme, wobei mit Hilfe eines künstlichen neuronalen Netzes Habitate des Bäumchenröhrenwurms detektiert werden. Der letzte Beitrag in diesem Block stellt die Ergebnisse der Anforderungsanalyse an ein System zur Überwachung und Zustandserfassung mariner Umgebungen vor, das auf Basis von KI-Methoden in Echtzeit anhand unterschiedlicher Umweltparameter Ereignisse frühzeitig detektieren und passende Aktionen auslösen soll.

Im vierten Block **„Moderne Anwendungen für Behörden und zur Entscheidungsunterstützung"** werden UIS-Anwendungen in der öffentlichen Verwaltung und als Angebot der öffentlichen Verwaltung präsentiert. Der Block beginnt mit einem Beitrag, der die Konzeption eines räumlichen Entscheidungshilfesystems für Niedrigwasser und Trockenheit (NieTro) vorstellt, das Akteure aus unterschiedlichen Sektoren durch aktuelle und einheitliche Informationen über Gewässer und ihre Einzugsgebiete unterstützen soll. Der zweite Beitrag in diesem Block stellt eine Web-Anwendung zum zentralen Management von Maßnahmendaten für die Europäische Wasserrahmenrichtlinie vor, die allen zuständigen Akteurinnen und Akteuren im Freistaat Sachsen einen Zugang zur interaktiven Bearbeitung und Auswertung des gemeinsamen Datenbestandes bietet. Der letzte Beitrag in diesem Block schließt auch den Tagungsband ab. In diesem Beitrag werden drei zusammenhängende Projekte vorgestellt, deren Ziel es ist, Methoden und Prototypen zu entwickeln, mit denen die Umweltinformationen des Landes Baden-Württemberg umfassend, interaktiv und in einer modernen, innovativen Form der Öffentlichkeit, der Fachöffentlichkeit und der Verwaltung präsentiert und zur Verfügung gestellt werden sollen.

Ergänzend zum vorliegenden Tagungsband stehen Vortragspräsentationen und -videos von der Tagung zum Download auf der Homepage des Arbeitskreises https://www.ak-uis.de/ zur Verfügung. Dort finden sich unter anderem auch Links auf die Tagungsbände der Konferenzen vorangegangener Jahre.

Die Herausgebenden danken allen Beitragenden zur Konferenz und zu diesem Konferenzband. Ein besonderer Dank geht auch an die Mitglieder des Programm- und Organisationskomitees. Insbesondere danken wir der Jade Hochschule für ihre Unterstützung bei der Durchführung der Tagung. Nicht zuletzt ein herzliches Dankeschön an unsere Sponsoren, die die Veranstaltung unterstützt haben.

Mai 2022

(die Herausgebenden)
Frank Fuchs-Kittowski
Andreas Abecker
Friedhelm Hosenfeld
Heidrun Ortleb
Michael Klafft

Organisation

Tagungsleitung und Organisationskomitee
Dr. Andreas Abecker, Disy Informationssysteme GmbH, Karlsruhe
Prof. Dr. Frank Fuchs-Kittowski, HTW Berlin
Friedhelm Hosenfeld, DigSyLand, Husby
Prof. Dr. Michael Klafft, Jade Hochschule, Wilhelmshaven
Prof. Dr. Heidrun Ortleb, Jade Hochschule, Wilhelmshaven
Anja Reineke, Umweltbundesamt, Dessau-Roßlau

Mitglieder des Programmkomitees
Dr. Andreas Abecker, Disy Informationssysteme GmbH, Karlsruhe
Dr. Matthias Bluhm, con terra GmbH, Münster
Dr. Julian Bruns, Disy Informationssysteme GmbH, Karlsruhe
Ulrike Freitag, Condat AG, Berlin
Prof. Dr. Frank Fuchs-Kittowski, HTW Berlin
Friedhelm Hosenfeld, DigSyLand, Husby
Prof. Dr. Michael Klafft, Jade Hochschule, Wilhelmshaven
Prof. Dr. Gerlinde Knetsch, HTW Berlin
Prof. Dr. Heidrun Ortleb, Jade Hochschule, Wilhelmshaven
Anja Reineke, Umweltbundesamt, Dessau-Roßlau
Prof. Dr. Dietmar Wikarski, TH Brandenburg a.d. Havel

Inhaltsverzeichnis

Modellierung mariner Systeme

Moderne Anwendungen für Behörden und zur Entscheidungsunterstützung

Herausgeber- und Autorenverzeichnis

Über die Herausgeber

Prof. Dr. Ing. Frank Fuchs-Kittowski studierte Informatik (TU Berlin) und ist Professor für Umweltinformatik an der Hochschule für Technik und Wirtschaft (HTW) Berlin sowie Bereichsleiter für Umweltinformationssysteme am Fraunhofer FOKUS. Den Schwerpunkt seiner Lehr- und Forschungstätigkeit bilden mobile Anwendungen sowie Wissens- und Kooperationssysteme im Umweltbereich und im Katastrophenschutz.

Dr. Andreas Abecker ist diplomierter (TU Kaiserslautern) und promovierter (Karlsruher Institut für Technologie) Informatiker, arbeitete in der angewandten Forschung am DFKI Kaiserslautern und am FZI Forschungszentrum Informatik Karlsruhe und leitet seit 2010 das Innovationsmanagement bei der Disy Informationssysteme GmbH.

Friedhelm Hosenfeld studierte Informatik (Christian-Albrechts-Universität zu Kiel) und ist Sprecher des Arbeitskreises „Umweltinformationssysteme". Bei DigSyLand (Institut für Digitale Systemanalyse und Landschaftsdiagnose – Partnerschaft Hosenfeld & Rinker, Naturwissenschaftler) ist er als Mitinhaber und Geschäftsführer schwerpunktmäßig im Bereich Umweltinformatik tätig.

Prof. Dr. Heidrun Ortleb studierte Mathematik an der Technischen Universität Dresden, promovierte an der Carl von Ossietzky Universität Oldenburg und ist Professorin (im Ruhestand) für angewandte Informatik an der Jade Hochschule in Wilhelmshaven. Sie arbeitete viele Jahre in der Ökosystemforschung Niedersächsisches Wattenmeer.

Prof. Dr. Michael Klafft ist diplomierter Wirtschaftsingenieur (TU Darmstadt) und promovierter Wirtschaftsinformatiker (HU Berlin). Derzeit ist er Professor für Wirtschaftsinformatik und digitale Medien an der Jade Hochschule in Wilhelmshaven. Sein aktueller Forschungsschwerpunkt ist die Risiko- und Krisenkommunikation mittels digitaler Medien.

Autorenverzeichnis

Dr. Andreas Abecker Disy Informationssysteme GmbH, Karlsruhe, Deutschland

Prof. Dr. Pedro Martínez Arbizu Senckenberg am Meer, Deutsches Zentrum für Marine Biodiversitätsforschung, Wilhelmshaven, Deutschland

Elmar Berghöfer Marine Perception, Deutsches Forschungszentrum für Künstliche Intelligenz GmbH, Oldenburg, Deutschland

Gavin Breyer Senckenberg am Meer, Abteilung Meeresforschung, Wilhelmshaven, Deutschland

Simon Burkard Umweltinformatik, HTW Berlin, Berlin, Deutschland

Hannah Böhm Dataport, Altenholz, Deutschland

Maximilian Deharde Umweltinformatik, HTW Berlin, Berlin, Deutschland

Sravani Dhara Fraunhofer-Institut für Fabrikbetrieb und -automatisierung IFF, Magdeburg, Deutschland

Roland Dimmer Sächsisches Landesamt für Umwelt, Landwirtschaft und Geologie, Dresden, Deutschland

Nicolas Doms Institut für Automation und angewandte Informatik, Karlsruher Institut für Technologie, Eggenstein-Leopoldshafen, Deutschland

Prof. Dr. Ing. Frank Fuchs-Kittowski Umweltinformatik, HTW Berlin, Berlin, Deutschland

Prof. Dr.-Ing. Annette Hafner Ressourceneffizientes Bauen, Ruhr-Universität Bochum, Bochum, Deutschland

Dr. Lisa Hahn-Woernle Landesanstalt für Umwelt Baden-Württemberg, Kompetenzzentrum Umweltinformatik, Karlsruhe, Deutschland

Marco Hohmann Geodatenmanagement, Umweltbundesamt, Berlin, Deutschland

Friedhelm Hosenfeld Institut für Digitale Systemanalyse & Landschaftsdiagnose (DigSyLand), Husby, Deutschland

Dr. Simon Jirka 52°North GmbH, Münster, Deutschland

Prof. Dr.-Ing. Christian Jolk GIS und Digitalisierung, Technische Hochschule Ostwestfalen-Lippe, Lemgo, Deutschland

Prof. Dr. Michael Klafft Jade Hochschule, Wilhelmshaven, Deutschland

André Klüner DFKI Marine Perception, Oldenburg, Deutschland

Jörn Kohlus Landesbetrieb für Küstenschutz, Nationalpark und Meeresschutz, Geschäftsbereich Nationalpark, Tönning, Deutschland

Antje Kügeler con terra GmbH, Münster, Deutschland

Daniel Lukats Marine Perception, Deutsches Forschungszentrum für Künstliche Intelligenz GmbH, Oldenburg, Deutschland

Eridy Lukau Fraunhofer FOKUS, Berlin, Deutschland

Christoph Manss DFKI Marine Perception, Oldenburg, Deutschland

Christoph Mattes Disy Informationssysteme GmbH, Karlsruhe, Deutschland

Nicol Mencke Fraunhofer-Institut für Fabrikbetrieb und -automatisierung IFF, Magdeburg, Deutschland

Philip Menz Umwelttechnik und Ökologie im Bauwesen, Ruhr-Universität Bochum, Bochum, Deutschland

Dr. Ruben Müller Büro für Angewandte Hydrologie GmbH, Berlin, Deutschland

Prof. Dr. Lars Nolle Fachbereich Ingenieurwissenschaften, Jade Hochschule, Wilhelmshaven, Deutschland

Dr. Friederike Nowak Dataport, Altenholz, Deutschland

Andreas Pape Fraunhofer-Institut für Fabrikbetrieb und -automatisierung IFF, Magdeburg, Deutschland

Iring Paulenz Fachbereich Ingenieurwissenschaften, Jade Hochschule, Wilhelmshaven, Deutschland

Prof. Dr. Roland Pesch Institut für Angewandte Photogrammetrie und Geoinformatik, Jade Hochschule Oldenburg, Oldenburg, Deutschland

Dr. Bernd Pfützner Büro für Angewandte Hydrologie GmbH, Berlin, Deutschland

Moritz Piening Technische Universität Berlin, Berlin, Deutschland

Tobias Pietz Universität Potsdam, Potsdam, Deutschland

Marian Platzer Dataport, Altenholz, Deutschland

David Plavcan UBIMET GmbH, Wien, Österreich

Marius Poppel Umweltinformatik, HTW Berlin, Berlin, Deutschland

Anja Preiß Naturschutzzentrum Karlsruhe-Rappenwört, Karlsruhe, Deutschland

Ina Reis Dataport, Altenholz, Deutschland

Dr. Klaus Ricklefs Christian-Albrechts-Universität zu Kiel, Forschungs- und Technologiezentrum Westküste, Büsum, Deutschland

Wolfgang Schillinger Landesanstalt für Umwelt Baden-Württemberg, Kompetenzzentrum Umweltinformatik, Karlsruhe, Deutschland

Dr.-Ing. Thorsten Schlachter Institut für Automation und angewandte Informatik, Karlsruher Institut für Technologie, Eggenstein-Leopoldshafen, Deutschland

Prof. Dr.-Ing. Thomas Schlegel Institut für Ubiquitäre Mobilitätssysteme, Hochschule Karlsruhe, Karlsruhe, Deutschland

Janina Schneider Marine Perception, Deutsches Forschungszentrum für Künstliche Intelligenz GmbH, Oldenburg, Deutschland

Dr. Ulrike Schückel Landesbetrieb für Küstenschutz, Nationalpark und Meeresschutz Schleswig-Holstein, Tönning, Deutschland

Falk Sichert GEO-METRIK Ingenieurgesellschaft mbH Stendal, Stendal, Deutschland

Dr. Frederic Theodor Stahl Marine Perception, Deutsches Forschungszentrum für Künstliche Intelligenz GmbH, Oldenburg, Deutschland

Claudia Thölen Zentrum für Marine Sensorik, Institut für Chemie und Biologie des Meeres, Wilhelmshaven, Deutschland

Mathias Trefzger Institut für Ubiquitäre Mobilitätssysteme, Hochschule Karlsruhe, Karlsruhe, Deutschland

Tino Winkelbauer GEO-METRIK Ingenieurgesellschaft mbH Stendal, Stendal, Deutschland

Andreas Wolf Naturschutzzentrum Karlsruhe-Rappenwört, Karlsruhe, Deutschland

Caya Zernicke Ressourceneffizientes Bauen, Ruhr-Universität Bochum, Bochum, Deutschland

Prof. Dr. Oliver Zielinski Marine Perception, Deutsches Forschungszentrum für Künstliche Intelligenz GmbH, Oldenburg, DeutschlandZentrum für Marine Sensorik, Universität Oldenburg, Wilhelmshaven, Deutschland

KI und Maschinelles Lernen im Umweltbereich

Maschinelle Lernverfahren zur Verarbeitung von Satellitendaten als Grundlage eines digitalen Zwillings der Nordsee

André Klüner, Christoph Manss, Janina Schneider und Oliver Zielinski

Zusammenfassung

Satellitendaten können einen großen Beitrag zur Überwachung der Meere leisten. Jedoch bringen sie auch verschiedene Herausforderungen mit sich. Diese liegen unter anderem in der Validierung der Satellitendaten, der Interpolation der Daten und der Erweiterung in tiefere Meeresschichten. Diese Arbeit stellt ein Konzept vor, um diesen Herausforderungen zu begegnen. Nach diesem Konzept wurden zuerst Satellitendaten in einem festen Raster abgebildet, um gleichbleibende Punkte und eine höhere Auflösung zu bekommen. Dafür wurden verschiedene Methoden zur Interpolation – Gaußsche Prozesse, k-nächste Nachbarn (kNN) und Lineare Regression – evaluiert. Die Gaußschen Prozesse erreichten die besten Ergebnisse. Für die Validierung der Satellitendaten wurde, da noch nicht genug In-situ-Daten zur Verfügung standen, ein hydrographisches Modell verwendet. Für die Validierung wird

A. Klüner (✉) · C. Manss · J. Schneider · O. Zielinski
DFKI Marine Perception, Oldenburg, Deutschland
E-Mail: andre.kluener@dfki.de

C. Manss
E-Mail: christoph.manss@dfki.de

J. Schneider
E-Mail: janina.schneider@dfki.de

O. Zielinski
E-Mail: oliver.zielinski@uol.de

J. Schneider · O. Zielinski
ICBM, Zentrum für Marine Sensorik (ZfMarS), Wilhelmshaven, Deutschland

F. Fuchs-Kittowski et al. (Hrsg.), *Umweltinformationssysteme – Vielfalt, Offenheit, Komplexität*, https://doi.org/10.1007/978-3-658-39796-8_1

die Abweichung zwischen diesem hydrographischen Modell und den Satellitendaten berechnet. Die Verarbeitung der Satellitendaten ist ein erster Schritt, um diese Daten weiter zu nutzen, zum Beispiel im Kontext eines digitalen Zwillings der Nordsee. Ein solcher digitaler Zwilling soll Möglichkeiten zur Datenarchivierung, -visualisierung und Vorhersage bieten.

Schlüsselwörter

Satellitendaten · Digitaler Zwilling · Machine Learning · Künstliche Intelligenz · Fernerkundung · Operationelle Beobachtungssysteme · Kriging · Gaußsche Prozesse

1   Einleitung

Essenzielle Klimavariablen sind Parameter, die zur Charakterisierung unseres Erdklimas herangezogen werden können. Diese essenziellen Klimavariablen sind ebenfalls gut geeignet zur Zustandserfassung unserer Ozeane [3]. Der Salzgehalt an der Wasseroberfläche (Sea Surface Salinity – SSS) zum Beispiel ist eine solche essenzielle Klimavariable [7]. Die Messung des Salzgehalts an der Wasseroberfläche ermöglicht Rückschlüsse auf Niederschlag, Verdunstung und Wasserzufluss durch Flüsse und schmelzende Gletscher [6]. Dies hilft mehr über den globalen Wasserkreislauf zu erfahren. Den Salzgehalt der Ozeane flächendeckend zu messen, stellt aufgrund ihrer räumlichen Dimension eine schwierige Aufgabe dar [2]. Erdbeobachtungssatelliten sind ein mächtiges Werkzeug für die flächendeckende Messung des Salzgehalts an der Oberfläche [23]. Jedoch haben die Satellitenmessungen einige Nachteile. Sie haben nur eine geringe Auflösung, es werden große Flächen zusammengefasst und es wird häufig nur die Oberfläche und nicht die tieferen Schichten der Ozeane gemessen [22]. Beispielsweise ist es notwendig den Salzgehalt in tieferen Wasserschichten zu messen, um den Ozean und seine Prozesse hinsichtlich des Klimawandels zu beobachten [6]. Es müssten daher In-situ-Messungen mit den Satellitendaten fusioniert werden, um die essenziellen Klimavariablen der Ozeane in geeigneter Weise zu überwachen.

In einem digitalen Zwilling könnten Satellitendaten und In-situ-Messungen in einem gemeinsamen Modell zusammenfließen und weiterverarbeitet werden. Der digitale Zwilling könnte den Ozean abbilden und könnte so eine Überwachung des Salzgehalts erlauben. Des Weiteren kann der digitale Zwilling mithilfe der historischen Daten Prognosen erstellen.

Diese Arbeit ist im Rahmen des Projekts NorthSat-X [20] entstanden und stellt ein Konzept vor, wie wir Satellitendaten von Erdbeobachtungssatelliten, wie SMOS [13] oder SMAP [16] für eine Kartierung des Salzgehalts verarbeitet haben und so eine Basis für die Fusion mit In-situ-Daten bildeten. Nach der Verarbeitung könnten die Daten genutzt werden, um einen Beitrag zu einem digitalen Zwilling der Nordsee zu leisten. Die Definition des Begriffs digitaler Zwilling ist der Einstieg in diese Arbeit.

2   Der digitale Zwilling

Das Ziel der in dieser Arbeit genauer beschriebenen Datenverarbeitung ist die Erstellung eines Modells, welches in einem digitalen Zwilling als Datengrundlage verwendet werden kann. Ein digitaler Zwilling ist eine digitale Repräsentation einer physischen Entität, die die Eigenschaften des physischen Vorbilds abbildet. Dementsprechend hat ein digitaler Zwilling immer ein Vorbild. Essenziell ist ein automatisierter Datenaustausch zwischen dem physischen und dem digitalen Objekt [17, 19].

Erstmals wurde das Konzept eines digitalen Zwillings von Michael Greeves 2003 in einer Präsentation an der Universität Michigan unter dem Begriff *mirrored space model* im Produktionskontext vorgestellt [10]. Digitale Repräsentationen von physischen Objekten lassen sich in drei unterschiedliche Kategorien (Abb. 1) unterteilen, die sich über den Grad des automatisierten Datenaustauschs unterscheiden:

- ein digitales Modell,
- ein digitaler Schatten,
- ein digitaler Zwilling.

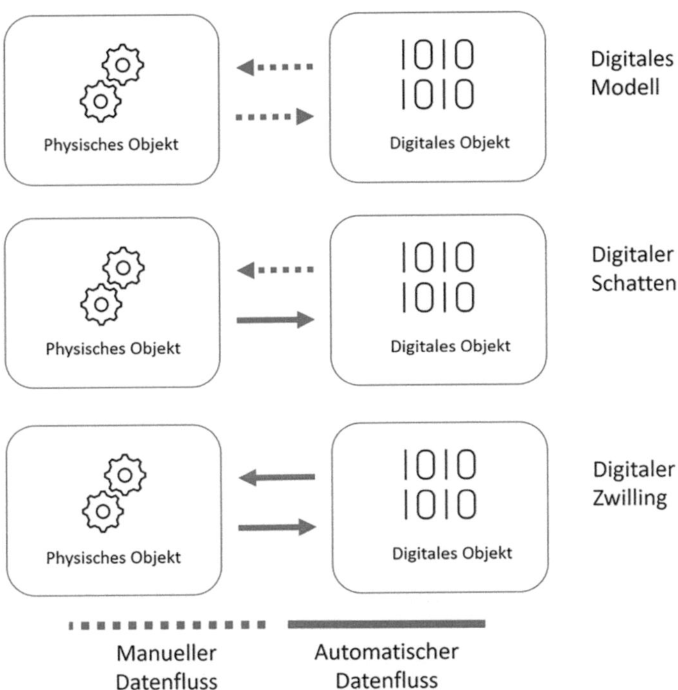

Abb. 1 Verschiedene Kategorien von digitalen Abbildern nach [8, 11], die sich über eine Automatisierung des Datenaustauschs definieren:

Entsprechend dieser Definition erhält das digitale Modell manuell Daten und gibt ebenso Daten manuell an das physikalische Objekt zurück. Der digitale Schatten erhält automatisiert Daten vom physischen Objekt und kann diese verarbeiten. Für die Daten des digitalen Schattens zum physischen Objekt gibt es keinen automatischen Fluss. Die dritte Kategorie – der digitale Zwilling – besitzt einen automatischen Datenfluss in beide Richtungen. Hier erhält der digitale Zwilling automatisch die Sensordaten und gibt ebenfalls automatisch seine Daten zurück an das reale Objekt [8, 11].

Bei einem digitalen Zwilling in der Produktion ist der automatische Datenfluss einfach vorstellbar: ändert sich ein Attribut bei dem digitalen Zwilling, wird diese Änderung automatisch auch am physischen Modell vorgenommen. Bei digitalen Zwillingen der Ozeane ist diese sofortige Änderung nicht möglich, da beispielsweise eine Veränderung des Salzgehalts im digitalen Zwilling nicht zu einer automatischen Änderung des Salzgehalts im gesamten Ozean führt. Jedoch kann der digitale Zwilling die folgende Entwicklung der Attribute prognostizieren. Bei richtiger Prädiktion verändert sich der reale Zwilling so wie vorhergesagt.

Nach dieser Definition benötigt ein digitaler Zwilling der Nordsee Daten, um den aktuellen Status der Nordsee darstellen zu können und die Möglichkeit Prognosen über den Verlauf des Status treffen zu können. Die Möglichkeit Prognosen zu erstellen, soll mit maschinellen Lernverfahren realisiert werden.

3 Die Daten

Im weiteren Verlauf dieses Artikels werden zwei Arten von Daten verwendet: Satellitendaten und ein hydrographisches Modell des Bundesamtes für Seeschifffahrt und Hydrographie (BSH). Im Folgenden werden die verwendeten Datenarten, sowie In-situ Daten genauer vorgestellt.

3.1 Satellitendaten

Im Fokus dieser Arbeit stehen Messungen des Erdbeobachtungssatelliten Soil Moisture Passive Active (SMAP) der NASA [16]. Dabei wird der Datensatz des Forschungsinstituts Remote Sensing Systems (RSS) *RSS SMAP Salinity* in der Verarbeitungsstufe (Level) 2C verwendet [14]. Für diesen Datensatz werden die SMAP Level 1B Radiometermessungen der *Brightness Temperature* [1] in Salzgehaltwerte umgerechnet [16]. Es entstehen Daten mit einer räumlichen Auflösung von 40 km [14]. Der Datensatz steht öffentlich zu Verfügung (https://www.remss.com/missions/smap/salinity/).

Der Salzgehalt wird in Practical Salinty Units (psu) [12] in Gramm Salz pro Kilogramm Wasser angegeben. Befindet sich ein Stück Landmasse in der Messung, kann dieses die Messung kontaminieren. Aus diesem Grund sind Küstenbereiche in dem *RSS SMAP Salinity* Datensatz großräumig entfernt worden.

Weil der Satellit SMAP den Salzgehalt nicht direkt misst, sondern die *Brightness Temperature,* die dann in Salzgehalt umgerechnet wird, können die Salzgehaltwerte fehlerbehaftet sein [16]. Die RSS Daten können mit Messungen oder Modellen validiert werden, um Erkenntnisse über diesen Fehler zu erlangen. Die geringe Auflösung der Satellitenpixel macht diese Validierung schwierig, da In-situ-Messungen häufig nur einen kleinen Bereich erfassen. Des Weiteren können Lücken in einem Messbereich entstehen, da die Flugbahn des Satelliten sich stetig ändert.

3.2 In-situ– und Modelldaten

Die In-situ-Daten werden zum Validieren und Erweitern der Satellitendaten verwendet. Es existieren verschiedene Messmöglichkeiten wie Messinstrumente auf Schiffen, Bojen, Drifter oder stationäre Sensorsysteme [9, 24]. Diese Messungen sind sehr genau und können häufig und gezielt durchgeführt werden, decken aber nur eine kleine Fläche ab. Ein Satelliten-Pixel ist im Fall von SMAP deutlich größer.

Da aktuell noch nicht genug In-situ-Messungen zur Verfügung stehen, wird zum Validieren ein hydrographisches Modell des Bundesamtes für Seeschifffahrt und Hydrographie verwendet [4]. Dieses prognostiziert verschiedene Attribute des Wassers in der Deutschen Bucht, wie Temperatur, Salzgehalt und Strömung mit einer räumlichen Auflösung von 900 m. In dieser Arbeit werden Tage des Jahres 2019 betrachtet. Für dieses Jahr enthält das BSH-Modell weder Satellitenmessungen noch In-situ-Messungen, sondern verwendet ein atmosphärisches Modell des Deutschen Wetterdienstes (DWD) und berechnet damit den Salzgehalt der Ozeane an der Oberfläche [4].

4 Datenverarbeitung

Die Datenverarbeitung erfolgt in mehreren Schritten. Diese beginnt damit, dass die Satellitendaten auf ein räumlich invariantes Raster übertragen werden, das den Bereich abdeckt, der betrachtet wurde, welcher in Abschn. 4.1 beschrieben wird. Die Satellitenmessungen wurden auf dieses Raster übertragen und die restlichen Rasterpunkte interpoliert, was in Abschn. 4.2 beschrieben wird. Abschn. 4.3 beschreibt die Validierung der Satelliten-Messungen und der Interpolation. Das Modell, das am Ende entsteht, wird für einen digitalen Zwilling der Nordsee verwendet.

4.1 Festlegung der Messpunkte des Modells

Der beobachtete Bereich befindet sich in der südöstlichen Nordsee zwischen N 53,7 und N 55, sowie E 6 und E 8,2 (Abb. 2). Der Abstand der Rasterpunkte beträgt 0,01 Grad, sodass ein Raster mit 130×220 Punkten entsteht. Mit diesem Raster ist es möglich, feste

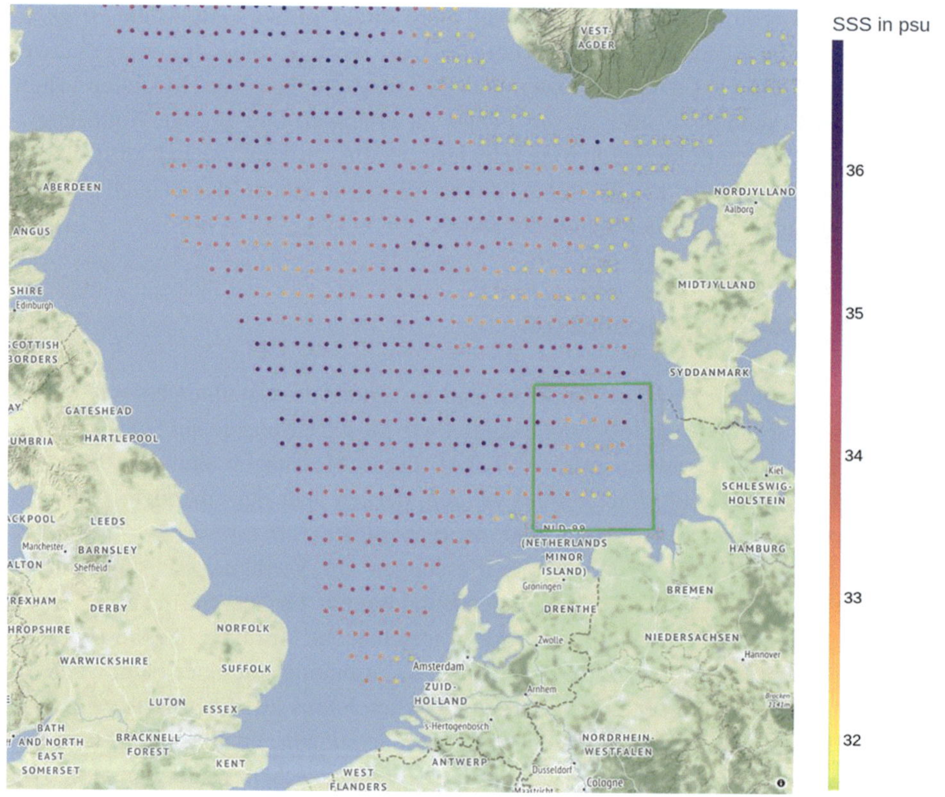

Abb. 2 Das Rechteck markiert den Bereich in der Deutschen Bucht, der beobachtet wurde (Rasterbereich). Die Punkte sind Daten aus dem RSS SMAP Level 2C Datensatz aus einem Überflug

Messpunkte, für das Modell zu definieren. Auf diese Messpunkte wurden die Satellitendaten und die Daten des BSH-Modells übertragen. Der nächstliegende Rasterpunkt bekam den Salzgehaltwert der Satellitenmessung bzw. des BSH-Modells. Zur Distanzmessung zwischen dem Punkt der Satellitenmessung und dem Rasterpunkt kam eine Python-Bibliothek zum Einsatz, die die Haversine-Formel verwendet (https://pypi.org/project/haversine/). Es wurden aus dem *RSS SMAP Salinity* Datensatz nur die Daten betrachtet, die sich innerhalb des Rasterbereichs (Rechteck in Abb. 2) befanden. Mit den übertragenen Werten konnte das Raster für die Vervollständigung der Daten weiterverwendet werden.

4.2 Vervollständigen der Satellitendaten

Im Rasterbereich sind 28.600 Punkte, aber nur 36 Satellitenmesspunkte enthalten. Mithilfe Gaußscher Prozesse (GP) [18] mit einem Matern Kernel wurde der Salzgehalt für die Rasterpunkte ohne Messdaten interpoliert.

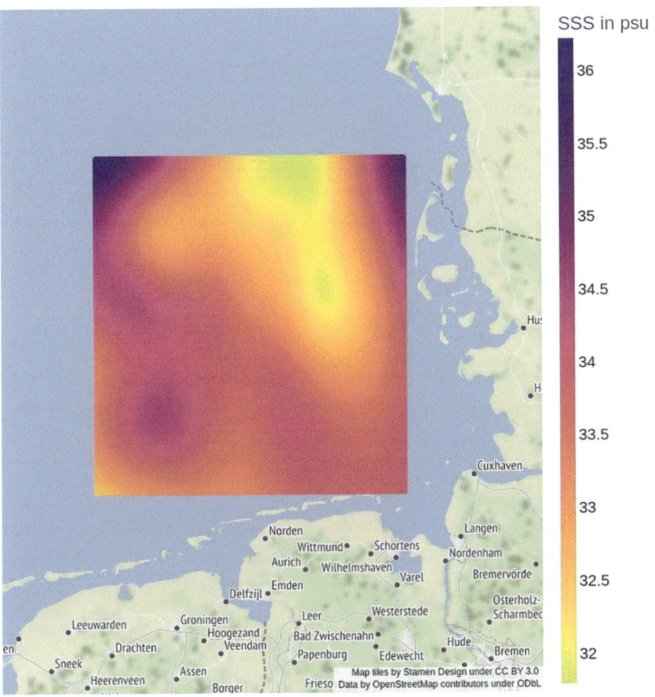

Abb. 3 Die Satellitendaten wurden in das Raster eingefügt und die leeren Punkte wurden interpoliert. Mit der Farbskala wird der Salzgehalt in psu dargestellt

Abb. 3 zeigt das Raster mit Messungen und interpolierten Daten. In diesem Bild ist zu sehen, wie aus den Satellitenmessungen eine komplette Abdeckung des Bereichs wird, jedoch ohne Angaben über die Korrektheit der Interpolation zu machen.

Die durch das Verfahren der Gaußschen Prozesse ermittelten Werte wurden mit den Ergebnissen der Verfahren k-nächste Nachbarn (kNN) und Lineare Regression verglichen (Abb. 4). Dabei wurden für verschiedene Tage die Satellitenmessungen aufgeteilt in Trainings- (80 %) und Testdatensatz (20 %). Für den Testlauf wurde der Mean Squared Error (MSE) gebildet. Dies wurde für jeden Tag 60-mal mit jeweils zufällig ausgewählten Trainings- und Testdatensätzen durchgeführt. Über alle Durchläufe wird das arithmetische Mittel der Mean Squared Error gebildet und für alle betrachteten Tage verglichen. Hierbei erreichten die Gaußschen Prozesse den geringsten Mean Squared Error. Das k-nächste Nachbarn Verfahren erreichte allerdings an drei Tagen einen geringeren Mean Square Error als die Gaußschen Prozesse.

Abb. 5 zeigt die Interpolation entlang eines Längengrades. Eine geringere Standardabweichung zeigt sich in Regionen, wo Satellitendaten vorliegen. Die Form der Standardabweichung ist durch den Matern Kernel gegeben. Weil die Level 2 Daten für den Küstenbereich (Längengrad > 8.0) nicht vorliegen, steigt in diesen Gebieten auch die Unsicherheit des Modells an.

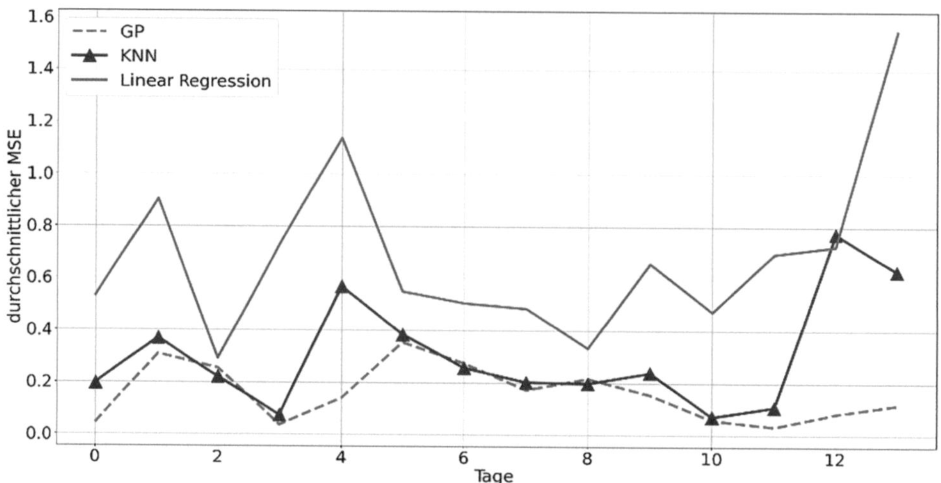

Abb. 4 Vergleich der verschiedenen Interpolationen anhand des Mean Squared Errors. Die Gaußschen Prozesse haben bei 60 Durchläufen den geringsten Fehler. Die Standardabweichung der Mean Squared Errors bei mehrfacher Ausführung lag bei 0,01 psu^2

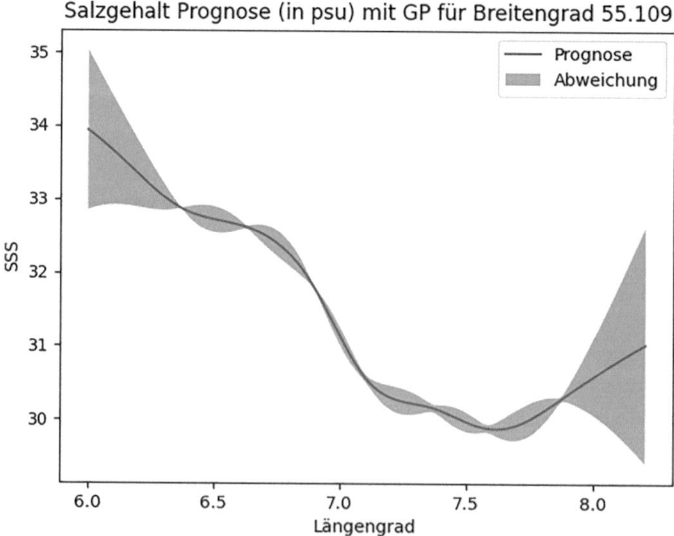

Abb. 5 Die Interpolation des Salzgehalts (SSS in psu) für einen festen Längengrad. Die dunklere Linie stellt die interpolierten Werte da. Der hellere Bereich zeigt die Standardabweichung

4.3　Validierung der Daten

Die Satellitenmessungen wurden mit dem BSH-Modell validiert, indem für jeden Satellitenmesspunkt die Differenz zu diesem berechnet wurde. Da das BSH-Modell auf Prognosen basiert, kann ein Fehler vermutet werden. Für diese Anwendung wurde aufgrund der Datenlage das Modell aber als Basis verwendet. Für die Differenzberechnung wurde für jeden Satellitenmesspunkt i der Salzgehalt des BSH-Modells (SSS^{BSH}) von der SMAP Salzgehaltmessung (SSS^{SMAP}) abgezogen:

$$\Delta SSS_i^{SMAP} = SSS_i^{SMAP} - SSS_i^{BSH} \tag{1}$$

Wir haben diese Berechnung für jeden der 36 Messpunkte durchgeführt und danach das arithmetische Mittel der Differenzen aller Punkte an einem Tag gebildet:

$$\Delta SSS^{SMAP} = \frac{1}{36} \sum_{i=1}^{36} \Delta SSS_i^{SMAP} \tag{2}$$

Das berechnete arithmetische Mittel der Differenzen gibt die Abweichung der Satellitenmessung vom BSH-Modell pro Tag an.

In Tab. 1 ist zu sehen, dass die Differenz an verschiedenen Tagen schwankt. Der 26.05.2019 hat mit 0,028 psu den niedrigsten Betrag der Differenz. Auch das arithmetische Mittel der Differenz der interpolierten Satellitendaten wurde berechnet, um festzustellen wie nah die Interpolation am BSH-Modell ist. Es folgt die Formel 3 für die 28.600 interpolierten Satellitendatenpunkte:

$$\Delta SSS^{interpoliert} = \frac{1}{28.600} \sum_{i=1}^{28.600} (SSS_i^{interpoliert} - SSS_i^{BSH}) \tag{3}$$

Auch die Differenzen der interpolierten Daten schwanken von Tag zu Tag (Tab. 2). Der 26.05.2019, der bereits einen niedrigen Betrag der Differenz bei den Satellitendaten hatte, hat auch bei den interpolierten Daten einem niedrigen Betrag der Differenz. So deuten diese wenigen Daten an, dass die Interpolation gut funktioniert, wenn die Satellitendaten einen niedrigen Fehlerwert haben. Für eine genauere Analyse der Differenz werden In-Situ-Messungen benötigt.

Tab. 1 Ergebnisse der Validierung der Satellitenmessungen. Dies ist die Differenz zwischen den Satellitenmessungen und dem BSH-Modell

Datum	ΔSSS^{SMAP} [psu]
05.05.2019	−0,287
10.05.2019	−1,402
15.05.2019	−0,929
20.05.2019	−0,210
26.05.2019	0,028

Tab. 2 Ergebnisse der Validierung der interpolierten Daten

Datum	$\Delta SSS^{interpoliert}$ [psu]
05.05.2019	0,215
10.05.2019	−1,664
15.05.2019	−0,832
20.05.2019	−1,223
26.05.2019	−0,103

5   Fazit und Ausblick

Für diese Arbeit haben wir Satellitendaten verarbeitet, um diese für weitere Aufgaben, wie einen digitalen Zwilling verwenden zu können. Die Satellitenmessungen mit geringer Auflösung wurden auf ein Raster übertragen. Mittels Gaußscher Prozesse konnten die Bereiche zwischen den Satellitenpixeln und die fehlenden Küstenbereiche interpoliert werden. Tests der Interpolation zeigten, dass die Satellitendaten mit einem geringen Fehler interpoliert wurden und dass dieser Fehler geringer ist als bei zwei anderen Verfahren.

Eine Validierung wurde durchgeführt, um zu überprüfen, ob die Salzgehaltmessungen des Satelliten sich vom prognostizierten Salzgehalt eines komplexeren hydrographischen Modells des Bundesamtes für Seeschifffahrt und Hydrographie stark unterscheiden. Die Ergebnisse schwanken für verschiedene Tage. Dabei gab es niedrige Differenzen von ungefähr 0,2 psu und deutlich höhere Schwankungen von ungefähr 1,6 psu.

Um weitere Erkenntnisse zu gewinnen, werden In-Situ-Messungen benötigt, die direkte Messungen des Salzgehalts liefern. Diese Messungen, die die Oberfläche und tiefere Wasserschichten messen, sollen im Rahmen des Projekts NorthSat-X von der Universität Oldenburg durchgeführt werden. Diese Messungen können genutzt werden, um maschinelle Lernverfahren darauf zu trainieren die Oberflächenwerte der Satellitendaten in die Tiefe zu prognostizieren, zum Beispiel durch den Einsatz von Feed-Forward Netzwerken [15].

Satellitendaten kommen mit verschiedenen Herausforderungen, sind als Datengrundlage für einen digitalen Zwilling aber ein mächtiges Werkzeug. Um die Nordsee möglichst realistisch digital abbilden zu können, sind viele und genaue Daten notwendig. Dafür gibt es nicht die eine perfekte Datenquelle, sondern dieses Ziel wird mit verschiedenen Arten von Daten ermöglicht, die sich gegenseitig ergänzen. Die hier vorgestellten Methoden liefern hierfür einen Beitrag und zeigen gleichzeitig den Bedarf für weitere Forschung im Hinblick auf die Extrapolation der Daten, ihre Genauigkeit und die Transparenz der eingesetzten Methoden auf.

Danksagung Diese Arbeit wurde durch die Projekte NorthSat-X [20] und AI4DTE [5] gefördert. NorthSat-X (The North Sea from space: Using explainable artificial intelligence to improve satellite observations of climate change) ist ein Forschungsprojekt der Universität Oldenburg, welches vom Niedersächsischen Ministerium für Wissenschaft und Kultur (MWK) aus dem Niedersächsischen Vorab der Volkswagen-Stiftung gefördert wird. Der Projektleiter ist Prof. Dr. Oliver Wurl von der Universität Oldenburg. AI4DTE (Artificial Intelligence (AI) Enhanced Earth Observation (EO) for a Digital Twin Earth (DTE)) ist ein Forschungsprojekt des Deutschen Forschungszentrums für Künstliche Intelligenz (DFKI), da von der European Space Agency (ESA) gefördert wird. Der Projektleiter ist Dr. Marlon Nuske vom DFKI.

Literatur

1. Barrett, E. C., & Curtis, L. F. (1999). *Introduction to environmental remote sensing.*
2. Baschek, B., Schroeder, F., Brix, H., Riethmüller, R., Badewien, T. H., Breitbach, G., Brügge, B., Colijn, F., Doerffer, R., Eschenbach, C., Friedrich, J., Fischer, P., Garthe, S., Horstmann, J., Krasemann, H., Metfies, Katja, M., Lucas, O., et al. (2017). The coastal observing system for Northern and Arctic Seas (COSYNA). *Ocean Science, 13*(3), 379–410.
3. Bojinski, S., Verstraete, M., Peterson, T. C., Richter, C., Simmons, A., & Zemp, M. (2014). The concept of essential climate variables in support of climate research, applications, and policy. *Bulletin of the American Meteorological Society, 95*(9), 1431–1443.
4. Brüning, H., Li, X., Schwichtenberg, F., & Lorkowski, I. (2021). An operational, assimilative model system for hydrodynamic and biogeochemical applications for German coastal waters. *35. Hydrographentag & 204. DVW-Seminar.* Bremerhaven.
5. Deutsches Forschungszentrum für Künstliche Intelligenz. (2021). *AI4DTE.* Von https://www.dfki.de/web/forschung/projekte-publikationen/projekte-uebersicht/projekt/ai4dte.
6. Durack, P. J. (2015). Ocean salinity and the global water cycle. *Oceanography, 28*(1), 20–31.
7. Durack, P. J., Lee, T., Vinogradova, N. T., & Stammer, D. (2016). Keeping the lights on for global ocean salinity observation. *Nature Climate Change, 6,* 228–231.
8. Fuller, A., Fan, Z., Day, C., & Barlow, C. (2020). Digital twin: Enabling technologies, challenges and open research. *IEEE Access, 8,* 108952–108971.
9. Gould, J., Sloyan, B., & Visbeck, M. (2013). In-situ Ocean observations: A brief history, present status and future direction. *Ocean Circulation and Climate, 103,* 59–81.
10. Kahlen, F.-J., Flumerfelt, S., & Alves, A. (2017). *Transdisciplinary perspectives on complex systems.* Springer.
11. Kritzinger, W., Karner, M., Traar, G., Henjes, J., & Sihn, W. (2018). Digital twin in manufacturing: A categorical literature review and classification. *IFAC – PapersOnLine, 51*(11), 1016–1022.
12. Lewis, E. L., & Perkin, R. G. (1980). The practical salinity scale 1978: Conversion of existing data. *Deep-Sea Research, 28A*(4), 307–328.
13. Mecklenburg, S., Drusch, M., Kerr, Y. H., Font, J., Martin-Neira, M., Delwart, S., Buenadicha, G., Reul, N., Daganzo-Eusebio, E., Oliva, R., & Crapolicchio, R. (2012). ESA's soil moisture and ocean salinity mission: Mission performance and operations. *IEEE Transactions on Geoscience and Remote Sensing, 50,* 1354–1366.
14. Meissner, T., Wentz, F., Manaster, A., & Lindsley, R. (2019). *Remote sensing systems SMAP Ocean surface salinities [Level 2C, Level 3 Running 8-day, Level 3 Monthly], Version 4.0 validated release.* Remote Sensing Systems.

15. Nardelli, B. B. (2020). A deep learning network to retrieve ocean hydrographic profiles from combined satellite and in situ measurements. *Remote sensing, 12,* 3151.
16. NASA. (2014). *SMAP handbook.* Zugegriffen: 17. Mai 2022. https://smap.jpl.nasa.gov/observatory/specifications/.
17. Rasheed, A., San, O., & Kvamsdal, T. (2020). Digital twin: Values, challenges and enablers. *IEEE Access, 8,* 21980–22012.
18. Rasmussen, C. E., & Williams, C. K. (2006). *Gaussian processes for machine learning.* MIT Press.
19. Tao, F., Qi, Q., Wang, L., & Nee, A. (2019). Digital twins and cyber–physical systems toward smart manufacturing and industry 4.0: Correlation and comparison. *Engineering, 5*(4), 653–661.
20. Universität Oldenburg. (April 2021). *NorthSat-X.* Zugegriffen: 24. Mai 2022. https://uol.de/icbm/northsat-x.
21. Wright, L., & Davidson, S. (2020). How to tell the difference between a model and a digital twin. *Advanced Modeling and Simulation in Engineering Sciences, 7,* 13.
22. Wurl, O., Landing, W. M., Mustaffa, N. I., Ribas-Ribas, M., Witte, C. R., & Zappa, C. J. (2018). The Ocean's skin layer in the tropics. *JGR Oceans, 124*(1), 59–74.
23. Zielinski, O., Busch, J. A., Cembella, A. D., Daly, K. L., Engelbrektsson, J., Hannides, A. K., & Schmidt, H. (2009). Detecting marine hazardous substances and organisms: Sensors for pollutants, toxins, and pathogens. *Ocean Science, 5,* 329–349.
24. Zielinski O, Pieck D, Schulz J, Thölen C, Wollschläger J, Albinus M, Badewien TH, Braun A, Engelen B, Feenders C, Fock S, Lehners C, Lõhmus K, Lübben A, Massmann G, Meyerjürgens J, Nicolai H, Pollmann T, Schwalfenberg K, Stone J, Waska H and Winkler H (2022). *The Spiekeroog Coastal Observatory: A Scientific Infrastructure at the Land-Sea Transition Zone (Southern North Sea).* Front. Mar. Sci. 8:754905. https://doi.org/10.3389/fmars.2021.754905.

Entwicklung von KI-Methoden zur Berechnung der Bedeckung des Meeresbodens mit Seegras

Friederike Nowak, Jörn Kohlus⬗, Hannah Böhm, Marian Platzer und Ina Reis

Zusammenfassung

Seegras spielt als Habitat für Jungfische und Nahrungsquelle im Wattenmeer eine wichtige Rolle. Die Bestände vor Schleswig–Holstein können wegen der Ausdehnung und Unzugänglichkeit der Region flächendeckend nur mittels Luft- oder Satellitenaufnahmen überwacht werden. Um die Güte dieses Monitorings zu bestimmen, werden regelmäßig in situ Vergleichsdaten der Seegrasbedeckung auf Transekten bestimmt. Um diese Auswertung von individuellen Einschätzungen der Kartierer abzukoppeln, wurde ein Prototyp auf Basis eines künstlichen neuronalen Netzes entwickelt, bei dem die Fotos des Bodens an den Beobachtungspunkten der Transekte in Segmente unterteilt, diese auf die Präsenz von Seegras untersucht und die jeweiligen

F. Nowak (✉) · H. Böhm · M. Platzer · I. Reis
Dataport, Altenholz, Deutschland
E-Mail: friederike.nowak@dataport.de

H. Böhm
E-Mail: hannah.boehm@dataport.de

M. Platzer
E-Mail: marian.platzer@dataport.de

I. Reis
E-Mail: ina.reis@dataport.de

J. Kohlus
Landesbetrieb für Küstenschutz, Nationalpark und Meeresschutz, Geschäftsbereich
Nationalpark, Tönning, Deutschland
E-Mail: joern.kohlus@lkn.landsh.de

© Der/die Autor(en), exklusiv lizenziert an Springer Fachmedien Wiesbaden GmbH, ein Teil von Springer Nature 2022
F. Fuchs-Kittowski et al. (Hrsg.), *Umweltinformationssysteme – Vielfalt, Offenheit, Komplexität*, https://doi.org/10.1007/978-3-658-39796-8_2

Bedeckungen bestimmt werden. Es werden sowohl die Klassifikation durch das neuronale Netz, die Flächenberechnung als auch die eigentliche Bedeckungsberechnung als Quellen für Unsicherheiten einbezogen. In den nächsten Projektphasen soll der Prototyp im Feld getestet und ggf. auf Drohnenbilder angepasst werden.

Schlüsselwörter

Seegras · In situ Daten · Künstliche Intelligenz · Maschinelles Lernen · Künstliche Neuronale Netze · Bilderkennung · Fernerkundung

1 Einleitung

Mit der Einrichtung des Nationalparks Schleswig-Holsteinisches Wattenmeer, der seit 2011 UNESCO-Weltnaturerbe ist, wurde das Monitoring wichtiger Umweltparameter für die Zustandsüberprüfung und die Planung der weiteren Entwicklung notwendig. Bereits vor rund 30 Jahren konnte mit den Wattenmeer-Anrainerstaaten Niederlande, Deutschland und Dänemark ein abgestimmtes Monitoringprogramm (TMAP Triliteral Monitoring and Assessment Programm) vereinbart werden.

Dabei werden rund 80 Umweltparameter erfasst. Ein wichtiger Parameter hierbei sind die Bestände des Seegrases, genauer der beiden im europäischen Wattenmeer vorkommenden Arten Kleines *(Zostera noltii)* und Großes Seegras *(Zostera marina)*. Einst waren die Bestände so groß, dass sie für Deichkerne und Dächer benutzt wurden. Doch das Große Seegras starb im sublitoralen Bereich in den 30er Jahren im Wattenmeer aus. Die eulitoralen Bestände der beiden Arten wiederum gingen in den 80er bis 90er Jahren massiv zurück, nur im nordfriesischen und dänischen Wattenmeer verblieben größere Bestände [1, 2]. Dabei ist das Seegras heute als wichtiger Kohlenstoffspeicher in der Diskussion, ist ein wichtiger Teil des Nahrungsnetzes, eine unersetzliche Nahrungsquelle auf dem Vogelzug der Gänse und es bildet ein großräumiges eigenes Habitat für viele Arten und besonders auch für Jungfische im Wattenmeer [3].

In fast allen Regionen der Welt gehen die Seegrasbestände zurück, die Entwicklung im Wattenmeer ist vergleichsweise erfreulich. Während sich im südlichen Wattenmeer die eulitoralen Bestände erst langsam erholen, aktuell sogar ein Rückschlag erfolgt, haben sich die Seegraswiesen im Nordfriesischen Wattenmeer um fast 400 % vergrößert. Dort bilden sie Flächen von mehreren Kilometer Länge und Breite, die zu groß sind, um sie im schwierigen Gelände vom Boden aus effektiv zu erfassen.

Im Folgenden wird eine Zusammenfassung der aktuellen Monitoringmethoden gegeben (Abschn. 2), mit Schwerpunkt auf die in situ Datennahme. Danach wird die neu entwickelte automatisierte Bedeckungsberechnung vorgestellt (Abschn. 3). Hierbei werden die genutzten Kontrollbilder beschrieben, deren Segmentierung, der

Klassifikation durch ein künstliches neuronales Netz, die Berechnung der Seegras-bedeckung und deren relativer Fläche und die Bestimmung der Unsicherheiten. Es folgt eine Diskussion (Abschn. 4) und eine Zusammenfassung und Ausblick (Abschn. 5).

2 Monitoring

Die Datenerfassung über weite Teile der Gezeitenregion des Wattenmeeres ist eine Herausforderung. Die Fläche für die Bodenkartierung der Seegraswiesen ist etwa 140 km² groß. Die Gezeitenzonen sind häufig durch tiefe Rinnen voneinander getrennt und nur mit großem Aufwand zu erreichen. Außerdem sind die Watten nur für kurze Zeit bei Ebbe zugänglich und oft schwer begehbar.

Die ausgedehnten Seegrasbestände des nordfriesischen Wattenmeers werden seit 1994 regelmäßig mittels Expertenbeobachtungen aus dem Flugzeug kartiert [4]. Bereits vor etwa zehn Jahren wurden erste Schritte unternommen, das Monitoring auf die Analyse von Satellitenbildern umzustellen [5]. Die Qualität der Analysen ist inzwischen deutlich besser als beim bisherigen Verfahren, sodass die Umstellung ansteht.

Allerdings ist für ein Monitoring eine Verfahrensumstellung sehr schwierig, da in sich stimmige Zeitreihen fortzuführen sind. Eine einfache Transformation zwischen den Verfahren ist nicht möglich, sondern nur die Bestimmung von Abweichungen (als Fehlergröße) jeweils für einzelne kleinere Subregionen. Hierfür bedarf es eines langen Übergangszeitraumes, um die Ergebnisse der Verfahren aufeinander beziehen zu können.

Ein weiteres Problem ist, dass die Bestimmung des Bestandszuwachses nur über den Vergleich der jährlichen Maximalausbreitung möglich ist, die sich je nach Witterung verschiebt. Es sind also mehrere Aufnahmen im Jahr nötig, um die saisonale Ent-wicklung einschätzen zu können, und dann müssen geeignete Satellitenbilder innerhalb von $+-2$ Wochen um diesen Zeitpunkt verfügbar sein, was bei den Bedingungen – geringe Wolkendecke, zeitlich nah dem Niedrigwasser – schwierig ist. Im besonders wolkigen Jahr 2017 mussten so zum Lückenschluss für einige Bereiche unterschiedliche Satelliten mit unterschiedlichen Sensoren genutzt werden [6].

In jedem Fall erfolgt die Bestimmung einer prozentualen Bodenüberdeckung durch die Analyse der optischen Rückstreuungswerte und nicht als direkte Messung. Zur Bestimmung der Vegetationsdichte aus den optischen Daten werden zahlreiche Para-meter verwendet. Nicht nur atmosphärische Bedingungen können zu Unsicherheiten bei der Bestimmung führen, sondern im Wattenmeer wirkt die sich während der Ebbe verändernde Feuchtigkeit der Sedimente aus, die wiederum abhängig von der Sedi-mentzusammensetzung ist, welche wiederum weder saisonal noch über die Jahre gleich bleiben muss [7].

Um die Vergleichbarkeit der Ergebnisse über die Jahre und die Stimmigkeit der klassifizierten Vegetationsdichte zu sichern und zu belegen, sind so Vergleichswerte am Boden notwendig.

2.1   In situ Daten

Aufgrund besonderer Anforderungen der europäischen Wasserrahmenrichtlinie wird eine Bodenkartierung des Seegrases seit 2007 durchgeführt. Hierbei wird insbesondere die 5 %-Deckungsgrenze erfasst und die mittels GPS gewonnenen Berandungsdaten der bewachsenen Gebiete werden durch einzelne Transekte ergänzt. Allerdings können aufgrund des Aufwandes jährlich nur zwei Zwölftel des Gebietes erfasst werden. Die jeweils aktuellen Daten, soweit sie – aufgrund der hohen Dynamik der jährlichen Bestandsentwicklung – zeitlich nah zu den Befliegungen erhoben werden konnten, gehen in die Verifikation der Fernerkundungsdaten ein [7].

Eine weitere Transektdatenerhebung wird spezifisch für die Verifikation der Fernerkundungsdaten durchgeführt. So weit möglich wird bei dieser Erfassung der Aufnahmezeitpunkt nah zum Überflugtermin gelegt. Es werden Bereiche aufgenommen, bei denen Unsicherheiten der fernerkundlichen Verfahren erwartet werden, wie z. B. hohe Diatomeendichte versus geringer Seegrasdeckung, geringe Seegrasdeckung unterschiedlicher Sedimente usw. Bis 2021 wurden Feldprotokolle geführt und fotografische Aufnahmen vorgenommen, um die Protokolldaten und ihre räumliche Extrapolation kritisch einschätzen zu können. Hierbei wurden ein senkrechtes Bodenbild und in vier Himmelsrichtungen Fotos mit einem Horizontalabschluss an der oberen Bildkante bei gleichem Focus erstellt (siehe Abb. 1). In den Feldprotokollen wurden nicht nur die Deckung durch Seegräser und ihr Vitalzustand aufgenommen, sondern auch das Vorkommen von Diatomeen beschrieben und weitere Begleitparameter erhoben. Die Deckung mit Seegras und der das Satellitensignal beeinflussenden Algen wird bei den Aufnahmen vom Kartierer geschätzt, ein auch in der terrestrischen Botanik weit verbreitetes Verfahren.

Die Begehung der sich mehrere Kilometer durch das Watt ziehenden Transekte kann kräftezehrend sein, das Wetter und Licht wechselt und die Feuchtigkeit und Farbe des Watts verändern sich mit der Tide oder durch Regen. Unterschiedliche Einschätzung

Abb. 1 links: Kontrollbild, bei dem die obere Bildkante am Horizont ausgerichtet ist. Rechts: Kontrollbild, das von oben nach unten erzeugt worden ist

der Seegrasdeckung können die Folge sein. Daher wäre ein Verfahren hilfreich, das unabhängig vom Kartierer die Seegrasbedeckung klassifiziert. Sowohl der Kartierer als auch die fernerkundliche Satellitenmessung reagieren auf das Farbsignal der Vegetation, für eine Kontrolleinschätzung wäre daher ein Verfahren wünschenswert, das diese zumindest stark durch andere Merkmale, wie die Oberflächenstruktur, bestimmt. 2019 unternahmen die Autor:innen daher ein erstes Pilotprojekt, um die Chancen für eine Klassifikation der Seegrasbedeckung durch Nutzung der optischen Oberflächeneigenschaften durch einen KI-basierten Algorithmus abzuschätzen.

Es wurden die Fotos der Transektkartierung ausgewertet und verschiedene Analyseverfahren erprobt, sowie die Resultate mit den Protokollergebnissen verglichen.

2021 wurde das Kartierverfahren an die neue Technik angepasst und statt der Horizontalbilder nur noch in enger räumliche Folge um die Transektpunkte Senkrechtaufnahmen vom Boden vorgenommen.

3 KI-Analyse

Zur automatisierten Auswertung der im Feld genommenen Kontrollbilder werden diese zunächst in Segmente unterteilt, welche durch ein Neuronales Netz verschiedenen Klassen mit oder ohne Seegras zugeordnet werden. Dann wird für jedes Segment durch Anwendung verschiedener Methoden die Bedeckung durch Seegras ermittelt. Aus den relativen Bedeckungen aller Kontrollbilder wird die Gesamtbedeckung für einen Transektpunkt berechnet.

3.1 Kontrollbilder

Da die Bilder mit Horizontabschluss einen größeren Flächenanteil um die Transektpunkte abbilden als die Top-Down-Bilder und damit diesen mit weniger Aufwand im Feld abbilden können, wurde der Versuch unternommen, diese Schrägbilder für die automatisierte Auswertung zu nutzen. Die erhebliche Entfernung zum Betrachter und der damit verbundene flachere Winkel führt jedoch zu einer deutlichen Reduktion des Detailgrades im Bild, was eine zuverlässige Identifikation von Seegras und dessen Unterscheidung von Grünalgen verhindert. Es wurde daher die Entscheidung getroffen, sich ausschließlich auf die Top-Down-Bilder zu konzentrieren.

Die Auflösung dieser Vertikalbilder nimmt zu den seitlichen Rändern hin stark ab, wodurch die Objektidentifikation deutlich erschwert wird. Daher wurden jeweils 10 % der Ränder links und rechts von den nachfolgenden Analysen ausgeschlossen.

Da sich Seegras und Grünalgen nicht in ihren Farbwerten unterscheiden, muss eine Trennung dieser Artgruppen nach strukturellen Eigenschaften versucht werden. Hierzu werden die Bilder zunächst in Segmente unterteilt, die jeweils unabhängig voneinander auf die Präsenz von Seegras untersucht werden [9].

3.2   Segmentierung

Bildsegmentierungen dienen unter anderem dem Zweck, optisch ähnliche zusammen-liegende Pixel zu Bildarealen zusammenzufassen. Hierzu existieren verschiedene Algorithmen, von denen zwei für diese Anwendung betrachtet wurden. Der „Felzenszwalb-Huttenlocher"-Algorithmus [10] ist ein kantenbasierter Ansatz, welcher sowohl in Bildregionen mit niedrigem als auch mit hohem Detailgrad eine gute Segmentierung erreicht. Der SLIC (Simple Linear Iterative Clustering) [11] ist ein Algorithmus, der lokale Cluster basierend auf der Position der Pixel sowohl im euklidischen Raum als auch im Farbraum generiert. Beide Methoden können durch Parameter in der Segmentgröße und -form gesteuert werden.

Im Vergleich zeigt sich, dass der Felzenszwalb-Huttenlocher-Algorithmus besser verschiedene Objekte trennen kann, dabei jedoch stark unterschiedlich große Segmente erzeugt werden (siehe Abb. 2). Die Segmentbilder müssen, um in einem Neuronalen Netz genutzt werden zu können, alle auf die gleiche Pixelgröße transformiert werden. Im Falle des Felzenszwalb-Huttenlocher-Algorithmus hätten die Bilder einen sehr unterschiedlichen Detailgrad, was die Menge an benötigten Trainingsbildern deutlich erhöhen würde. Der SLIC-Algorithmus hingegen kann so eingestellt werden, dass die Segmente alle eine ähnliche Pixelgröße haben. Daher wurde für die Anwendung der SLIC-Algorithmus gewählt.

3.3   Klassifizierung der Segmentbilder durch ein Neuronales Netz

Um die Segmentbilder wurde zunächst ein rechteckiger Ausschnitt gezogen. Um Details außerhalb des eigentlichen Segments auszublenden, wurde der Bildbereich um das Segment herum auf einen einheitlichen Grauwert gesetzt (siehe Abb. 3). Danach

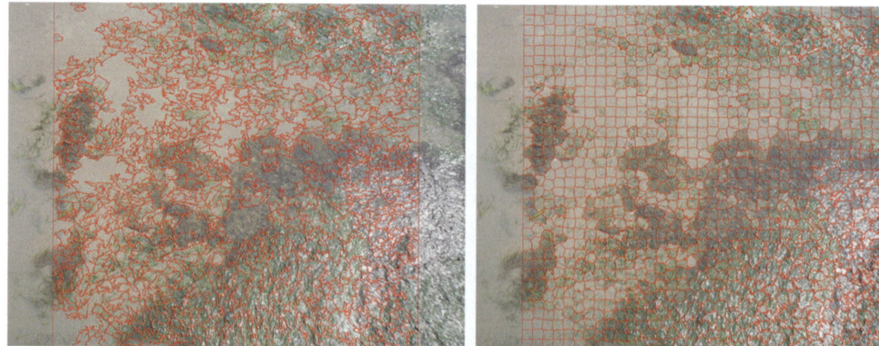

Abb. 2 links: Segmentierung durch Felzenszwalb-Huttenlocher, rechts: Segmentierung durch SLIC. Alle Segmente weisen beim SLIC-Algorithmuseine ähnlich große Fläche auf, was für die Nutzung in einem Neuronalen Netz vorteilhaft ist. Die Seitenränder sind wegen verringerter Bildqualität von der Analyse ausgeschlossen

Abb. 3 Beispiele für Segmentbilder. Von **links** nach **rechts**: Seegras (geringe, mittlere, starke Bedeckung), Grünalge, Braunalge, Boden, Wattwurmhügel

wurden die Segmentbilder auf eine Größe von 100×100 Pixel transformiert Künstliche Neuronale Netze (KNN) bestehen in der Regel aus Vernetzungen von Neuronen, die in Schichten angeordnet werden und deren Ausgabe über eine Aktivierungsfunktion gesteuert wird. Dabei kann „Dropout" verwendet werden, bei der Neuronen in jeder Schicht je nach gewählter Rate während des Trainings ausgeschaltet werden, um Übertraining zu verringern. Für den Aufbau des hier verwendeten Neuronalen Netzes wurde „transfer-learning" angewendet, bei dem die Features eines auf einem allgemeinen Bilddatensatz vortrainierten Netzes (hier: InceptionV3 [12]) übernommen werden. Das hat den Vorteil, dass zur Berechnung des finalen Neuronalen Netzes und seiner gewünschten Ausgabeklassen weniger Ressourcen benötigt werden.

Der hier genutzte Klassifizierer besteht aus zwei inneren Schichten mit einer Leaky ReLU Aktivierungsfunktion (Alpha = 0,1) und jeweils 30 % Dropout. Wie in Multiklassifikationsaufgaben üblich hat die finale Ausgabeschicht eine ‚softmax' Aktivierungsfunktion. Als Maßnahme gegen Übertraining wurde Early Stopping [13] verwendet und bei diesem die Area Under the Curve der Receiver Operating Characteristic (ROC AUC) beobachtet. Die Lernrate hatte den Startwert von 10^{-5} und wurde beginnend nach 10 Epochen bei jeder Epoche um $e^{-0,1}$ verringert.

Alpha, Dropoutrate und Anzahl der inneren Schichten wurden variiert, um eine optimale Konfiguration zu ermitteln. Hierbei konnte aber keine große Abhängigkeit des Ergebnisses von den gewählten Parametern festgestellt werden.

Zur Erzeugung von Trainingsbildern wurden hauptsächlich Senkrechtaufnahmen ausgewählt, die 2019 vor Langeneß gemacht worden sind. Diese wurden segmentiert und die Segmente wurden durch einen der Seegraskartierer einer der Trainingsklassen zugeordnet. Hierfür wurden drei verschiedene Seegrasklassen (geringe, mittlere und starke Bedeckung) und sechs Untergrundklassen (Boden, Wattwurmhügel, Grünalge, Braunalgen und Rotalgen, Muschel und Totalreflektion) definiert. Die Anzahl der Segmentbilder pro Klasse variieren von mehr als 8000 bis unter 100. Die Bilder wurden in 80 % Trainings-, 10 % Validadations- und 10 % Testbilder pro Klasse unterteilt.

Die Trainingsbilder wurden zum Training des Neuronalen Netzes verwendet und dabei verschiedenen Augmentationen unterworfen, z. B. Rotationen und Spiegelungen, um die Varianz der Inputdaten zu erweitern. Die Validationsbilder wurden zur Überwachung der Trainingsgüte und zum Auslösen des Early Stopping verwendet. Die Testbilder dienen zur Ermittlung der finalen Güte des Modells. Der Anteil korrekt identifizierter Testbilder (Effizienz) liegt zwischen 30 % und 95 % pro Klasse (Tab. 1, Abb. 4).

Tab. 1 Gesamtanzahl der Trainingsbilder pro Klasse und Anteil der korrekt identifizierten Testbilder (Effizienz)

Klasse	Anzahl Bilder	Effizienz [%]
Boden	8319	95
Braunalge	215	29
Grünalge	524	42
Muschel	95	56
Reflektion	103	30
Seegras (wenig)	4213	82
Seegras (mittel)	2500	68
Seegras (viel)	6194	94
Wattwurmhügel	1129	79

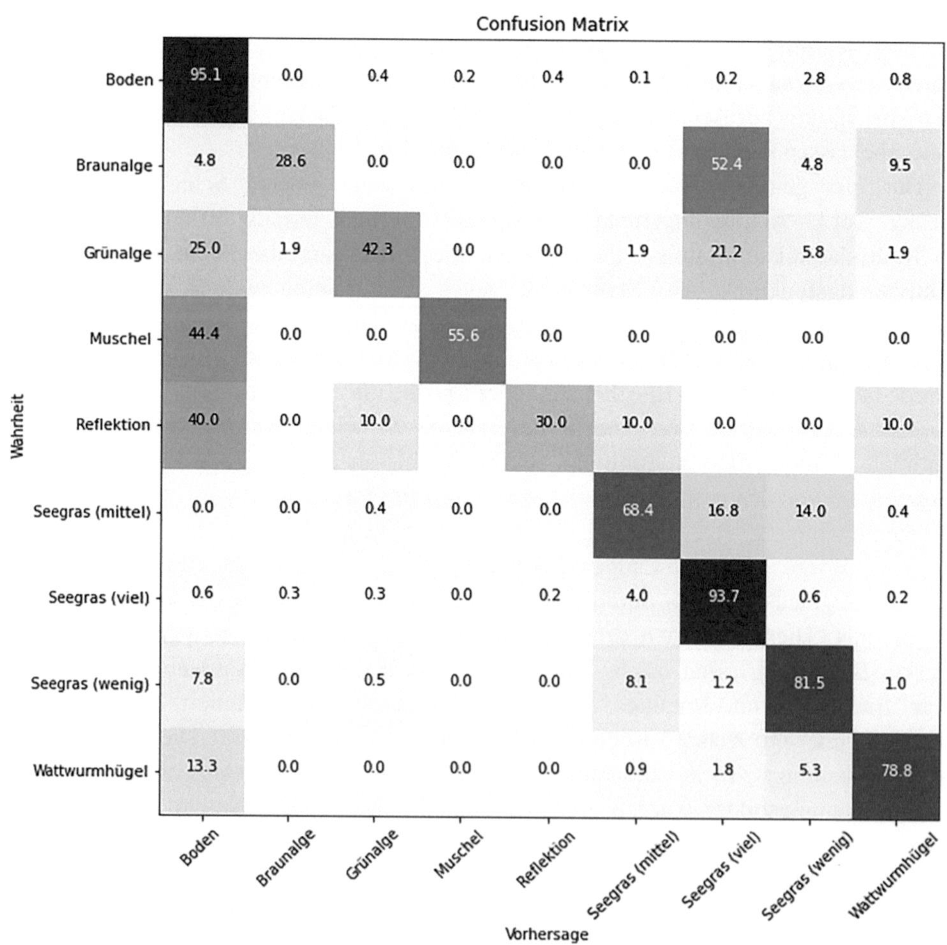

Abb. 4 Konfusionsmatrix auf den Testdaten (10 % der Gesamtdaten) für alle Klassen

3.4 Bedeckungsberechnung

Es muss nun die Bedeckung bestimmt werden. Dies geschieht nur auf den Segmenten, für die eine der Seegrasklassen als wahrscheinlichste Klasse zugeordnet wurde. Der Einfluss von anderer Vegetation wie Makroalgen allgemein oder Diatomeen in Bereichen ohne Seegras wird hierdurch unterdrückt. Es wurden drei verschiedene Methoden entwickelt (Abb. 5).

„**Simple**": Den drei verschiedenen Seegrasklassen werden zunächst flache Klassenbedeckungen zugeordnet (wenig: 10 %, mittel: 50 %, viel: 90 %). Dann wird für jedes Segment eine effektive Bedeckung ermittelt, indem die Klassenbedeckungswerte c_{sx} mit den Klassifizierungswahrscheinlichkeiten p_{sx}^{class} der Seegrasklassen gewichtet werden, und diese dann auf die Wahrscheinlichkeit p_s^{class}, zu einer der Seegrasklassen zu gehören, normiert werden:

$$C_{simple} = \frac{\sum_{sx} p_{sx}^{class} \times c_{sx}}{p_s^{class}}$$

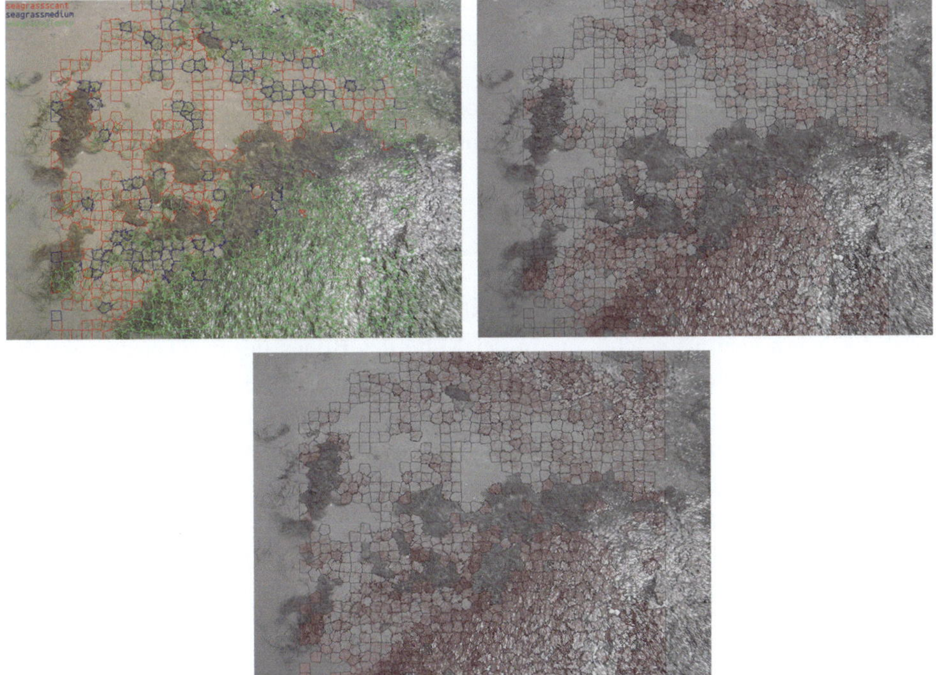

Abb. 5 Oben links: Segmente mit wenig (rot), mittel (blau) und viel (grün) Seegras. Oben rechts: Bedeckung (rötlich) von Seegrassegmenten nach GLI. Unten: Bedeckung (rötlich) von Seegrassegmenten nach Otsu

Hierbei ist die Klassifizierungswahrscheinlichkeit $p_{sx}^{class} = 1 - \sigma_{sx}^{class}$, wobei σ_{sx}^{class} die Klassifizierungsunsicherheit ist (siehe Abschn. 3.6).

Ist also ein Segment mit einer Wahrscheinlichkeit von 80 % der Klasse „wenig" zugeordnet und einer Wahrscheinlichkeit von 20 % der Klasse „mittel", ergibt sich ein effektiver Bedeckungswert von 18 %:

$$C_{simple} = (80\,\% \times 10\,\% + 20\,\% \times 50\,\%)/100\,\% = 18\,\%$$

„GLI": Zur Unterscheidung von Vegetation von toten Objekten werden häufig Vegetationsindizes eingesetzt. Diese nutzen die Reflektionseigenschaften von Chlorophyll im roten und nahem infraroten Spektralbereich im Vergleich zum restlichem sichtbaren Licht. Der Green Leaf Index (GLI) ist ein Vegetationsindex, welcher nur auf RGB-Werten (R: roter Kanal, G: grüner Kanal, B: blauer Kanal) pixelgenau berechnet wird. Er läuft von -1 (Gestein, Boden, etc.) nach 1 (Vegetation). Flächen innerhalb des Segments mit GLI-Werten größer als 0,05 gelten in unserem Fall als mit Seegras bedeckt.

$$GLI = (2G - R - B)/(2G + R + B)$$

„Otsu": Das Verfahren von Otsu ist eine Methode zur Schwellwertberechung in einem Histogramm, welche zur Binarisierung von Bildern verwendet wird. Damit wird das Kontrollbild in helle und dunkle Flächen unterteilt. Die dunklen Flächen im Segment werden als Seegras gezählt.

Die so ermittelten Bedeckungsflächengrößen pro Segment werden für jede Methode summiert und relativ zur betrachteten Gesamtbildfläche (ohne Ränder) gesetzt.

3.5 Flächentransformation

Bei einem von oben aufgenommenen Bild sind die Bereiche am Rand des Bildes weiter von der Kamera weg als solche, die in der Mitte des Bildes liegen. Daher ergibt sich, dass Segmente gleicher Pixelgröße am Rand eine größere Bodenfläche repräsentieren als solche in der Mitte. Um diesen Unterschied zu bestimmen und auszugleichen wird die Aufnahmehöhe benötigt, welche vom Expeditionsfotografen angegeben werden muss, und die Öffnungswinkel der Kamera, welche aus den Exif-Daten des Bildes gelesen werden. Für jeden Segmentmittelpunkt wird geometrisch der prozentuale Wert berechnet, um den das Segment vergrößert ist gegenüber dem Mittelpunkt des Bildes, und die Segmentfläche dementsprechend transformiert.

3.6 Unsicherheiten

Die Unsicherheit der Klassifizierung eines Segments wird über die Monte Carlo Drop-Out Methode [14] ermittelt. Hierzu wird der Drop-Out, welcher normalerweise nur während der Trainingsphase aktiv ist, während der Vorhersagephase aktiviert. Durch das so eingeführte Zufallselement in der Vorhersage kann nun für jedes Segment eine Klassifizierungsverteilung erzeugt werden, die direkt als Wahrscheinlichkeit interpretiert werden kann. Die Klassifizierung des Segments wird durch das Hauptnetz (nicht aktiviertes Drop-Out) vorgenommen, während die Klassifizierungsunsicherheit durch 100 Durchläufe mit den Monte-Carlo-Netzen ermittelt wird.

Für die Ermittlung der Unsicherheit auf die Flächenberechnung werden die Werte für die Aufnahmehöhe und die Öffnungswinkel jeweils nach oben und nach unten um 10 % variiert und die Fläche neu berechnet. Eine weitere Unsicherheit auf die Fläche ergibt sich durch die Schiefe der Ebene. Zur Ermittlung dieser Unsicherheit wird für die Öffnungswinkel angenommen, dass diese nicht, wie im planaren Fall, durch die Senkrechte vom Boden aus in gleich große Hälften geteilt wird, sondern in jeweils 1/3 und 2/3, und dann die Fläche neu berechnet. Der relative Unterschied zur Nominalfläche wird als Unsicherheit angegeben.

Für die Methoden „Simple" und „Otsu" wird für jedes Segment eine Bedeckungsunsicherheit von 10 % in beide Richtungen angenommen. Für den „GLI" wird der Schnitt auf den Schwellwert um 20 % nach oben und nach unten variiert. Dann werden die Flächen neu berechnet und relativ zur Nominalfläche gesetzt, um die Unsicherheiten zu bestimmen.

Die so ermittelten Unsicherheiten gelten segmentweise. Die Unsicherheit nach unten auf die Gesamtseegrasfläche setzt sich zusammen aus den Unsicherheiten auf die Klassifizierung aller Seegrassegmente, auf den Bedeckungsanteil und auf die Segmentfläche. Die Unsicherheit nach oben setzt sich zusammen aus der Klassifizierungsunsicherheit aller Nicht-Seegrassegmente und der Bedeckungs- und Flächenunsicherheit aller Segmente. Da nicht davon ausgegangen werden kann, dass die Segmentunsicherheiten vollständig unkorreliert (quadratische Addition) sind, aber auch keine vollständige Korrelation (lineare Addition) angenommen werden kann, wird für die Gesamtflächenunsicherheit das arithmetische Mittel aus beiden Varianten gebildet.

Aus den Bedeckungsflächen der Einzelbilder wird das arithmetische Mittel gebildet, welches die Bedeckung des Transektpunktes ergibt. Die Unsicherheit auf die Transektpunktfläche ergibt sich aus der Fehlerfortpflanzung.

4   Diskussion

Die verwendeten Kontrollbilder stammen aus einer Handkamera (älteres Modell NOKIA Coolpix AW110) für den Normalgebrauch. Während diese für die Bewertung durch einen menschlichen Betrachter ausreichend sein mag, ist die automatisierte Auswertung auf eine hohe Bildqualität und Strukturwiedergabe in den aus den Fotos gewonnenen Segmentbildern angewiesen. Hier zeigt sich, dass die bisher verwendete Kamera weder in der Auflösung noch im Dynamikumfang ausreichend ist, um auch bei herausforderndem Wetter und Lichtverhältnissen zuverlässig die benötigte Detailtiefe liefern zu können (Abb. 6). Es wurden diesbezüglich Versuche mit einem höher auflösenden und

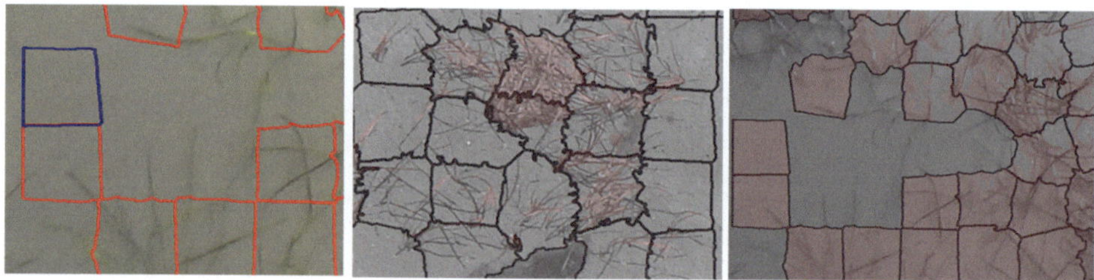

Abb. 6 Beispiele für fehlerhafte Identifizierung bzw. Bedeckungsberechnung. Links: JPG-Artefakte können, unsichtbar für das Auge, für das Neuronale Netz Relevanz besitzen, was zu Fehlidentifikation führen kann. Mitte: größere Wasserbedeckung kann beim GLI zu einer Verwischung bzw. Unterdrückung der Vegetationsidentifikation führen. Rechts: Der „Otsu"-Algorithmus hat keine biologische Begründung, es wird nur zwischen hellen und dunklen Flächen unterschieden. Fallen Segmente zufällig in einen eher verschatteten Bereich, dann kann dies zu einer zu großen Bedeckungsberechnung führen. Dies gilt umgekehrt auch für überdurchschnittlich helle Flächen

lichtstärkeren Kamerasystem (Sony A7 III) unternommen, welche vielversprechend ausfielen. Es zeigte sich, dass ein Polarisationsfilter deutlich die in der feuchten Umgebung des Watts häufig starken Reflektionen effektiv minderte und die Bestimmung der Strukturmerkmale verbesserte.

Da für die Unterscheidung von Vegetation und Untergrund die Reflektionseigenschaften von Chlorophyll im nahen Infrarotbereich von herausragender Bedeutung sind, wurde auch die Nutzung einer infrarotfähigen Kamera in Betracht gezogen. Da der infrarote Lichtbereich jedoch nur geringe Eindringtiefen in Wasser aufweist und gleichzeitig Infrarotkameras vergleichsweise lange Belichtungszeiten benötigen, welche im Watt bei Aufnahmen auf instabilem Untergrund häufig zu unscharfen Aufnahmen führen würden, wurde diese Idee nicht weiter verfolgt.

Die Kontrollbilder werden derzeit im JPG-Format aufgenommen. Dieses Format bietet den Vorteil einer hohen Kompressionsrate bei gleichzeitigem vergleichsweise geringem Qualitätsverlust. Hierbei können allerdings Artefakte erzeugt werden, also vom Bildinhalt unabhängige zufällige Strukturen, die mit dem bloßen Auge nicht erkennbar sind, von einem Neuronalen Netz aber je nach Kompressionslevel als relevante Entscheidungsgrößen betrachtet werden können [15]. Daher werden die vom Originalbild erzeugten Segmentbilder im PNG-Format abgespeichert, einer verlustfreien Kompressionsart, um die Erzeugung weiterer Artefakte zu verhindern. Eine weitere Möglichkeit ist, die Bilder im Feld nicht im JPG-Format zu erzeugen, sondern diese im RAW-Format zu belassen und eventuelle Transformationen später vorzunehmen, um einen frühen Qualitätsverlust zu verhindern.

Beim Training eines Neuronalen Netzes zeigt sich, dass eine befriedigende Identifikationseffizienz erst bei mehr als 3000, mindestens aber 1000 Trainingsbildern pro Klasse erreicht ist. Wie bei anderen Problemen in der Bilderkennung gilt auch hier, dass für jedes Wetter- und Lichtverhältnis, das ausgewertet können werden soll, auch entsprechende Trainingsbilder vorhanden sein müssen.

Fehlzuordnungen der Klassen finden vornehmlich zwischen den dem Seegras zugeordneten Klassen statt, mit dem größten Anteil von 7,8 % bei „Seegras (wenig)", welches als „Boden" identifiziert wird, außerhalb dieser Gruppe. Ebenfalls häufig falsch als Seegras identifiziert werden Braunalgen (52,4 %) und zu einem geringeren Anteil Grünalgen (21,2 %). Hier ist durch eine Erhöhung der Anzahl der Trainingsbilder eine deutliche Verbesserung zu erwarten.

Die hier angegebenen Identifikationseffizienzen haben allerdings eine verminderte Aussagekraft in Bezug auf das Gesamtbild, da es sich bei den handgelabelten Bildern immer um solche handelt, die von einem Menschen gut zu identifizieren waren. Die Effizienz kann je nach Wetter- und Lichtverhältnis des auszuwertenden Bildes von diesen abweichen.

Für die Ermittlung der Bedeckung wurden drei in Abschn. 3.4 beschriebene Methoden angewendet. Es zeigten sich unterschiedliche Schwächen der Methoden: Die Genauigkeit der „Simple"-Methode hängt wesentlich von der Verwechslungsrate der Seegrasklassen untereinander ab. Die Trennung von Vegetation und Untergrund mit dem GLI kann sowohl bei gräulichen Lichtverhältnissen als auch bei größeren Wasserflächen fehlschlagen. Bei der „Otsu"-Methode kann die Präsenz größerer Reflektionsflächen oder Schlagschatten im Kontrollbild die Trennung feinerer Strukturen verhindern (Abb. 6). Außerdem kann der „Otsu"-Algorithmus per definitionem keine Bedeckung von 0 % oder 100 % angeben, was relevant sein kann, wenn eine vollständige Bedeckung vorhanden ist oder fehlidentifizierte Segmente vorkommen.

Bei den Unsicherheiten wurden die Einflüsse aus der Klassifikation, der Flächenberechnung und der Bedeckungsberechnung betrachtet. Weitere Fehlerquellen könnten u. a. die Segmentform, die Licht- und Bodenfeuchtigkeitswerte und Schwankungen innerhalb der Kamerasensitivität sein.

5   Zusammenfassung und Ausblick

Das Monitoring der Seegrasbedeckung im Schleswig-Holsteinischen Wattenmeer erfolgt wegen der Ausdehnung und Unzugänglichkeit des Gebiets auf Basis von Luft- und Satellitenbildaufnahmen. Zur Validierung der Ergebnisse werden in situ Bedeckungswerte auf Transekten erhoben. Um diese Vergleichsdaten automatisiert und unabhängig vom Kartierer zu ermitteln, wurde ein auf KI-Methoden basiertes Verfahren entwickelt, welches aus den an den Transektpunkten genommenen Kontrollbildern des Wattbodens die Bereiche mit Seegras extrahiert und aus diesen die Bedeckung berechnet.

In der aktuellen Projektphase werden die in der Diskussion benannten Alternativen bewertet und nachfolgend implementiert. Im Mittelpunkt steht die Entwicklung eines Prototyps der Auswertungsumgebung, um die Felddaten komfortabel hochzuladen und auswerten zu lassen sowie Ergebnisse prüfbar und in einem Format kompatibel zu Schnittstellen der Fernerkundungsanalysen zu erzeugen. Hierbei gilt es nicht nur die Ergebnisse zu berechnen, sondern auch Metadaten zu generieren, welche deren Erzeugung nachvollziehbar dokumentieren.

Aus Zeitgründen konnte innerhalb des Projektes bis jetzt nicht ermittelt werden, ob eine der Methoden zur Bedeckungsberechnung den anderen überlegen ist, ob eine Kombination der Ergebnisse sinnvoll ist und wie diese aussehen müsste, und ob damit dann die benötigte Güte erreicht werden kann. Dies ist für 2022 geplant.

Zur Erfassung größerer Flächen ist die Erprobung des Einsatzes von Drohnen geplant. Ziel ist zu prüfen, inwieweit das entwickelte Verfahren für diese Art Naherkundung adaptiert werden kann.

Literatur

1. Reise, K., & Kohlus, J. (2008). Seagrass recovery in the northern Wadden Sea? *Helgoland Marine Research, 62,* 77–84. https://doi.org/10.1007/s10152-007-0088-1.
2. Dolch, T., Buschbaum, C., & Reise, K. (2016). *Seegras-Monitoring im Schleswig-Holsteinischen Wattenmeer 2015. (Unpublizierter Untersuchungsbericht im Auftrag des. LLUR, Flintbek).* AWI List.
3. Terrados, J., & Borum, J. (2004). Why are seagrasses important? – goods and services provided by seagrass meadows. In J. Borum, C. M. Duarte, D. Krause-Jensen, & T. Greve (Hrsg.), *European seagrasses: An introduction to monitoring and management* (S. 88). M&MS Project, University of California.The EU project Monitoring and Managing of European Seagrasses (M&MS project) Ort: Online https://imedea.uib-csic.es/icg/downloads/seagrass.pdf.
4. Reise, K. (1994). *Vorkommen von Grünalgen und Seegras im Nationalpark Schleswig-Holsteinisches Wattenmeer.* 25: BMU/UBA 10802085/01.
5. Geißler, J., Stelzer, K., Kohlus, J., Farke, H., & Gade, M. (2011). Anwendung und Validierung von Fernerkundungsverfahren für ein optimiertes Wattenmeermonitoring. In K.-P. Traub & J. Kohlus (Hrsg.), *Geoinformationen für die Küstenzone* (S. 51–64). Points Verlag.
6. Kohlus, J., Stelzer, K., Müller, G., & Smollich, S. (2020). Mapping seagrass (Zostera) by remote sensing in the Schleswig-Holstein Wadden Sea. In R. Asmus, U. Schueckel, K. Eskildsen, K. Ricklefs, & S. Garthe (Hrsg.), *Estuarine, Coastal and Shelf Science, Elsevier, special issue: From single ecological interactions to holistic assessments of coastal habitats in the Wadden Sea.* Elsevier https://doi.org/10.1016/j.ecss.2020.106699.
7. Müller, G., Stelzer, K., Smollich, S., Gade, M., Adolph, W., Melchionna, S., Kemme, L., Geißler, J., Millat, G., Reimers, H.-C., Kohlus, J., & Eskildsen, K. (2016). Remotely sensing the German Wadden Sea – A new approach to address national and international environmental legislation. *Environmental Monitoring and Assessment, 188*(10), 1–17. https://doi.org/10.1007/s10661-016-5591-x.
8. Dolch, T., Buschbaum, C., & Reise, K. (2012). *Seegras-Monitoring im Schleswig-Holsteinischen Wattenmeer 2011 (Unpublished. Research report on ground based mapping of seagrass stocks in selected areas by order of the LLUR).* AWI List.
9. Reus, G., Möller, T., Jäger, J., Schultz, S. T., Kruschel, C., Hasenauer, J., Wolff, V., & Fricke-Neuderth, K. (2018). Looking for seagrass: Deep learning for visual coverage estimation. *OCEANS – MTS/IEEE Kobe Techno-Oceans (OTO)* (S. 1–6). https://doi.org/10.1109/OCEANSKOBE.2018.8559302.

10. Felzenswalb, P., & Huttenlocher, D. (1998). Efficiently computing a good segmentation. *Proceedings DARPA image understanding workshop, Monterey, California, USA* (S. 251–258).
11. Achanta, R., Shaij, A., Smith, K., Lucchi, A., Fua, P., & Süsstrunk, S. (2010). *SLIC superpixels.* Technical Report, EPFL.
12. Szegedy, C., Liu, W., Jia, Y., Sermanet, P., Reed, S., Anguelov, D., Erhan, D., Vanhoucke, V., & Rabinovich, A. (2015). Going deeper with convolutions. *2015 IEEE conference on Computer Vision and Pattern Recognition (CVPR)*, (S. 1–9). https://doi.org/10.1109/CVPR.2015.7298594.
13. Finnoff, W., Hergert, F., & Zimmermann, H. (1993). Improving model selection by nonconvergent methods. *Neural Networks, 6*(6), 771–783. https://doi.org/10.1016/S0893-6080(05)80122-4.
14. Gal, Y., & Ghahramani, Z. (2016). Dropout as a bayesian approximation: Representing model uncertainty in deep learning. *International conference on machine learning PMLR.*
15. Dodge, S., & Karam, L. (2016). Understanding how image quality affects deep neural networks. *Eighth international conference on Quality of Multimedia Experience (QoMEX)* (S. 1–6). https://doi.org/10.1109/QoMEX.2016.7498955.

KI-basierte Analyse des Einflusses von Wetter auf die Fahrgeschwindigkeiten von Fernbussen und Lastkraftwagen

Anwendung von Methoden des maschinellen Lernens auf Umweltinformations- und Warnsysteme

David Plavcan, Eridy Lukau, Michael Klafft und Moritz Piening

Zusammenfassung

Kenntnisse der Zusammenhänge zwischen Wetterbedingungen und Fahrgeschwindigkeiten verbessern die Planbarkeit und Reaktionsfähigkeit im Bereich der Güterlogistik und des öffentlichen Personenverkehrs und können so genutzt werden, um die Kundenzufriedenheit zu verbessern. Ziel ist es dabei, mit Hilfe möglichst genauer Wetterprognosen zu erwartende Beeinträchtigungen frühzeitig zu identifizieren und so die Auswirkungen derselben zu reduzieren. Dieser Beitrag untersucht den Einfluss des Wetters auf die Fahrgeschwindigkeiten von Lastkraftwagen und Fernbussen. Genauer werden zwei Ansätze aus dem Bereich der künstlichen Intelligenz angewandt, um zum einen wetterbedingte Ankunftszeitprognosen zu erstellen und zum anderen Frühwarnungen vor wetterbedingten Verzögerungen zu generieren. Die Ergebnisse der Modelle bestätigen einen negativen Einfluss von Neuschnee und

D. Plavcan
UBIMET GmbH, Wien, Österreich
E-Mail: dplavcan@ubimet.com

E. Lukau (✉)
Fraunhofer FOKUS, Berlin, Deutschland
E-Mail: eridy.lukau@fokus.fraunhofer.de

M. Klafft
Jade Hochschule, Wilhelmshaven, Deutschland
E-Mail: michael.klafft@jade-hs.de

M. Piening
Technische Universität Berlin, Berlin, Deutschland
E-Mail: moritz.piening@campus.tu-berlin.de

F. Fuchs-Kittowski et al. (Hrsg.), *Umweltinformationssysteme – Vielfalt, Offenheit, Komplexität*, https://doi.org/10.1007/978-3-658-39796-8_3

31

Starkregen auf die Fahrzeuggeschwindigkeiten, wohingegen andere Wetterparameter wie z. B. Wind nur einen marginalen Einfluss auf die Fahrgeschwindigkeiten im Untersuchungsgebiet hatten. Es konnte gezeigt werden, dass die genutzten Modelle geeignet sind, sowohl Navigationssysteme als auch intelligente Frühwarnsysteme zu verbessern.

Schlüsselwörter

Maschinelles Lernen · Regression · Klassifikation · Logistik · Wetter · Expected Time of Arrival · Frühwarnsystem · Fahrgeschwindigkeit

1 Einleitung

Einer möglichst präzisen Vorhersage der Ankunftszeiten von Fahrzeugen kommt sowohl in der Straßenverkehrslogistik [1] als auch im öffentlichen Personenverkehr [2] eine große Bedeutung zu. Präzisere Prognosen erhöhen die Kundenzufriedenheit durch eine bessere Planbarkeit von Anschlussverbindungen, Reduzierung unnötiger Wartezeiten sowie im Logistikbereich durch die Möglichkeit einer effizienteren Bereitstellung von Ressourcen für Be- und Entladevorgänge. Zusätzlich hat in Schaltzentralen und im Notfallmanagement der betroffenen Unternehmen die Resilienz gegenüber Verkehrsstörungen eine hohe Priorität. Mitarbeiter und Mitarbeiterinnen profitieren daher von Entscheidungsunterstützungssystemen, welche frühzeitig auf erwartete Verzögerungen im Straßenverkehr hinweisen und es ermöglichen, rechtzeitig und vorbereitend darauf zu reagieren.

In der vorliegenden Studie werden wetterbedingte Verzögerungen bei Fahrten von LKW und Bussen mit zwei verschiedenen Ansätzen quantitativ untersucht.

Abschn. 2 verschafft einen Überblick über den aktuellen Stand des Wissens in Bezug auf Wetter und Verkehr bzw. den Einfluss des Wetters auf Geschwindigkeiten sowie die in der Forschungslandschaft für die Analyse dieser Zusammenhänge genutzten Ansätze.

Abschn. 3 beschreibt die grundlegende Datenauswahl sowie die benötigten Vorbereitungen, welche getroffen werden mussten, um beide Ansätze des maschinellen Lernens verfolgen zu können.

In Abschn. 4 wird zunächst analysiert wie verschiedene Wetterbedingungen die Fahrgeschwindigkeit beeinflussen, mit dem Ziel, diese Zusammenhänge für genauere Fahrgeschwindigkeitsprognosen zu nutzen.

In Abschn. 5 wird untersucht, ob wetterbedingte Verzögerungen auf Ebene einzelner Streckenabschnitte gelernt werden können, sodass auf Basis kurz- bis mittelfristiger Wettervorhersagen erwartete Verzögerungen ermittelt und darauf aufbauend Frühwarnungen für bestimmte Streckenabschnitte ausgespielt werden können.

Abschn. 6 fasst die Ergebnisse zusammen, diskutiert die dem Paper zugrunde liegende Hypothese und verschafft einen Ausblick auf weitere Arbeiten.

2 Stand des Wissens

Internationale Studien zeigen, dass starker Wind [3], schlechte Sicht [3] und starker Niederschlag [3, 4], insbesondere in Form von Schnee [4], zu einer Reduzierung der generellen Fahrgeschwindigkeit im Straßenverkehr führen. Dies legt den Schluss nahe, dass Wetter einen signifikanten Einfluss auf die Fahrgeschwindigkeiten – auch von Fernbussen und LKW – hat und die Einbeziehung von Wetter daher eine genauere Prognose der Ankunftszeiten ermöglicht.

Die Studienlage ist jedoch nicht einheitlich: so konnte [1] keine messbare Verbesserung der ETA*(Expected-Time-of-Arrival)*-Prognose von LKW durch Hinzunahme von Wetterdaten nachweisen, wobei die Parameter Schnee und Eis jedoch nicht berücksichtigt wurden und die Analyse auch nur auf einer einzigen Strecke in Schweden mit Daten von genau 5 Wetterstationen basierte. [5] konnte nur eine geringere Verbesserung der Genauigkeit von Stauprognosen durch Hinzunahme von Wetterfaktoren nachweisen, wobei sich die Analyse auf den Großraum Islamabad bezog, wo keine Schneefälle vorkommen. Allen Studien ist gemein, dass sie im Ausland durchgeführt wurden und daher nicht ohne weiteres auf den deutschen bzw. mitteleuropäischen Kontext übertragbar sind. Zudem bezieht sich keine der vorhandenen Studien explizit auf die Prognose der Fahrgeschwindigkeiten von Fernbussen. Die vorliegende Publikation wird diese beiden Forschungslücken adressieren.

Auch weitere Studien haben Zusammenhänge zwischen nachteiligem Wetter und verringerten Fahrgeschwindigkeiten aufzeigen können [6]. So wird in [7] ein verringerter Verkehrsfluss durch Regen, Schnee und Wind aufgrund von schlechten Sichtverhältnissen aufgezeigt. In [8] zeigen die Autoren signifikanten Einfluss von Regen auf Fahrgeschwindigkeiten bei geringem Verkehrsaufkommen und freier Fahrbahn (Autobahn) und gleichzeitig wenig Einfluss von Regen auf Fahrgeschwindigkeiten bei hohem Verkehrsaufkommen bzw. voller Straße.

In [9] wurden ähnliche Lösungsansätze verfolgt, wie es in dieser Studie der Fall ist. So wurden in den vorher genannten Studien die Wetterparameter: Nebel, Regen, Schnee, Überschwemmung und Eis, als für Fahrzeuge nachteilige Wetterbedingungen identifiziert. Auf Basis dieser Parameter wurde dann ein neuronales Netz trainiert, welches die Verkehrsgeschwindigkeit auf einem Streckenabschnitt prognostiziert. Auch wenn die Ergebnisse in [9] vielversprechend sind, wurden in der Studie lediglich 6 Monate historische Daten und auch nur ein einziger Streckenabschnitt untersucht. In der vorliegenden Studie werden Daten aus einem Zeitraum von knapp 3 Jahren für mehrere Streckenabschnitte auf Autobahnen durch Deutschland und Europa betrachtet, welche in der Straßengüterverkehrslogistik und von Fernbusunternehmen genutzt werden. Ebenso werden in dieser Studie im Vergleich zu [9] keine Deep-Learning-Methoden, sondern Methoden des klassischen maschinellen Lernens sowohl für die Regression als auch für die Klassifikation verwendet.

Als weiterer Beitrag zu Studien in diesem Feld präsentiert die vorliegende Studie die Betrachtung des Einflusses von Wetter auf Fahrgeschwindigkeiten – speziell von

Bussen und LKW – und untersucht die Integrierbarkeit von künstlicher Intelligenz in Navigationssysteme und intelligente Frühwarnsysteme.

3   Datengrundlage und Verarbeitung

Untersucht wurden Fahrten auf 12 ausgewählten Teststrecken mit einer Gesamtlänge von 5010 km pro Fahrtrichtung auf Autobahnen in Deutschland und Europa für den Zeitraum vom 01.01.2018 bis 16.07.2020. Insgesamt liegen Fahrspurdaten von ca. 1,1 Mio. Fahrten mit Wechselbrücken im Straßengüterverkehr sowie 39.190 Fernbusfahrten auf den o. g. Teststrecken vor. Insgesamt wurden für die Analyse 153,4 Mio. Fahrkilometer berücksichtigt (davon 144,8 Mio. km durch LKW und 8,6 Mio. km durch Fernbusse zurückgelegt). Für all diese Strecken liegen ebenfalls historische Wetteranalysen aus den Jahren 2018, 2019 und 2020 für die Parameter Temperatur, Luftfeuchtigkeit, Wind, Windböen, Niederschlag, Neuschnee, Schneehöhe und ein Glätteparameter in einer stündlichen Auflösung auf einen 1 km-Gitter vor.

Die Fahrten liegen als GPS-Punkte in einer zeitlichen Auflösung von 1 bis 5 min vor und müssen für die geplanten Untersuchungen zunächst auf Straßenabschnitte projiziert werden. Dafür werden Routendaten in sehr detaillierter Auflösung von teilweise wenigen Dekametern verwendet, entlang welcher die Fahrten aus den GPS-Punkten (re-) konstruiert werden. Dabei werden die Zeiten zwischen den GPS-Punkten entlang des Straßenverlaufs interpoliert. Im Anschluss werden für alle Straßensegmente aus deren Längen und den Durchfahrzeiten die Fahrgeschwindigkeiten berechnet. Diese tatsächlich gefahrenen Geschwindigkeiten werden in weiterer Folge *Track-Geschwindigkeiten* genannt.

Diese Track-Geschwindigkeiten können beispielsweise aufgrund von schwachem GPS-Signal fehlerhaft sein und müssen daher qualitätskontrolliert werden. Dafür werden alle unplausibel hohen Geschwindigkeiten (>105 km/h bei Bussen und >95 km/h bei LKW), aber auch sehr langsame (<3 km/h) aus dem Datensatz komplett entfernt. Zusätzlich werden ungewöhnlich langsame Fahrten (<25 km/h auf Autobahnen) bei denen anzunehmen ist, dass Wetter keinen Einfluss haben kann (kein Niederschlag, keine Glätte, nur schwacher Wind und relative Feuchte deutlich unter der Sättigung) ausgeschlossen, um die Daten um Staus aufgrund von anderen Ursachen wie z. B. Unfällen oder Baustellen zu bereinigen. Ebenfalls werden alle Segmente, welche durch Tunnels führen, entfernt, da hier die Fahrtstrecke witterungsgeschützt ist.

Neben diesen tatsächlich gefahrenen Track-Geschwindigkeiten werden für die Analyse zusätzlich *Routengeschwindigkeiten* verwendet. Die Routengeschwindigkeiten werden von einer Navigationssoftware verwendet, welche sich für jedes Segment aus gemittelten Geschwindigkeiten je Wochentag und Zeitpunkt (in 5 min Auflösung) ableiten. Somit berücksichtigen diese Routengeschwindigkeiten die üblichen Schwankungen der Verkehrsdichte je nach Tageszeit. Für LKW und Busse müssen diese Routengeschwindigkeiten mit der jeweiligen Maximalgeschwindigkeit (für Busse

100 km/h und für LKW 90 km/h) nach oben begrenzt werden. Dabei ist darauf hinzuweisen, dass Für LKW eigentlich eine Geschwindigkeitsbegrenzung von 80 km/h gilt, die genutzten Geschwindigkeitsdaten der LKW aber zeigen, dass in der Praxis meist mit knapp 90 km/h gefahren wird.

Ein Vergleich der Routengeschwindigkeiten mit den Track-Geschwindigkeiten zeigt im Median für die Mehrheit der Segmente eine gute Übereinstimmung, teilweise aber auch systematische Abweichungen. Zu diesen Abweichungen kommt es besonders an Steigungen, wobei die Routengeschwindigkeit die Track-Geschwindigkeit im Median häufig (je nach Segment) um 10 bis 30 km/h überschätzt. Da in dieser Studie die Routengeschwindigkeit als Referenz dienen soll, würden solche Segment-abhängigen Fehler die Ergebnisse und deren Interpretation verfälschen. Um diese Abweichungen zu korrigieren, wird je Segment der Bias der Routengeschwindigkeiten separat für LKW und Busse abgezogen. Dadurch wird je Segment eine *korrigierte Routengeschwindigkeit* eingeführt, deren Median dem Median der Track-Geschwindigkeiten entspricht. Folglich ist diese korrigierte Routengeschwindigkeit je Segment biasfrei, wobei weiterhin die tageszeitlichen und wochentäglichen Schwankungen der Routengeschwindigkeit berücksichtigt werden.

All diese Geschwindigkeitsdaten liegen bisher auf sehr feingliedrigen Straßensegmenten vor mit einer mittleren Segmentlänge von 0,24 km. Um die Datenmenge zu reduzieren und zufällige, kurzfristige Geschwindigkeitsfluktuationen auszugleichen, werden die Segmente auf eine Länge in der Größenordnung von Kilometern zusammengefügt, wobei berücksichtigt wird, dass nur zusammenhängende Abschnitte mit ähnlichen Steigungen und Höhenlagen als ein ganzes Segment zusammengefasst werden. Dadurch ergibt sich für die Untersuchung eine mittlere Segmentlänge von 1,4 km, was auch in etwa einer minütlichen Auflösung der GPS-Daten entspricht (bei 90 km/h legt ein Fahrzeugt in einer Minute 1,5 km zurück).

Neben dieser räumlichen Aggregation werden die Fahrten auch zeitlich zusammengefasst. Es kommt häufig vor, dass LKW nur kurz hintereinanderfahren und dadurch unnötig redundante Daten erzeugen. Bei der statistischen Analyse können solche stark miteinander korrelierte Datenpunkte zu einer überproportional hohen Gewichtung einer einzelnen Situation führen was die Ergebnisse verfälschen würde. Deshalb werden alle Fahrten je Segment innerhalb von 20-minütigen Zeitfenstern zusammengefasst.

Da Geschwindigkeiten je nach Streckenabschnitt und Fahrzeugtyp variieren, sind die absoluten Geschwindigkeiten der unterschiedlichen Segmente nicht vergleichbar und müssen für die (gemeinsame) Analyse normiert werden. Dafür werden *relative Track-Geschwindigkeiten* verwendet, welche durch das Verhältnis der Track-Geschwindigkeiten zu korrigierten Routengeschwindigkeiten definiert werden. Durch dieses Vorgehen werden sowohl Segmente mit unterschiedlichen Routengeschwindigkeiten als auch beider Fahrzeugtypen (Busse und LKW) mit unterschiedlichen Geschwindigkeiten miteinander vergleichbar gemacht und können gemeinsam untersucht und modelliert werden. Die Daten sind jedoch so aufbereitet, dass für das Training der Modelle Busse und LKW trotz Vergleichbarkeit getrennt betrachtet werden können.

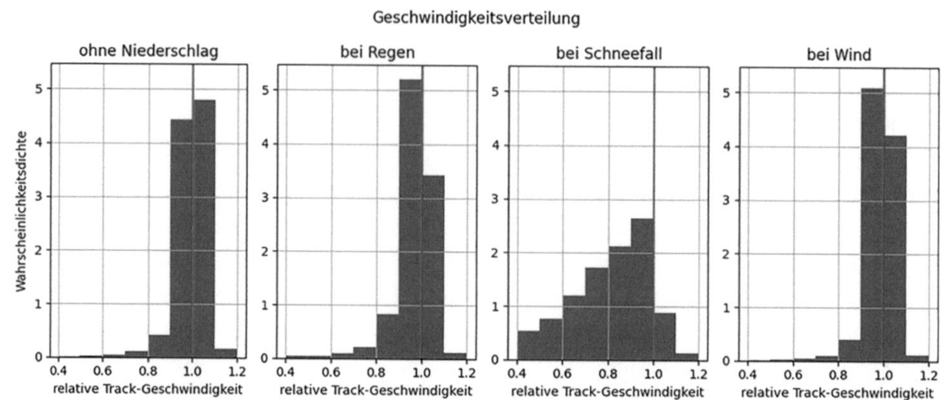

Abb. 1 Normierte Häufigkeitsverteilungen der relativen Track-Geschwindigkeit (einheitenlos) je Wetter: ohne Niederschlag, bei Regen (kein Schneefall und Niederschlag >2 mm/h), bei Schneefall (Neuschnee >1 cm/h) und bei Wind (kein Niederschlag und Windgeschwindigkeit >10 m/s)

Die Häufigkeitsverteilungen der relativen Track-Geschwindigkeiten je Wetterklasse sind in Abb. 1 für alle verwendeten Daten dargestellt.

4 Wetterabhängige Routengeschwindigkeit

Nach abgeschlossener Datenvorbereitung wird ein Regressionsmodell trainiert, welches die Fahrgeschwindigkeit in Abhängigkeit von Wetter- und Routenvariablen beschreibt. Im Anschluss werden insbesondere die Einflüsse der Wettervariablen auf die Fahrgeschwindigkeit quantitativ untersucht. Zusätzlich wird ausgewertet ob die modellierten Routengeschwindigkeiten die tatsächlichen Fahrgeschwindigkeiten genauer prognostizieren können als die wetterunabhängigen und Bias-korrigierten Routengeschwindigkeiten (siehe Abschn. 3).

4.1 Modellierung eines wetterabhängigen Verzögerungsfaktors für die Routengeschwindigkeit

Um die Routengeschwindigkeit wetterabhängig zu modellieren, wird ein Regressionsmodell entwickelt, welches den allgemeinen Zusammenhang zwischen Wetter und Fahrgeschwindigkeit erfassen soll. Dieses Regressionsmodell beschreibt die relative Track-Geschwindigkeit, welche dem Verhältnis der Track-Geschwindigkeit zur korrigierten Routengeschwindigkeit entspricht. Diese relative Track-Geschwindigkeit kann auch als Verzögerungsfaktor interpretiert werden, wobei der Wert 1 der vollen

Routengeschwindigkeit entspricht und Werte unterhalb von 1 die entsprechende Verlangsamung angeben. In der Anwendung prognostiziert das Modell diesen Faktor, welcher in weiterer Folge in die Routenberechnung mit einfließt und entsprechend die Routengeschwindigkeit um den Wettereinfluss verringert.

Als Prädiktoren werden neben den oben beschriebenen Wettervariablen zusätzliche Attribute der Straßensegmente verwendet, wie Steigung, Kurvenradien, Brückenindikator und Routengeschwindigkeiten. Zusätzlich wird eine binäre Variable für die Unterscheidung Bus/LKW und die Uhrzeit eingeführt.

Damit die Prognosen unabhängig verifiziert werden können, werden die Daten in Trainings- und Testdaten aufgeteilt. Dafür werden aus dem Datensatz sowohl zufällige, ca. 10 km lange und zusammenhängende Streckenabschnitte für alle Fahrten (und somit für den gesamten Zeitraum), als auch 5-Tagesblöcke von den Trainingsdaten separiert und bilden einen unabhängigen Testdatensatz. Alle präsentierten Ergebnisse werden ausschließlich auf diesem Testdatensatz ausgewertet, welcher nicht für das Training des Modells verwendet wird.

Als statistisches Modell wurden *Gradient Boosted Trees* gewählt, welche besonders gut geeignet sind, da diese sowohl nichtlineare Zusammenhänge als auch mehrfache Abhängigkeiten gut erfassen können. Trainiert wird ein universelles Modell mit allen Segmenten aus dem Trainings-Datensatz, welche Streckenabschnitte verschiedener Autobahnen abdecken. Anschließend werden mit diesem Modell „Prognosen" für Routengeschwindigkeiten der Testdaten berechnet und analysiert.

4.2 Wettereinflüsse und die Prognose der Fahrgeschwindigkeit

Für die Untersuchung der Wettereinflüsse auf die Fahrgeschwindigkeit werden mittlerer quadratischer Fehler (RMSE [10]) je Wetterklasse sowohl für die wetterunabhängigen und korrigierten, als auch für die wetterabhängigen Routengeschwindigkeiten berechnet und miteinander verglichen. Die aus diesem Vergleich resultierenden relativen Verbesserungen der RMSE durch die wetterabhängige Routengeschwindigkeitsmodellierung sind in Abb. 2 rechts dargestellt. Dieser Vergleich zeigt, dass besonders bei Schneefall (je nach Schneefallintensität) die wetterabhängige Modellierung zu deutlichen Verbesserungen von ca. 25 bis über 50 % führt. Bei Regen fallen die Verbesserungen mit ca. 4 bis 8 % deutlich geringer aus. Hingegen sind bei (starkem) Wind nur sehr marginale Verbesserungen zu erkennen.

Die Analyse der Prädiktoren (siehe Abb. 2 links) bestätigt, dass die Parameter Neuschnee und Niederschlag deutlich stärker die Fahrgeschwindigkeit beeinflussen als Wind und Windböen. Auffällig ist, dass Straßenparameter wie Steigung und Kurven eine geringe Bedeutung haben.

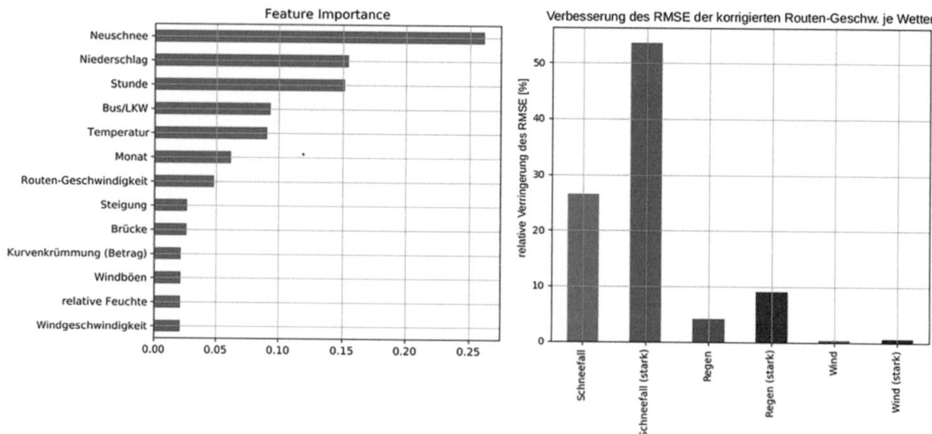

Abb. 2 Gradient-Boosted-Tree-Modell: Relative Bedeutung der verwendeten Prädiktoren (links) und die erzielte, relative Reduktion der Wurzel des mittleren quadratischen Fehlers (RMSE) der korrigierten Routengeschwindigkeit, je Wetterklasse (rechts)

4.3   Verbesserung der Fahrzeitprognosen

Genauere Geschwindigkeitsprognosen führen zu genaueren Berechnungen der Fahrzeiten und der Ankunftszeiten (Estimated time of arrival, ETA). Für die Analyse der Wettereinflüsse auf Fahrzeiten werden für jede Fahrt die Fahrzeiten jeweils mit wetterunabhängigen und wetterabhängigen Routengeschwindigkeiten berechnet und mit den tatsächlichen Fahrzeiten vergleichen. Anschließend wird betrachtet, wie sich die Abweichungen der beiden Routengeschwindigkeiten von den tatsächlichen Fahrzeiten unterschieden.

Die Häufigkeitsverteilung dieser Unterschiede ist in Abb. 3 dargestellt, wobei die Unterschiede auf 100 km normiert sind, um Fahrten mit unterschiedlichen Distanzen

Abb. 3 Häufigkeitsverteilung der Verbesserungen der Fahrzeitprognosen durch wetterabhängige Modellierung der Routengeschwindigkeit. Dargestellt sind die Verbesserungen in Minuten je Fahrt, normiert auf 100 km Strecke und auf der X-Achse die Anzahl der Fahrten, für die diese Verbesserung/ Verschlechterung zutraf

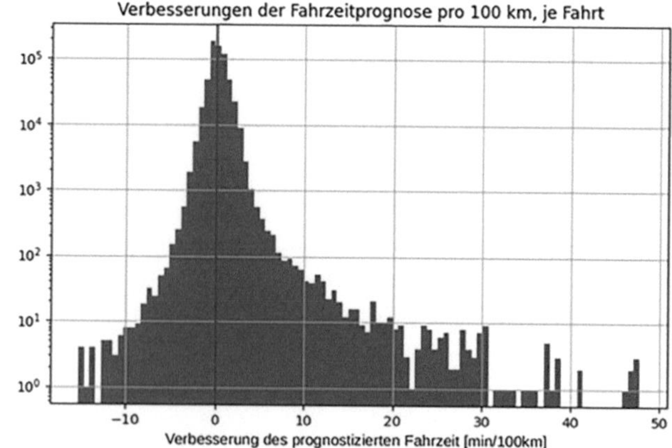

vergleichbar zu machen. Es fällt auf, dass die Anzahl der Fahrten mit verbesserten Fahrzeitprognosen deutlich diejenigen Fahrten überwiegt, bei denen es zu geringen Verschlechterungen der Prognosen durch die Hinzunahme von Wetter kommt. Bei vielen Fahrten lässt sich die ETA um 15 bis 30 min je 100 km Strecke genauer prognostizieren. Bei einzelnen Fahrten erreicht die Verbesserung sogar Werte um 45 min je 100 km. Wie zu erwarten ist, wird bei der Mehrheit der Fahrten die Fahrzeit kaum verändert da insgesamt Niederschlag und insbesondere Schneefall seltene Ereignisse darstellen.

5 Wetterabhängige Verzögerungswarnungen

Ziel der hier diskutierten Klassifikationsmethodik ist es, Warnungen auszulösen, wenn anhand einer Wettervorhersage erkannt wird, dass ein Streckenabschnitt aufgrund des Wetters zu einer langsameren Geschwindigkeit führen wird. Der zu trainierende Klassifikator soll lernen die wetterbedingten Eigenschaften so einzuschätzen, dass auf Basis einer Wettervorhersage vorausgesagt werden kann, ob eine Fahrt auf besagtem Abschnitt verlangsamt wird oder nicht.

Als Messgröße für die Verlangsamung betrachten die Autoren das Verhältnis zwischen Track-Geschwindigkeit und korrigierter Routen-Geschwindigkeit. Der Schwellwert für die Verlangsamung liegt hier bei 0,90, was einer Verlangsamung von 10 % entspricht. Erkennt man also auf einem Segment eine Geschwindigkeit, welche mindestens 10 % langsamer ist als die erwartete Geschwindigkeit auf diesem Segment, so wird dies als „Slow-Trip" bezeichnet. Wird dieser Slow-Trip bei nachteiligem Wetter erkannt, so gilt dieser als wetterbedingt verlangsamt. Die Geschwindigkeiten auf Fahrten von LKW und Bussen werden hierbei getrennt betrachtet.

Die Autoren verstehen eine korrekte streckenabschnittsbezogene Prognose des Klassifikator-Modells entweder als korrekte Warnung oder korrekte Nicht-Warnung.

Eine korrekte Warnung gilt dann, wenn erkannt wird, das nachteiliges Wetter in der aktuellen Wettervorhersage auf dem Streckenabschnitt zu Verlangsamung führen wird, wenn sehr häufig in der Vergangenheit wiederholt bei vergleichbaren Wetterverhältnissen langsamer gefahren wurde.

Eine korrekte Nicht-Warnung gilt dann, wenn erkannt wird, dass nachteiliges Wetter in der aktuellen Wettervorhersage auf dem Streckenabschnitt nicht zu Verzögerungen führen wird, wenn sehr selten in der Vergangenheit bei vergleichbaren Wetterverhältnissen langsamer gefahren wurde.

Das Klassifikator-Model soll das Verhalten der Abschnitte auf Basis der Vergangenheit erlernen. Die Kombination aus verlangsamter Fahrt bei nachteiligem Wetter bezeichnen wir als *Slow-Trip*. Die Kombination aus nichtverlangsamter Fahrt bei nachteiligem Wetter bezeichnen wir hingegen als *Normal-Trip*.

5.1   Modellierung der Klassen und Aufteilung von Wetterdaten

Für die Klassifikation werden mehrere Segmente auf einer Route als Streckenabschnitte zusammengefasst. Für jeden Streckenabschnitt wird ein binärer Klassifikator als Modell für zwei Klassen trainiert: Die eine Klasse beschreibt wetterbedingt verlangsamten Fahrten auf diesem Abschnitt (Slow-Trip). Die andere Klasse beschreibt alle nicht verlangsamten Fahrten bei normalem Wetter, nicht verlangsamte Fahrten bei nachteiligem Wetter und verlangsamte Fahrten bei normalem Wetter (Normal-Trip).

Damit die Fahrten im Datensatz gutem bzw. schlechtem Wetter zugeordnet werden können, müssen ebenso die Wetterdaten in gut oder schlecht unterteilt werden. Es wäre jedoch hier keine gute Praxis eigene Aufteilungsregeln „per Hand" zu definieren um die Wetterdaten aufzuteilen. Daher erfolgt das Aufteilen der Wetterdaten in zwei Gruppen (nachteiliges Wetter und normales Wetter) durch Anwendung einer als *„Unsupervised Clustering"* bekannten Methode mithilfe des „Isolation-Forest"-Algorithmus. Hierbei soll der Algorithmus es eigenständig (daher unsupervised) schaffen, die Daten in die zwei Gruppen aufzuteilen. Der Algorithmus bildet aufgrund von in den Daten erkannten Ausreißern zwei Wetter-Gruppen. Auf Basis dieser beiden Wetter-Gruppen wurden nun alle Fahrten untersucht, die innerhalb dieser Gruppen stattgefunden haben.

Der Erfolg dieser Methode wird in Abb. 4 ersichtlich. Hier zeigt sich eindeutig eine größere Anzahl an Fahrten je Segment mit niedrigeren Geschwindigkeiten (zwischen 40 und 90 km/h) in der Gruppe des nachteiligen Wetters im Vergleich zu den Fahrten in der Gruppe des normalen Wetters. Es lässt sich demnach durch die Gruppierung des Wetters die Aussage bestätigen, dass bei nachteiligem Wetter häufiger deutlich langsamer gefahren wurde als bei normalem Wetter. Weiterhin kann nun ein Klassifikator lernen ob ein neu gesehenes Wetter nachteilig für das Fahren ist oder nicht.

5.2   Auswahl der algorithmischen Klassifikatoren

Als mögliche Klassifikatoren aus dem klassischen maschinellen Lernen wurden unterschiedliche Algorithmen in Erwägung gezogen, trainiert und getestet. Die Evaluation erfolgte anhand der Metriken zur Trefferquote (Recall) und Präzision (Precision).

Die Trefferquote des Modells gibt eine Aussage darüber, wie häufig das Modell aus einem gesehenen Datensatz tatsächlich einen wetterbedingten Slow-Trip richtig erkennt und einordnet. Diese Metrik ist im Bereich der Warnsysteme dahingehend von großer Bedeutung, dass sie für die Häufigkeit steht, in der eine Warnung korrekterweise ausgelöst wird. Je höher die Trefferquote, umso häufiger werden Slow-Trips richtig vorhergesagt und somit wird korrekt gewarnt.

Die Präzision des Modells gibt eine Aussage darüber, wie präzise die Aussage des Modells ist, also wie häufig das Modell richtig liegt, wenn es einen Slow-Trip erkennt. Je höher die Präzision, umso genauer ist das Warnsystem bzw. umso seltener tendiert das Warnsystem zur Überwarnung.

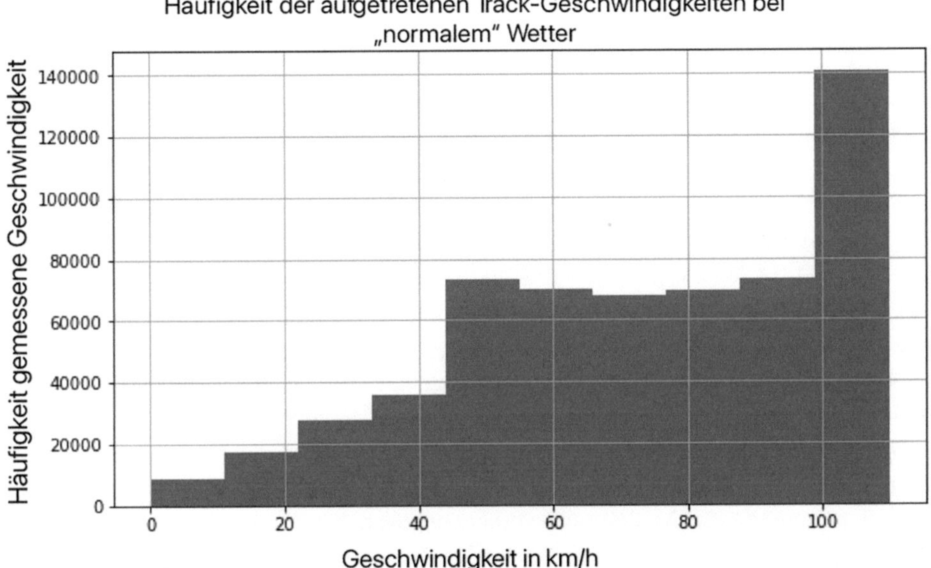

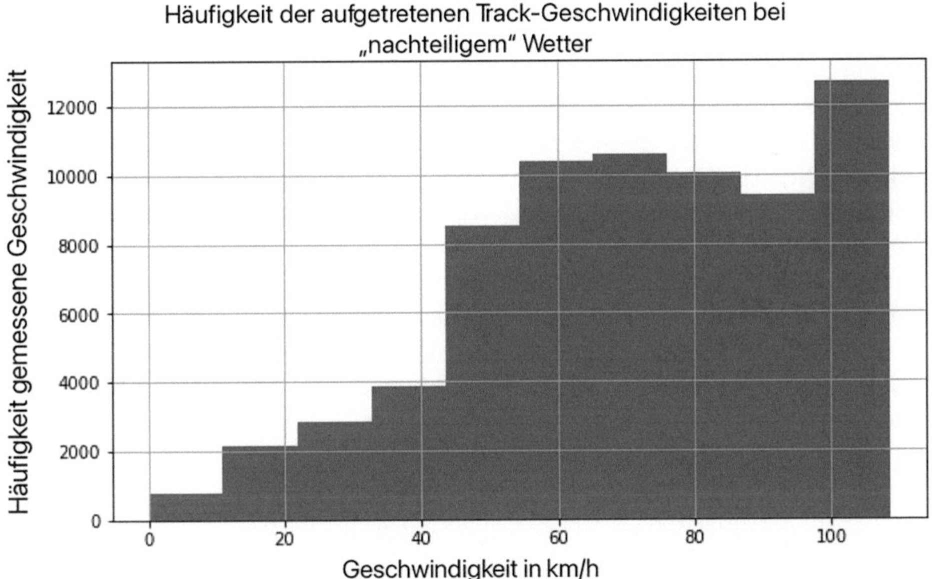

Abb. 4 Häufigkeitsverteilung der gemessenen Geschwindigkeiten bei normalem Wetter und nachteiligem Wetter. Es wird deutlich, dass bei nachteiligem Wetter mehr Geschwindigkeiten zwischen 40 und 90 km/h gefahren wurden als bei normalem Wetter

Untersucht wurden für diese Studien die Algorithmen: Decision Tree, Random Forest, K-Nearest Neigbours, Ada Boost, QDA (Quadratic Discriminant Analysis) und Naive Bayes. Letzterer scheint die beste Performance zu bieten und lieferte in allen Tests im Vergleich zu den anderen Algorithmen sowohl die beste Trefferquote als auch die besten Präzisionswerte auf Basis des verwendeten Datensatzes.

5.3   Auswertung des Wahrheitsgehalts des Klassifikators

Des Weiteren betrachten die Autoren, wie präzise der Naive-Bayes-Algorithmus für jedes einzelne Streckensegment Prognosen generiert. Die Prognosen betreffen eine der beiden Klassen Slow-Trip (Verlangsamung auf dem Segment durch Wetter) oder Normal-Trip (keine Verlangsamung auf dem Segment durch Wetter).

Um eine Aussage darüber treffen zu können, wie präzise die Modelle pro Segment agieren, werden die Modelle nach dem Training auf einen Test-Datensatz angewandt. Hierbei bekommt ein Modell ein vorher unbekanntes Wetterphänomen zu sehen, woraufhin der Wettereinfluss auf das örtlich betroffene Segment bewertet wird. Die prognostizierte Klasse wird dann mit der tatsächlichen Klasse verglichen, um so zu erkennen wie viele richtige oder falsche Annahmen getroffen wurden. Die Annahmen oder auch Bewertungsfälle, welche das Modell trifft, sind die folgenden:

- **Richtig Positiv:** Das Modell prognostiziert aufgrund des gesehenen Wetters für ein Segment richtigerweise einen Slow-Trip (mit Warnung als Folge).
- **Richtig Negativ:** Das Modell prognostiziert aufgrund des gesehenen Wetters für ein Segment richtigerweise einen Normal-Trip, erwartet also keine Verlangsamung. Eine Warnung bleibt aus.
- **Falsch Positiv:** Das Modell prognostiziert fälschlicherweise einen durch Wetter verursachten Slow-Trip. Es wird eine Fehlwarnung generiert.
- **Falsch Negativ:** Das Modell erkennt einen durch Wetterverursachten Slow-Trip nicht und prognostiziert fälschlicherweise einen Normal-Trip. Die notwendige Warnung fällt demnach aus.

Die Autoren betrachten zur Auswertung der Aussagekraft die Trefferquote des Modells in Bezug auf ein ausgewähltes Wetterphänomen. Dies ist für das Phänomen Neuschnee zu sehen in Abb. 5.

Es ist zu erkennen, dass eine Richtig-Positiv-Aussage des Modells bei durchschnittlich 0,7 cm Neuschnee pro Stunde erfolgt. Es ist ebenso zu erkennen, dass eine Richtig-Negativ-Aussage des Modells durchschnittlich bei einen Neuschnee Wert von ca. 0,1 cm pro Stunde erfolgt. Man kann demnach sagen, dass das Modell bei einer hohen Menge an Neuschnee richtig warnt, bzw. bei geringen Mengen an Neuschnee richtig *nicht* warnt. Es ist ebenso zu erkennen, dass Falsch-Positiv Aussagen des Modells (Fehlwarnung) bei durchschnittlich bis zu 0,2 cm pro Stunde erfolgen. Bei einer Neuschnee-

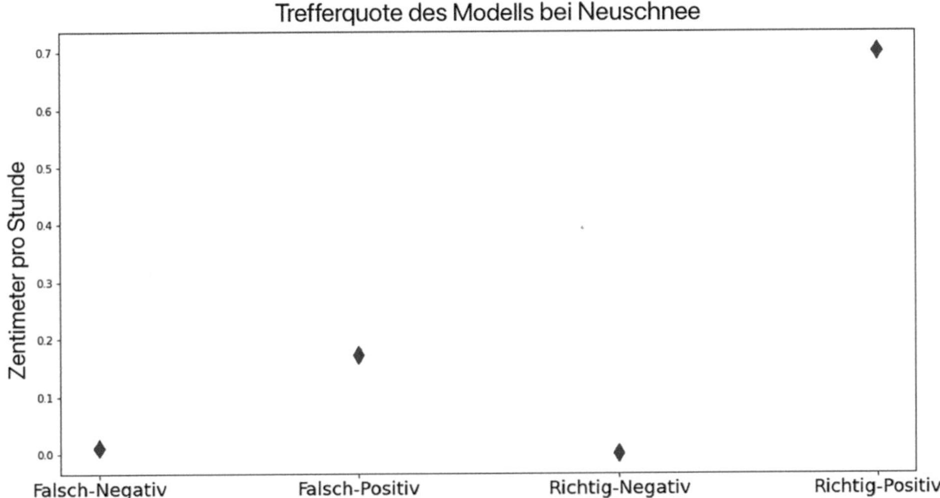

Abb. 5 Nach Anwendung der Testdaten wurden die Aussagen des Modells nach Bewertungsfall sortiert. Innerhalb dieser Fälle wurde dann gemessen bei welchem Wetterwert im Durchschnitt die Aussage getroffen wurde. Die beste Trefferquote lässt sich bei durchschnittlich 0,7 cm/Std. Neuschnee feststellen

menge bis zu diesem Wert sind demnach Unsicherheiten des Modells zu erwarten, die Situation richtig einzuschätzen. Je mehr Schnee fällt umso eher warnt das Modell. Dies hat ebenso zur Folge, das Situationen, in denen schon sehr wenig Schneefall zu Verzögerungen führen kann, nicht immer erkannt werden. Dies ist erkennbar beim durchschnittlichen Schneefall von 0,1 cm pro Stunde. Verlangsamungen, die bereits in diesem Bereich stattfinden, können durch das Modell nur schwer erkannt werden.

Abschließend lässt sich daher sagen, dass der Klassifikator durchaus korrekte Frühwarnungen aussprechen kann bzw. korrekte *nicht*-Warnungen, wenn eine gewisse Menge an Schnee fällt.

5.4 Anwendung des Klassifikators auf Beispielstrecken

Im vorherigen Abschnitt konnte gezeigt werden, dass ein Modell Verzögerungen aufgrund von Neuschnee gut erkennen und vorhersagen kann. Folglich wird nun die Warnfähigkeit des Modells pro Segment im Verlauf einer kompletten Route betrachtet.

Abb. 6 präsentiert die Abweichung zwischen den vorhergesagten Klassen. Zu sehen ist hier der Durchschnitt der als unauffällig klassifizierten Trips (Normal-Trips) und der Durchschnitt der verlangsamten Trips (Slow-Trips). Ersteres wird mit durchgezogener, letzteres wird mit durchgezogen-gepunkteter Linie dargestellt. Die Höhe der Linien ist immer bezogen auf die Geschwindigkeit für jedes Segment auf der Route zwischen Start und Ziel. Auf jedem Segment auf dem sich die Slow-Trip Linie unterhalb

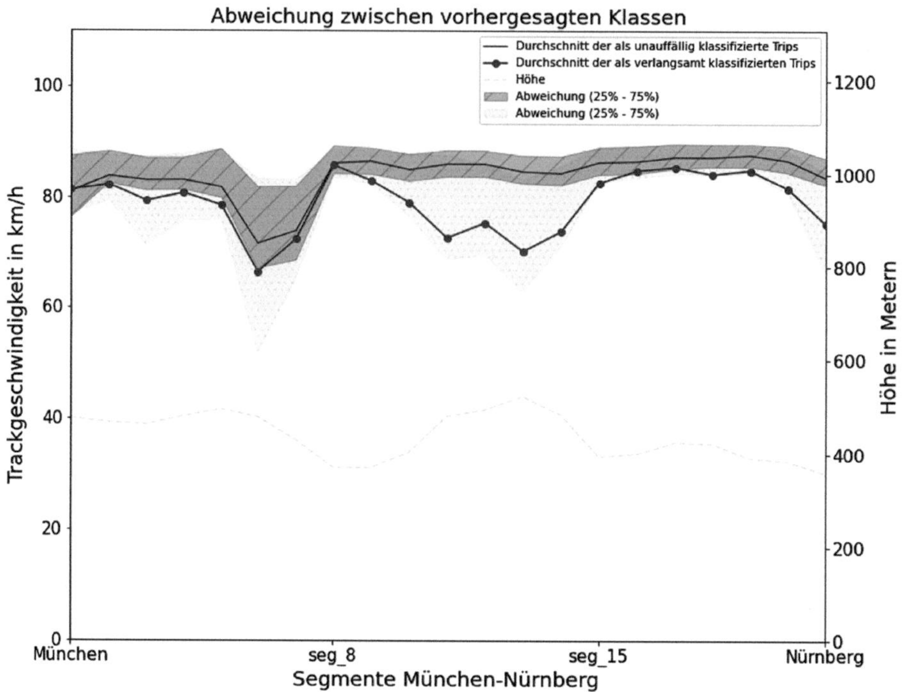

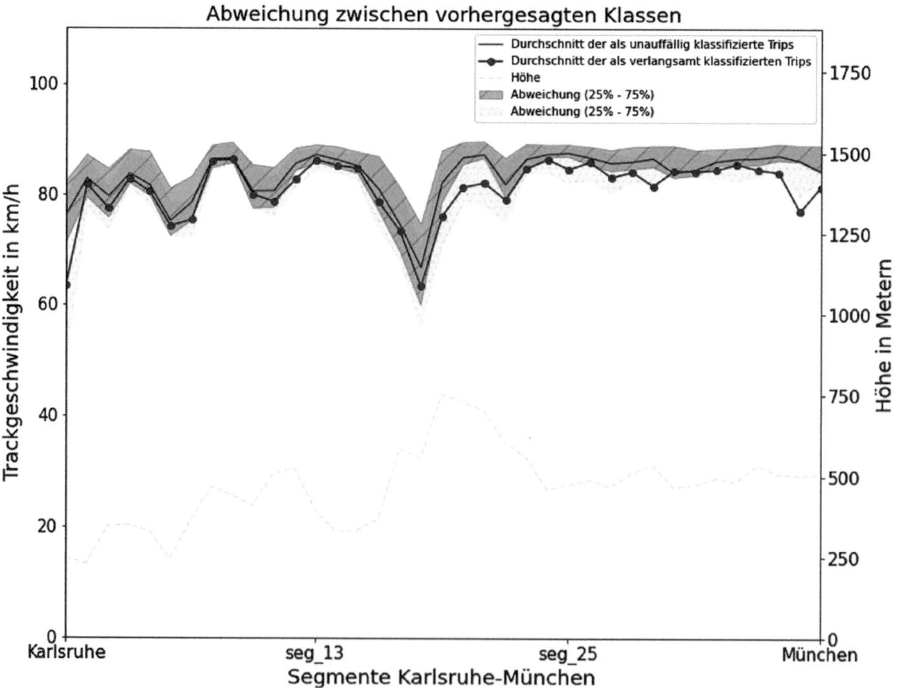

Abb. 6 Standardabweichung zwischen den Klassen Normal-Trip und Slow-Trip (durchgezogene Linie: Fahrten ohne Verzögerung bzw. Normal Trip, durchgezogen-gepunktete Linie: durch das Modell erkannte Fahrten mit wetterbedingter Verzögerung nzw. Slow Trip; Je weiter beide Linien auf einer Strecke auseinanderliegen, umso besser sind die Frühwarnungen der Modelle)

der Normal-Trip Linie befindet, hat das für dieses Segment trainierte Modell die Verlangsamung korrekt erkannt und gewarnt. Liegen beide Linien aufeinander, kann für dieses Segment kein eindeutiger Unterschied bei winterlichem und nicht-winterlichem Wetter gelernt bzw. erkannt werden.

Je weiter die Linien auseinanderliegen (mit der Slow-Trip-Linie unterhalb der Normal-Trip-Linie), umso besser ist das Modell in der Lage, wetterbedingte Verlangsamungen eindeutig zu erkennen.

Betrachtet man nun jeden Punkt auf der Slow-Trip-Linie als Warnung eines der Modelle pro Segment, lässt sich feststellen, dass auf der Strecke zwischen München und Nürnberg (größtenteils Autobahn A6) ein Frühwarnsystem den Einfluss des Wetters sehr gut einschätzen kann. Jedes Mal, wenn eines der segmentbezogenen Modelle einen Slow-Trip auf einem Segment bei winterlichen Verhältnissen prognostiziert, liegt die tatsächlich gemessene Geschwindigkeit auf diesem Segment bei winterlichen Verhältnissen tatsächlich unterhalb der als normal gewerteten Geschwindigkeit. Am besten funktionieren die Modelle für alle Segmente zwischen Segment 8 und Segment 15. Hier wird bei winterlichen Verhältnissen sehr viel langsamer gefahren, was durch die Modelle klar wiedergegeben wird. Die Autobahn A6 scheint demnach für Bus und LKW bei winterlichen Verhältnissen anfälliger zu sein. Diese Anfälligkeit lässt sich trainieren und anwenden.

Im Gegensatz zur Strecke zwischen München und Nürnberg, zeigt das Beispiel der Strecke zwischen Karlsruhe und München (größtenteils Autobahn A8) eine andere Aussagekraft des Modells. Hier ist zu erkennen, dass die Linien oftmals sehr nahe beieinanderliegen, sich teilweise sogar überlappen. Die Modelle schlagen demnach je Segment bei ähnlichen Geschwindigkeiten aus. Hier ist demnach auf den meisten Segmenten kein großer Geschwindigkeitsunterschied bei winterlichen Verhältnissen zu erwarten. Die Aussagen der Modelle bezüglich Slow-Trips, treffen daher auch nicht immer eindeutig den Bereich der Verlangsamung.

Da die Autobahn A8 in den Daten kaum eindeutige Geschwindigkeitsunterschiede bei winterlichen Verhältnissen aufweist, können diese auch nicht von den Modellen gelernt und angewendet werden. Daher ist basierend auf dieser Datenlage mit wesentlich mehr Fehlmeldungen zu rechnen.

6 Diskussion und Schlussfolgerung

Die Autoren haben gezeigt, dass auf mitteleuropäischen Autobahnen das Wetter einen Einfluss auf die Fahrgeschwindigkeit von LKW und Bussen hat. Mit statistischer Modellierung und maschinellem Lernen lassen sich diese Wettereinflüsse bestimmen und die Zusammenhänge mit Routen- und Fahrtgeschwindigkeiten quantifizieren. In weiterer Folge können diese gelernten Zusammenhänge mit Wetterprognosedaten auf zukünftige Routenberechnungen und Warnsysteme übertragen werden. Die Berücksichtigung all dieser Wettereinflüsse erhöht auch die Genauigkeit der Fahrzeitprognose und somit auch der ETA.

Für die Prognose der wetterabhängigen Routengeschwindigkeit wird ein universelles, segment-unabhängiges Modell entwickelt. Durch die Unterteilung aller Segmente in Trainings- und Testdaten konnte gezeigt werden, dass sich (zumindest innerhalb von Mitteleuropa) die Ergebnisse auch auf neue und unbekannte Autobahnabschnitte übertragen lassen. Des Weiteren kann der gesamte (Trainings-)Datensatz für die Modelloptimierung genutzt werden. Dadurch kann das Modell bereits mit dem nur knapp 3-jährigen Datensatz auch die Wettereinflüsse von seltenen Ereignissen wie z. B. starken Schneefällen lernen.

Für die Frühwarnung vor wetterbedingten Verzögerungen wurde ein multi-model Ansatz gewählt, der für jeden Streckenabschnitt ein spezifisches eigenes eigenständiges Modell trainiert, welches den in der Vergangenheit gemessenen Einfluss winterlichen Wetters auf diesen Abschnitt erlernt. Hier lernen die Modelle nicht nur regionale Unterschiede, sondern auch lokal-spezifische Effekte und individuelle nicht auf andere Regionen übertragbare Eigenschaften eines Streckenabschnittes kennen, welche den Einfluss des Wetters verstärken oder abschwächen. Hier konnten vor allem bei Neuschnee (also aktiv fallendem Schnee) für LKW und Busse sehr gute Warnfähigkeiten erzielt werden, wenn negative Einflüsse auf die Geschwindigkeit durch Wetter auch in der Vergangenheit aufgetreten sind.

6.1   Diskussion

Sowohl die explorativen Datenanalysen (vgl. Abb. 1) als auch die Analyse der Modellergebnisse (vgl. Abb. 2) zeigen, dass Wetterparameter unterschiedlich stark die Fahrgeschwindigkeit beeinflussen. Erwartungsgemäß ist bei Schneefall der Einfluss am größten, wobei auch die Varianz der relativen Track-Geschwindigkeiten (meist zw. 0,4 und 1,0) am größten ist. Diese Schwankungen lassen sich primär mit der Schneefallintensität erklären. Da zur Modellierung ein Baum-basiertes Modell des maschinellen Lernens verwendet wird, können sowohl nicht-lineare Abhängigkeiten der Schneefallintensität, als auch kombinierte Einflüsse von mehreren Variablen vom Modell erfasst werden. Es muss also auch berücksichtigt werden, dass kombinierte Effekte mit Wind (Schneeverwehungen) bzw. Temperatur (abgesenkter Gefrierpunkt von Wasser durch Salzstreuen) ebenfalls eine wichtige Rolle spielen.

Regen führt meist zu einer geringen, aber signifikanten Verlangsamung um ca. 5 %. Im Gegensatz dazu zeigt Wind – abgesehen in Kombination von Schneefall – einen vernachlässigbar geringen Einfluss auf die Fahrgeschwindigkeit.

Neben Schneefall und Regen ist auch anzunehmen, dass reduzierte Sichtweiten durch Nebel die Fahrgeschwindigkeit verringern. Allerdings konnte dieser Zusammenhänge in dieser Arbeit nicht untersucht werden, weil keine Daten vom Nebel oder der Sichtweite verfügbar sind. Da es sich bei Nebel um ein sehr lokales Wetterphänomen handelt wären für solch eine Untersuchung Mess- oder Beobachtungsdaten direkt von den Autobahnen notwendig.

Zusätzlich zum Wetter wurden auch Routenparameter und ein binärer Parameter zur Unterscheidung von Bus und LKW bei der Modellierung des wetterabhängigen Verzögerungsfaktors verwendet. Die Analyse des trainierten Modells (siehe Abb. 2 links) deutet einen relativ großen Einfluss des Prädiktors zur Unterscheidung LKW-Bus an, während die Routenparameter (Steigung, Brücke und Kurvenkrümmung) geringere Einflüsse zeigen. Zur weiteren Untersuchung wird auch ein Modell ohne Routenparameter und ohne den Parameter zur Unterscheidung von Bus-LKW trainiert. Durch das Entfernen dieser Prädiktoren verringern sich die in Abb. 2 rechts gezeigten Verbesserungen bei Schneefall und Regen geringfügig um jeweils ca. 2 Prozentpunkte. Diese nur geringe Verschlechterung deutet darauf hin, dass bei der Modellierung der Wettereinflüsse (unter Verwendung der relativen-Track-Geschwindigkeit, welche implizit die absoluten Geschwindigkeitsunterschiede berücksichtigt) eine Unterscheidung zwischen Bus und LKW nicht notwendig erscheint.

6.2   Ausblick

Für verbesserte Fahrzeitprognosen zukünftiger Fahrten lassen sich wetterabhängige Verzögerungsfaktoren mit Wetterprognosedaten berechnen und in ein Routingsystem integrieren. Für eine verbesserte Resilienz vor Wettereinflüssen im Straßenverkehr lassen sich Frühwarnsysteme in Entscheidungsunterstützungssysteme und Dashboards integrieren. Die in dieser Studie gezeigten Ansätze zeigen beide eine starke Relevanz für aktuelle Fragestellungen im Logistikbereich. Bis es jedoch zur unmittelbaren Anwendbarkeit der Lösungsansätze kommt, bedarf es noch weiterer Untersuchungen mit unterschiedlichen Datenzusammensetzungen und Einflussgrößen. Auch muss untersucht werden inwieweit regionale Unterschiede stärker berücksichtigt werden müssen.

Da die Studie aufzeigt, dass über beide Ansätze hinweg Schneefall mit dem größten Einfluss hervortritt, kann der größte Nutzen für Applikationen auf Basis dieser Technologie in schneereichen Regionen wie Beispielsweise in höher gelegenen Mittelgebirgsregionen oder bei Fahrten im Bereich der Alpen erwartet werden.

Danksagung Die Autoren möchten sich an dieser Stelle recht herzlich bei DB Schenker und FlixBus für die Bereitstellung der Fahrzeugdaten von Reisebussen und Lastkraftwagen als auch bei der Firma INFOWARE Informationstechnik GmbH für die Aufbereitung der Fahrzeug- und Streckendaten bedanken. Weiterhin geht ein großer Dank an die UBIMET GmbH aus Wien für die Bereitstellung der historischen und aktuellen Wetterdaten sowie an das Fraunhofer FOKUS Data Analytics Center in Berlin für das zur Verfügung stellen von Rechenkapazitäten. Diese Publikation wurde im Rahmen des mFUND-Programms vom Bundesministerium für Digitales und Verkehr kofinanziert (FKZ 19F2085A, 19F2085C, 19F2085D, 19F2085E, 19F2085G). Weitere Informationen zum Projekt MeteoValue Live sind zu finden unter (https://www.meteo-value-live.de/) sowie in den Ausführungen des BMDV auf [11].

Literatur

1. Konstantinou, K. (2019). *Calculation of estimated time of arrival using artificial intelligence.* Chalmers University of Technology.
2. Rashid, O., Coulton, P., Edwards, R., Fisher, A., & Thompson, R. (2005). Mobile information systems providing estimated time of arrival for public transport users. *61st Vehicular Technology Conference. IEEE* (S. 2765–2769).
3. Agarwal, M., Maze, T. H., & Souleyrette, R. (2005). Impacts of weather on urban freeway traffic flow characteristics and facility capacity. *Proceedings of the 2005 mid-continent transportation research symposium, Iowa State University, Ames.*
4. Kyte, M., Khatib, Z., Shannon, P., & Kitchener, F. (2000). Effect of environmental factors on free-flow speed. In W. Brilon (Hrsg.), *Proceedings 4th International symposium on highway capacity, Transportation Research Board* (S. 108–118).
5. Zafar, N., & Ul Haq, I. (2020). Traffic congestion prediction based on estimated time of arrival. *PloS (Public Library of Science) one, 15*(12), e0238200.
6. Thakuriah, P., & Tilahun, N. (2013). Incorporating weather information into real-time speed estimates: Comparison of alternative models. *Journal of Transportation Engineering, 139*(4), 379–389. https://doi.org/10.1061/(ASCE)TE.1943-5436.0000506.
7. Maze, T. H., Agarwai, M., & Burchett, G. (2006). Whether weather matters to traffic demand, traffic safety, and traffic operations and flow. *Transportation research record 1948, Transportation Research Board, Washington, DC.*
8. Saberi, M., & Bertini, R. L. (2010). Empirical analysis of the effects of rain on measured freeway traffic parameters. *89th annual meeting of the transportation research board, Transportation Research Board, Washington, DC.*
9. Huang, S.-H., & Ran, B. (2003). An application of neural network on traffic speed prediction under adverse weather condition. *82nd annual meeting of the transportation research board, Transportation Research Board, Washington, DC* (S. 1–21). http://www.researchgate.net/profile/Bin_Ran/publication/265318230_An_Application_of_Neural_Network_on_Traffic_Speed_Prediction_Under_Adverse_Weather_Condition/links/54999dbe0cf22a83139625a2.pdf%5Cnhttp://www.ltrc.lsu.edu/TRB_82/TRB2003-000915.
10. Chai, T., & Draxler, R. R. (2014). Root mean square error (RMSE) or mean absolute error (MAE). *Geoscientific Model Development Discussions, 7*(1), 1525–1534.
11. Bundesministerium für Digitales und Verkehr. (2019). *Optimierung der Einsatz- und Routenplanung von Speditions- und Fernbusunternehmen unter der Berücksichtigung vorhergesagter Schlechtwetterbedingungen und Parkplatzverfügbarkeiten – MeteoValue live.* https://www.bmvi.de/SharedDocs/DE/Artikel/DG/mfund-projekte/meteo-value-life.html.

KI-basierte 3D-Objektidentifikation in Geodaten

Nicol Mencke, Andreas Pape, Tobias Pietz, Sravani Dhara, Falk Sichert und Tino Winkelbauer

Zusammenfassung

Komplexe Informationen, Zusammenhänge und Prozesse werden mit einer visuellen Unterstützung einfacher verständlich und leichter kommunizierbar. Daher sind 3D-Modelle von realen Objekten integraler Bestandteil vieler IT-Systeme. Gerade in der Anwendung von Geo- und Umweltinformationssystemen profitieren nicht nur kommunikative und partizipative Aufgabenstellungen von den Vorteilen der Verständlichkeit und Anschaulichkeit, sondern insbesondere auch planerische Herausforderungen in allen Planungs- und Bauphasen von industriellen und

N. Mencke (✉) · A. Pape · S. Dhara
Fraunhofer-Institut für Fabrikbetrieb und -automatisierung IFF, Magdeburg, Deutschland
E-Mail: nicole.mencke@iff.fraunhofer.de

A. Pape
E-Mail: andreas.pape@iff.fraunhofer.de

S. Dhara
E-Mail: sravani.dhara@iff.fraunhofer.de

T. Pietz
Universität Potsdam, Potsdam, Deutschland
E-Mail: tpietz@uni-potsdam.de

F. Sichert · T. Winkelbauer
GEO-METRIK Ingenieurgesellschaft mbH Stendal, Stendal, Deutschland
E-Mail: falk.sichert@geo-metrik.de

T. Winkelbauer
E-Mail: tino.winkelbauer@geo-metrik.de

F. Fuchs-Kittowski et al. (Hrsg.), *Umweltinformationssysteme – Vielfalt, Offenheit, Komplexität*, https://doi.org/10.1007/978-3-658-39796-8_4

"""

infrastrukturellen Projekten. Die automatisierte Generierung von 3D-Modellen aus Geodaten stellt eine große Herausforderung dar. Verfahren der Künstlichen Intelligenz (KI) können hier signifikante Verbesserungen erreichen. Es wird ein auf den Anwendungsfall zugeschnittenes Prozessmodell vorgeschlagen und eine unterstützende Software präsentiert. Erste Ergebnisse in Bezug auf die generierten 3D-Objekte im urbanen Raum und für ein konkretes Projekt der Bahnhofs-digitalisierung zeigen die Anwendbarkeit der erarbeiteten Lösung auf.

Schlüsselwörter

Künstliche Intelligenz · Geodaten · Objektidentifikation · Objektgenerierung

1   Einleitung

Ein aktuelles Thema in Wissenschaft und Wirtschaft ist die Digitalisierung. Sie erfordert häufig eine Vielzahl an verschiedenen aufwendigen und komplexen Datenaufnahme-, Datenauswertungs- sowie Datenanalysevorgängen, damit diese Daten effektiv für Prozesse genutzt werden können. Dafür werden Domänen- und IT-Experten benötigt, die über die entsprechenden Hardware- und Softwaresysteme sowie Kenntnisse verfügen, um die aufgenommenen Daten betrachten und prüfen zu können.

Die Generierung von 3D-Objekten aus Punktwolken ist sehr komplex, aufwendig und hängt von vielen Parametern ab. Aufgrund der hohen Varianz der Ausgangsdaten und der Diversität der gescannten realen Objekte benötigen bestehende Lösungen häufig noch menschliche Expertise zum Erreichen gewünschter Ergebnisse. Einen alternativen Ansatz können moderne Vorgehensweisen des Maschinellen Lernens – die „künstliche" Generierung von Wissen aus Erfahrung – bieten [1]. Ein System lernt dabei anhand von Beispielen, trainiert diese Vorgehensweise und kann das gelernte Vorgehen nach der Lernphase verallgemeinert anwenden. Zwar ist das Expertenwissen weiterhin notwendig, aber nicht mehr bei jeder produktiven Anwendung des Systems, sondern im Vorfeld zum Training der Algorithmen des Maschinellen Lernens [2].

Insbesondere infrastrukturelle und industrielle Großbauprojekte profitieren im Kontext der Planungsunterstützung, Kommunikationsunterstützung und baubezogener Prozesse von visuell-unterstützenden Geo- und Umweltinformationssystemen. Konkret kann durch die Nutzung von 3dimensionalen Abbildungen der Realität im Bereich der Trassenplanung von Versorgungsinfrastruktur (Strom, Gas, flüssige Medien) und der Verkehrsinfrastrukturplanung (Autobahnen, Straßen, Schienen) der Mehrwert direkt erreicht werden, da unmittelbar am digitalen Zwilling des realen Planungsobjekts geprüft werden kann, wie sich Entscheidungen auswirken. Damit werden Planer und Beteiligte in die Lage versetzt Ergebnisse bzw. Auswirkungen zu analysieren und zu verstehen, um die beste Variante zu identifizieren. Weitere konkrete Einsatzbereiche sind bspw. Wege- und Ernteplanung im Bereich der Forst- und Landwirtschaft, wo insbesondere in bergigem

Gelände die zusätzliche dritte Darstellungsdimension wichtige Planungsinformationen liefert. Zusammenfassend wird durch die verbesserten Planungsergebnisse nicht nur ein nachhaltigeres Wirtschaften möglich, sondern durch die Partizipation der Beteiligten eine höhere Akzeptanz sichergestellt.

Für den gezielten und umfassenden Einsatz von 3D-Informationen in den aufgezeigten und weiteren Anwendungsfällen ist die zunehmende Automatisierung des Generierungsprozesses von 3D-Objekte essentiell, da diese wesentliche, relevante Ausgangsdaten darstellen [3] und schnell, kostengünstig sowie qualitativ hochwertig zur Verfügung stehen müssen. Basierend auf einer umfangreichen Literaturanalyse wird ein Prozess definiert und mit einer Softwarelösung unterstützt, welcher diese Herausforderung lösen kann.

Die vorliegende Arbeit widmet sich dieser Zielstellung der effizienten, automatisierten Generierung von 3D-Objekten und präsentiert ein mehrstufiges Verfahren (Prozessmodell), um Geodaten mit Algorithmen der Künstlichen Intelligenz zu verarbeiten und weitestgehend automatisch 3D-Objekte zu identifizieren und zu generieren, signifikante Verbesserungen erreichen.

Der Beitrag ist wie folgt strukturiert: Im folgenden Abschn. 2 werden die fachlichen Grundlagen und verwandte Arbeiten vorgestellt. Danach wird in Abschn. 3 das Prozessmodell beschrieben und eine unterstützende Software präsentiert. Im Abschn. 4 werden Ergebnisse aus einem Projekt zur Bahnhofsdigitalisierung präsentiert, um die Anwendbarkeit der erarbeiteten Lösung zu zeigen. Der Beitrag endet mit einer Zusammenfassung und einem Ausblick in Abschn. 5.

2   Grundlagen und verwandte Arbeiten

In der wissenschaftlichen Literatur existiert eine Reihe von KI-Algorithmen, welche für die drei primären Einsatzbereiche (Klassifikation, Objektgenerierung und Texturierung) innerhalb der KI-basierten 3D-Objektgenerierung auf der Basis von Geodaten anwendbar sind. Diese können gegen die wesentlichen realen Objektarten (Grund und Boden, Gebäude, Vegetation und sonstige Objekte) geprüft werden. Die Ergebnisse dieser Matrix-basierten Gegenüberstellung und ihre qualitative Priorisierung ergaben, dass folgende Algorithmen und Vorgehensweisen im Besonderen zu betrachten und zu integrieren sind.

Für die Auswertung der Algorithmen zur Klassifikation von Grund und Boden, Gebäuden, Vegetation und sonstigen Objekten wurden die fünf relevantesten Referenzen [4–8] untersucht. Dabei erfolgte die Bewertung hinsichtlich der Qualität der Klassifikationsergebnisse. Die besten Ergebnisse lassen sich mit Punktwolken als Ausgangsdaten erzielen. Nach eigener Projekterfahrung können durch die zusätzliche Verwendung von Digitalen Oberflächenmodellen (DOM), Digitalen Geländemodellen (DGM) und Orthofotos zur Punktwolke die Klassifikationsergebnisse noch weiter verbessert werden.

Auch für den Bereich der Objektgenerierung können zur genauen Analyse relevante Veröffentlichungen [9–12] identifiziert werden. Die Bewertung erfolgte hier gemäß der Qualität der Objektgenerierungsergebnisse. Entsprechend der identifizierten Literatur lassen sich auch hier die besten Ergebnisse mit Punktwolken als Ausgangsdaten erzielen. Durch eine zusätzliche Verwendung von Orthofotos und Fotoaufnahmen kann lt. eigner Erfahrung die Objektgenerierung von Grund und Boden sowie Vegetation noch weiter verbessert werden. Zu den Ausgangsdaten Gebäudemodelle, Daten und Prozesse des Building Information Modeling (BIM), Straßen- und Schienenverläufe, Grundstücksgrenzen, Topografiekarten, Baumkataster und georeferenzierte Einzelaufnahmen ließen sich keine Angaben in den Referenzen finden.

Diese Vorgehensweise wurde auch für die Untersuchung der Quellen [13–17] im Bereich der Texturierung durchgeführt. Eine ausführliche Auswertung der wesentlichsten fünf Referenzen ergab, dass sich mit den Ausgangsdaten in Form von Punktwolken, DGM und Fotoaufnahmen die bestmöglichen Ergebnisse für die Erstellung von Texturen für die generierten Objekte erzielen lassen. Auch hier erfolgte die Bewertung anhand der Qualität der Texturierungsergebnisse.

Die aufgeführten Quellen stellen existierende KI-Algorithmen bzw. ihre Verbesserungen vor. Diese Arbeit unterscheidet sich wesentlich davon und widmet sich der Fragestellung, wie solche Algorithmen für konkrete Anwendungsfälle unter Verwendung von Geodaten so zu einem Workflow verknüpft werden können, dass eine weitestgehend automatische Objektidentifikation und -rekonstruktion erfolgen kann.

3 KI-basierte Geodatenverarbeitung

3.1 Prozessmodell

Um Geodaten mit Algorithmen der Künstlichen Intelligenz zu verarbeiten und weitestgehend automatisch 3D-Objekte zu identifizieren und zu generieren, wurde ein mehrstufiges Verfahren (Prozessmodell) entwickelt, welches basierend auf den Ausgangsdaten ein 3D-Modell für die finale Visualisierung erzeugt (vgl. Abb. 1).

Bei der Verwendung von KI-Technologien ist eine repräsentative und ausreichend große Datenmenge die Grundvoraussetzung. Sie entscheidet über den Erfolg der eingesetzten Algorithmen und die Qualität der Ergebnisse. Für eine ausreichende Datenverfügbarkeit sind die Akquise der Daten und ihre Bereitstellung durch verschiedene Mechanismen erforderlich.

Abb. 2 gibt einen groben Überblick über einsetzbare Daten, deren Formate und die Qualität der Auflösung.

Die Modellerzeugung setzt sich aus den Teilschritten der Klassifikation, Objekt- und Texturgenerierung zusammen. Jeder Teilschritt durchläuft die folgenden Prozesse:

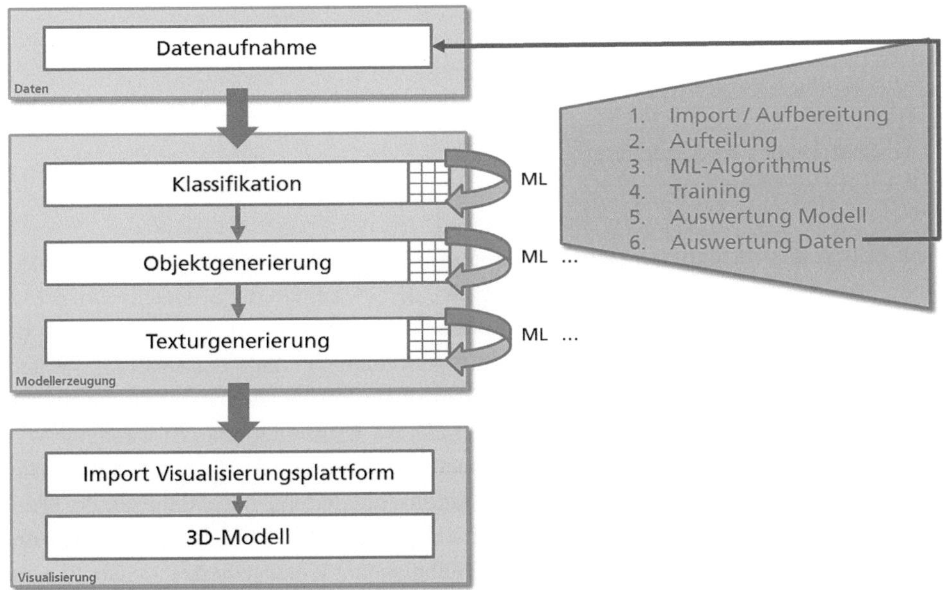

Abb. 1 Prozess Modellerzeugung mit KI-basierten Algorithmen

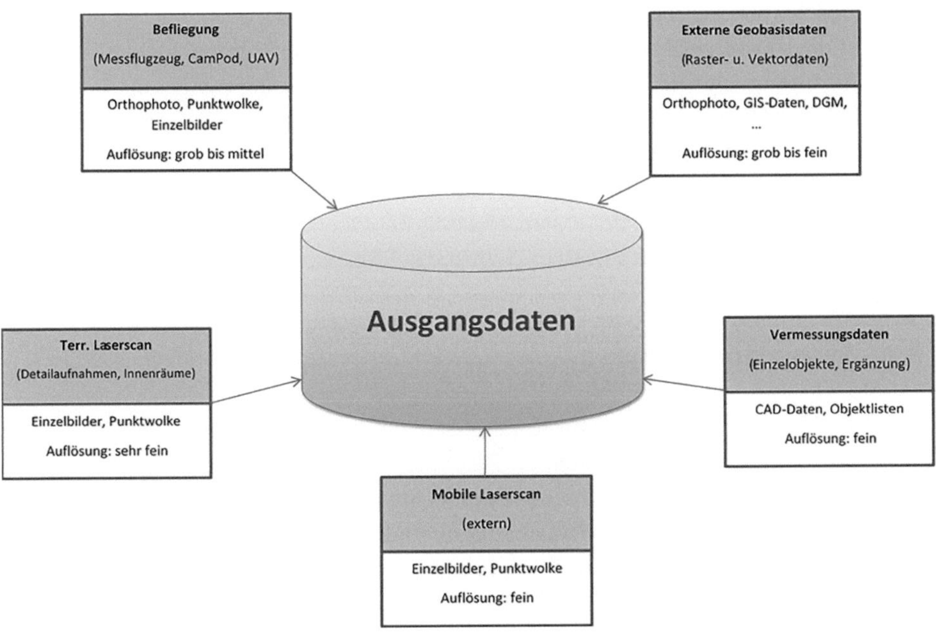

Abb. 2 Ausgangsdaten

1. Import/Aufbereitung
2. Aufteilung
3. Ausführung KI-Algorithmus
4. Training
5. Auswertung des KI-Modells
6. Auswertung Daten

Nach Import der verfügbaren Daten und einer optionalen Aufbereitung, erfolgt die Aufteilung der Ausgangsdaten in kleinere Kacheln. Dies erleichtert die Datenverarbeitung und die Handhabung der häufig sehr großen Datenmengen. Anschließend wird der geeignete KI-Algorithmus (vgl. Abschn. 2: Grundlagen und verwandte Arbeiten) erfahrungsbasiert mit seiner Algorithmus-spezifischen Parametereinstellung ausgewählt und auf die vorbereiteten Daten angewendet. Diese kontinuierliche Anwendung wird als Training bezeichnet. Dabei lernt das Modell die Spezifika der Daten und passt sich dahingehend an. Ziel ist es, dass in der späteren Anwendung neue unbekannte Daten ebenfalls gut erkannt werden. Sobald das Training beendet ist, werden das Modell und die verwendeten Daten hinsichtlich ihrer Ergebnisqualität ausgewertet – also wie gut bspw. die Klassifikation mit den verwendeten Daten, Parametern und Algorithmen funktioniert hat. Zur weiteren Automatisierung dieses aktuell noch manuellen Schrittes ist weitere Forschung erforderlich. Im späteren produktiven Einsatz der drei Modellerzeugungsschritte werden mittels der trainierten KI-Algorithmen klassifizierte Daten, Objekte und Texturen erzeugt.

Sobald die 3D-Modelle generiert und ggf. auch texturiert wurden, erfolgt die Überführung in eine geeignete, anforderungsgerechte Visualisierungsplattform (z. B. Webfähig, High-End-Grafik, kompatibel mit VR-Brillen). Nachdem das statische Modell erfolgreich integriert wurde, können zusätzlich Funktionen erstellt werden, welche die Basis für Animationen und Interaktionen bilden. Durch die Aufteilung des Prozesses in drei Bereiche, können bereits extern erstellte 3D-Objekte problemlos in das Modell integriert werden, ohne jeden einzelnen Schritt des Prozesses durchlaufen zu müssen.

3.2 Systemarchitektur

Auf Basis des Prozessmodells wurde eine Schichtenarchitektur abgeleitet. Dies lässt sich in die Bereiche Datenaufnahme, Datenvorverarbeitung, Datenverarbeitung und Präsentation der Ergebnisse sowie deren Datenübergabe unterteilen.

Ein zentrales Element der Systemarchitektur stellt die Visualisierungsumgebung dar. Dafür wird die Spiele-Engine Unity verwendet, die u. a. aufgrund ihrer Webfähigkeit, High-End-Grafik, Kompatibilität mit VR-Brillen und ihres Lizenzsystems am besten geeignet scheint. Die Bereitstellung des Systems soll in Form einer fertig kompilierten, ausführbaren Anwendung erfolgen, so dass keine weitere Installation oder Lizensierung der Unity-Software erforderlich ist. Für die Interaktionen mit dem System und den Daten werden zwei nutzerspezifische Oberflächen (GUI) entworfen. Während die Oberfläche für die Mitarbeiter des Dienstleisters, welcher dieses System einsetzt, über alle Elemente zur Steuerung des Workflows und zur Anzeige des gesamten Datenbestandes (Ausgangsdaten, Zwischenergebnisse, Endergebnis) sowie verschiedenen Funktionen zur Interaktion mit den Daten enthält, bekommen die Kunden eine funktionell eingeschränkte GUI. Diese soll die Betrachtung der Ergebnisvisualisierung und einfache Interaktionen wie z. B. ein Messwerkzeug, verschiedene Transparenzlevel der erzeugten Objekte und die Navigation durch den Ergebnisdatenbestand unterstützen.

Um das Verfahren zur Generierung der 3D-Objekte aus den Ausgangsdaten starten zu können, wird ein Steuerungsmodul in Unity integriert, das über die GUI-Elemente des Dienstleisters angesprochen werden kann. Diese Kontrolleinheit steuert die jeweiligen Prozesse (z. B. Start externer Tools zur Anwendung des bzw. der KI-Alg. zur Klassifikation/Objektgenerierung/Texturierung der gewählten Ausgangsdaten).

Über eine Backend-Komponente erhält die Steuerungseinheit in Unity Zugriff auf die Daten in der Datenhaltungskomponente und die notwendigen KI-Algorithmen zur Klassifikation, Objektgenerierung und Texturierung. Diese Backend-Komponente beschäftigt sich im Hintergrund mit der Datenverarbeitung (in Form von Datenbank-Servern bzw. Dateizugriffsystemen) und steuert somit den Datenaustausch bzw. den Zugriff auf die einzelnen Komponenten.

Für die Speicherung und Bereitstellung aller im Projekt verfügbaren und benötigten Daten (u. a. Punktwolken, Orthofotos, DGM, Straßenverläufe, Vermessungsdaten, Grundrisse, DOM, …) wird eine zentrale Datenhaltungskomponente benötigt. Neben den Ausgangsdaten werden auch die berechneten Zwischenergebnisse sowie die Endergebnisse des definierten Verfahrens zur Objektgenerierung in dieser Komponente abgelegt. Die Realisierung erfolgt in Form einer relationalen Datenbank. Für die bisher beschriebenen Ausgangs-, Zwischen- und Ergebnisdaten, sowie für die Steuerung des entwickelten Prozessmodells wurde eine Datenstruktur entwickelt. Die wesentlichen Tabellen und Referenzen sind vereinfacht in Abb. 3 dargestellt. Die Tabelle „Rollen"

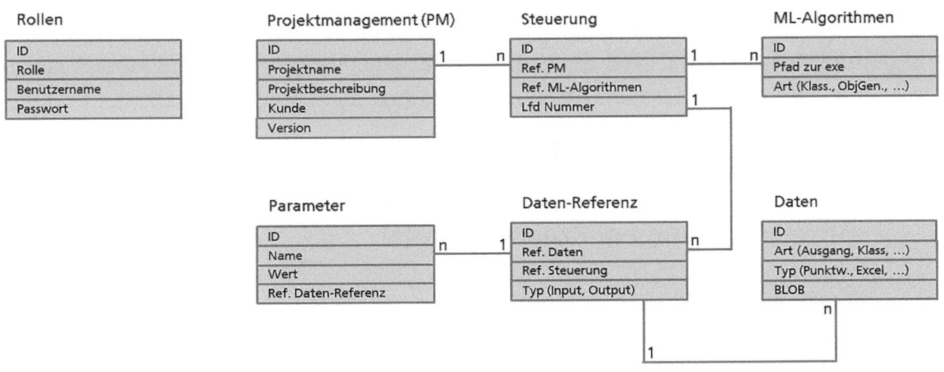

Abb. 3 Datenbankstruktur

dient zur Identifikation der Nutzergruppe auf Basis des Logins des Benutzers und schaltet verfügbare Funktionen frei. Es wird zwischen Endnutzern/Kunden und Autoren differenziert. Der Zugriff auf Projekte, Algorithmen oder Daten wird datenbankseitig nicht eingeschränkt. Das „Projektmanagement" beschreibt ein konkretes Projekt näher und die „Steuerung" referenziert auf dafür verfügbare Zusammenstellungen von KI-Algorithmen inkl. deren Parametern und Eingangs- und Ergebnisdaten.

Der Zugriff auf die Datenhaltungskomponente erfolgt über die Backend-Komponente unter Verwendung einer REST-API oder durch direkte Datenbankanbindung.

Die eigentlichen KI-Techniken des anzuwendenden Workflows befinden sich in der Verarbeitungslogik. Dabei handelt es sich um externe Komponenten zur Anwendung der jeweiligen KI-Algorithmen für die Klassifikation, Objektgenerierung bzw. Texturierung. Diese Komponenten werden durch die Steuerungseinheit in Unity kontrolliert (z. B. Aufruf, Start, Parametereinstellungen, …).

Ziel ist es, verschiedene Algorithmen mit unterschiedlichen Ausgangsdaten (z. B. für die Straßenerkennung auf Basis von Orthofotos oder Straßenerkennung unter Verwendung von frei verfügbarem Kartenmaterial oder eine Kombination beider Möglichkeiten, …) anwenden und testen zu können. Nach erfolgreicher Testphase und guten Ergebnissen, wird eine Vorauswahl getroffen (z. B. für Straßen), welcher KI-Algorithmus am besten geeignet ist und die besten Ergebnisse liefert. Eine wesentliche Voraussetzung für die Verarbeitungslogik ist ihr modularer Aufbau und damit die Möglichkeit, dass ein schneller und einfacher Austausch der integrierten Algorithmen unterstützt wird, falls neue Algorithmen entwickelt werden.

Damit ersichtlich wird, welche Algorithmen mit welchen Parametern besonders gute Ergebnisse für welche Daten liefern und effektiv arbeiten, ist eine Datenauswertung erforderlich. Diese kann z. B. manuell über Excel oder semiautomatisch mittels Python erfolgen. Wichtig sind hierbei die Erfassung eines Soll-Zustandes, die verwendeten Ausgangsdaten sowie die Definition eines Qualitätsmaßes. Letzteres ist Fokus zukünftiger Forschung. Aktuell erfolgt die Bewertung empirisch.

Damit ergibt sich für das zu entwickelnde System die in Abb. 4 beschriebene Komponentenstruktur.

Basierend auf den aus den Anforderungen abgeleiteten Konzepten wurde das Zielsystem implementiert (vgl. Abb. 5). Es bildet die wesentlichen Funktionen der Auswahl und Konfiguration der KI-Algorithmen und ihrer Anwendung ab und stellt das Ergebnis grafisch dar.

4 Anwendbarkeit am Projektbeispiel

4.1 Training der KI-Algorithmen

Anhand der Ausgangsdaten konnten die ausgewählten, angepassten und teilweise neu implementierten KI-Algorithmen für die einzelnen Objektgruppen getestet und

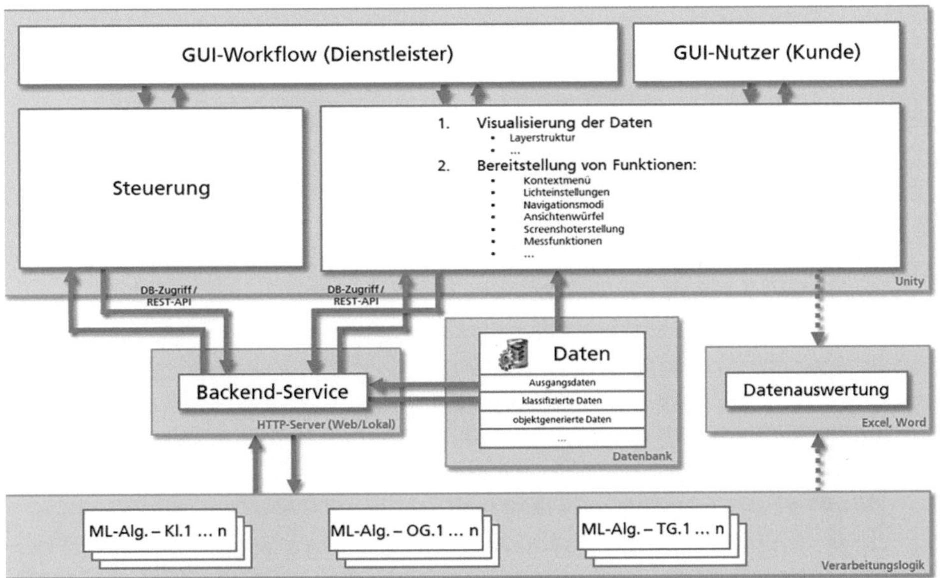

Abb. 4 Systemarchitektur

trainiert werden. Dazu war zunächst eine Aufbereitung der Daten erforderlich, wie z. B. die Berechnung der Punktwolken und Orthofotos oder die Referenzierung der Laserscanstandpunkte aus den georeferenzierten Luftbildern (Schräg- und Senkrechtaufnahmen). Besonders für die Objektklassen Grund- und Boden inklusive Straßen-, Schienen-, Vegetation- und Gebäuderekonstruktion konnten sehr genaue Ergebnisse erzielt werden. Für die Objektklassifikation kamen im Wesentlichen Support Vector Machines (SVM) mit den Features Farbe, Hohe und Intensität zum Einsatz. SVMs eignen sich unserer Projekterfahrung nach sehr gut für Punktwolken, welche mittels Luftaufnahmen erzeugt wurden und damit nur obere Oberflächen der Objekte, wie Dächer oder Baumkronen aufweisen.

Eine automatische Generierung der Straßen nur anhand der Punktwolke selbst gestaltete sich mit den Punktwolkendaten oft recht schwierig, da die Oberfläche sehr unregelmäßig ist und viele Ausreißer nach oben (aufgrund von Sonnenlichtreflektionen) verzeichnet. Diese Ausreißer lassen sich nur teilweise durch verschiedene Treshold- und Smoothing-Algorithmen glätten und entfernen. Eine weitere Möglichkeit bot hier die zusätzliche Verwendung des Luftbildes. Allerdings ist der Straßenverlauf aufgrund der nicht so guten Luftbildqualität sehr verwaschen und nur ungenau zu erkennen. Deshalb wurden zur automatischen Erkennung der Straßenzüge auf dem Luftbild die Straßenverläufe von OpenStreetMap als Trainingsvorlage für die KI-Technologie verwendet. Dies ermöglicht eine sehr genaue Detektion der Straßenverläufe inklusive Kreuzungen in den Bildern und lieferte sehr zufriedenstellende Ergebnisse. Weiterhin

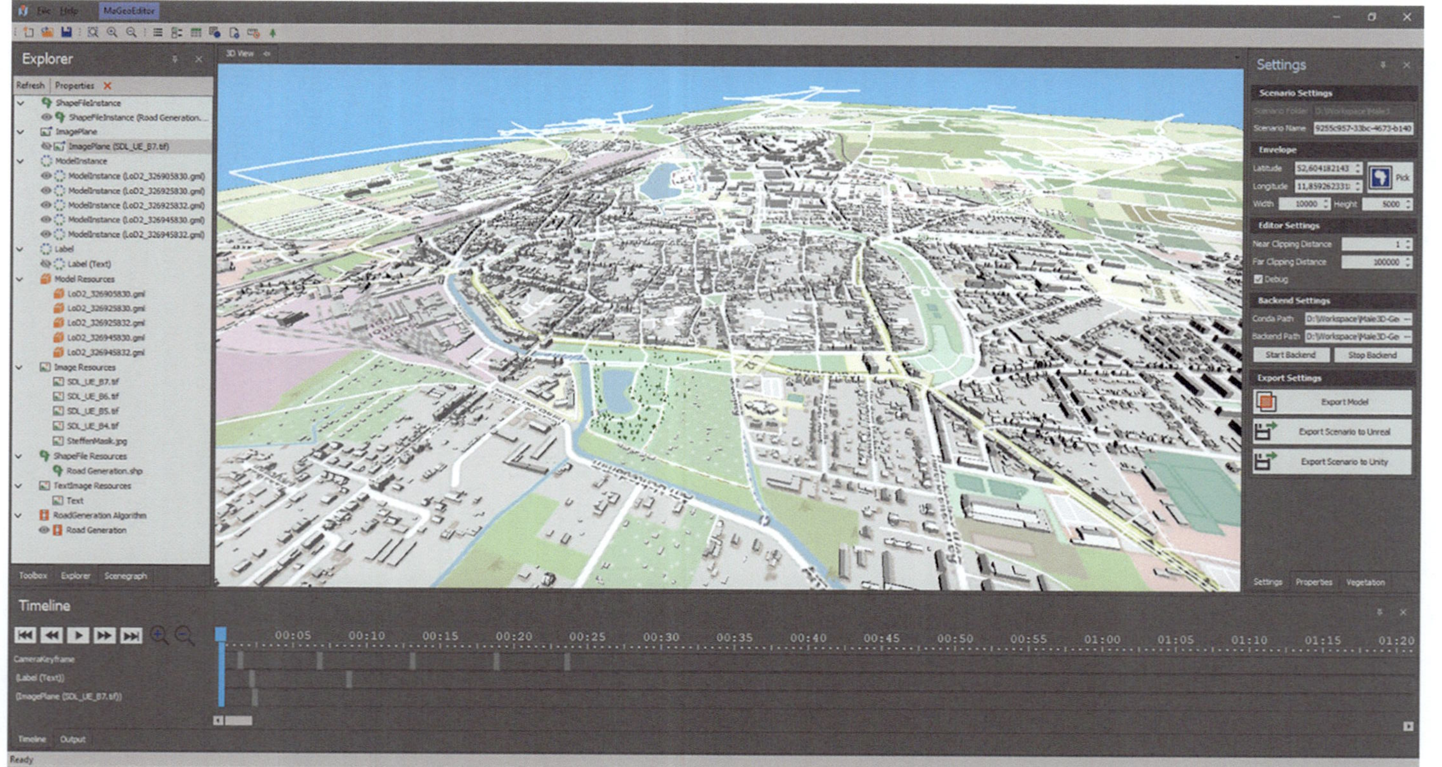

Abb. 5 Implementiertes System zur KI-basierten Objektidentifikation in Geodaten

Abb. 6 Screenshots der generierten Straßen

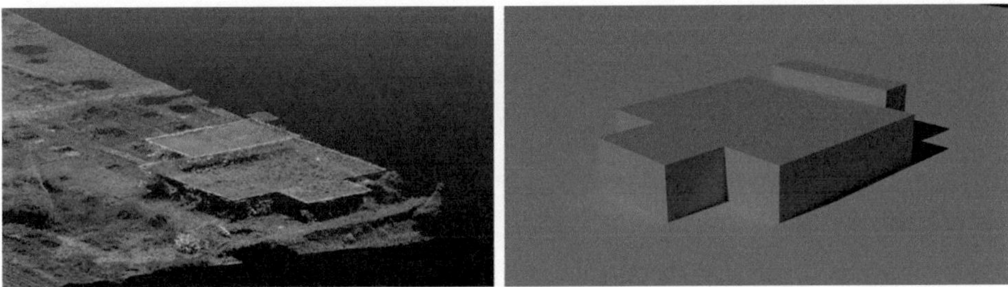

Abb. 7 Gebäuderekonstruktion (links: Punktwolke; rechts: daraus generiertes Gebäudeobjekt)

lassen sich aufgrund einer Vorklassifikation in den OpenStreetMap-Daten vier verschiedene Straßentypen (Autobahn, Bundesstraße, Landstraße, Feldweg) differenzieren und in der virtuellen Welt abbilden (vgl. Abb. 6).

Die Rekonstruktion der Gebäude stand ebenfalls vor einer besonderen Herausforderung. Durch Aufnahmeverfahren aus der Luft erhalten die Punktwolken von Gebäuden Löcher in den Wänden. Dies führt zu großen Problemen bei der Rekonstruktion. Aus der Punktwolke lassen sich jedoch sehr gut mittels eines RANSAC-Algorithmus (random sample consensus-Algorithm) und Ebenenschnitt die Dachflächen detektieren. Über diese können dann anhand der Höhenunterschiede an den Enden der Dachflächen die Wandpositionen ermittelt werden. Sie werden ausgehend vom Grundriss senkrecht zur Dachfläche erstellt, um das Gebäude zu schließen. Durch einen zusätzlichen Abgleich mit den Grundriss- und Gebäudedaten in LoD2 (Level of Detail 2 = Detailstufe 2: Gebäudemodelle mit Standarddachformen) kann eine weitere Optimierung der Ergebnisse erreicht werden (vgl. Abb. 7).

Als Basis für die Vegetationsrekonstruktion dient die klassifizierte Punktwolke mit der Vegetationsklasse. Auf Basis des Farbwerts und des Abstands der Punkte zum Geländemodell (siehe Abb. 8) lassen sich mit Schwellwerten die Gruppen: niedrige Vegetation – Gras (0–5 %), mittlere Vegetation – Büsche und Sträucher (5–60 %) und hohe Vegetation – Bäume (60–100 %) differenzieren. Dabei erfolgt die Wahl der vorhandenen Vegetationsart gemäß ihrer Gruppe zufällig. Sie wird später durch spezialisierte KI-Algorithmen zur Identifikation von Baumarten ersetzt und optimiert werden.

Aktuell wird jeder Punkt durch ein dreidimensionales Baumobjekt ausgetauscht. Bei vielen Bäumen wird nicht die identische Punktanzahl durch Baumobjekte

Abb. 8 Punktwolke mit allen extrahierten Vegetationspunkten der Punktwolke

Abb. 9 Screenshot mit generierter Vegetation

ersetzt, sondern eine Anzahl an Baumobjekten ausgewählt, die diese Bäume optisch repräsentieren und somit Überschneidungen vermeiden kann (siehe Abb. 9).

Diese Vorgehensweise ist optisch ansprechender und wirkt sich positiv auf die Performanz der Visualisierung aus. Ein weiterer durchgeführter Schritt für die Optimierung der Darstellung, besonders von großen Baumarealen, ist die Integration von reduzierten Baumobjekten (z. B. Billboards) und Verfahren zur Geometriereduzierung (z. B. dynamisches Nachladen unterschiedlicher Detailmodelle für die Baumobjekte).

Abb. 10 Punktwolke (links) und klassifizierte Punktwolke (rechts) „Bahnhof Stendal"

Abb. 11 Schienenobjektrekonstruktion: Links – aufbereitete Punktwolke; 2te von links – automatisch triangulierte Oberfläche; 2te von rechts – Optimierte triangulierte Oberfläche; Rechts – fertiges Schienenobjekt

4.2 Projektbeispiel „Bahnhof Stendal"

Zur Anwendung der Vorgehensweise wurde ein Projekt mit Bezug auf den „Bahnhof Stendal" realisiert und eine Punktwolke des Gebietes erstellt (Abb. 10, links).

Das Aufnahmeverfahren speichert zu jedem Punkt der Punktwolke eine Georeferenz und ein Farbwert. Anhand der Farbwerte lässt sich die Punktwolke auch als eine Region mit den einzelnen Objekten erkennen. Alle Punkte der Punktwolke gehören initial zu einer einzigen Klasse. Im nächsten Schritt werden die vorhandenen Punkte einer Klasse zugeordnet. Eine Klasse bezeichnet dabei eine Sammlung von gleichartigen, aber nicht identischen Punkten, die sich von anderen Klassen unterscheidet.

Die Bodenpunkte differieren sehr stark von den restlichen Punkten der Punktwolke. Lediglich in den Übergangsbereichen zu den Gebäuden und zur Vegetation traten einige Probleme bei der Klassifikation auf. In Abb. 10 (rechts) sind die im Projekt „Bahnhof Stendal" bewerteten Punkte, farblich markiert, zu sehen. Die Klassifikation für den Stendaler Bahnhof wurde auf die Klassen Grund- und Boden, Gebäude und Vegetation fokussiert. Die Grund- und Bodenpunkte wurden noch weiter verfeinert, um Straßen und Schienen unterscheiden zu können. Insbesondere für letzte konnten mit KI-Algorithmen sehr gute Ergebnisse erzielt werden (siehe Abb. 11, rechts).

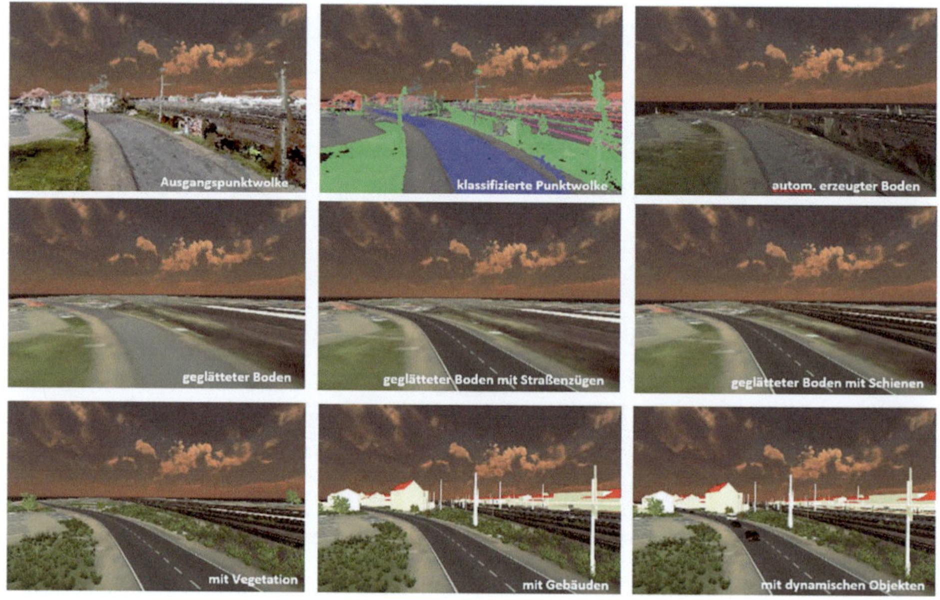

Abb. 12 Überblick über Prozessschritte am Beispiel des Stendaler Bahnhofs

Der Realitätsgrad, der aus der Punktwolke rekonstruierten Visualisierung, kann durch die Integration weiterer statischer und dynamischer Objekte (z. B. Mensch- oder Fahrzeugmodelle) noch erhöht werden. Das Projekt „Bahnhof Stendal" hat in einem letzten Aufarbeitungsschritt animierte Zug- und Fahrzeugmodelle erhalten. Abb. 12 zeigt die einzelnen Arbeitsschritte zur Realisierung zusammengefasst auf.

5 Zusammenfassung und Ausblick

Basierend auf einem definierten Prozessmodell, welches auf die 3D-Objektgenerierung aus Geodaten ausgerichtet ist, wurde ein Demonstrator entwickelt, welcher die identifizierten KI-Algorithmen parametrisiert einsetzt. Die Algorithmen für die Objektklassifikation, -generierung und -texturierung werden automatisiert durchlaufen. Diese Vorgehensweise wurde an ausgewählten Beispielen für die jeweiligen Objekttypen und an einem komplexen Infrastrukturbeispiel aufgezeigt.

Verbesserungspotenzial besteht u. a. in der Integration weiterer KI-Algorithmen basierend auf einer hierarchischen, semantisch annotierten Klassifikation und in der weiteren Automatisierung hinsichtlich Auswahl von Algorithmen basierend auf definierten Qualitätsmaßen. Dadurch sind eine zusätzliche Steigerung des Automatisierungsgrades und eine weitere Verbesserung der Genauigkeit zu erreichen. Erste Ansätze fokussieren bei der Klassifikation auf die Genauigkeit als Maß und bei der

Objektgenerierung auf die Überlappung von realen und generierten Objektkoordinaten. Eine Optimierung der Anwenderfreundlichkeit ist durch die Integration von Schnittstellen zu vorgelagerten Systemen erreichbar, um einfacher Ausgangsdaten importieren zu können.

Danksagung Die Arbeiten wurden gefördert durch Mittel der EU und des Landes Sachsen-Anhalt im Rahmen der Projekte WorkGen3D (Förderkennzeichen: 1804/00034) und MaLe3D-GEO (Förderkennzeichen: 2004/00063).

Literatur

1. Döbel, I., Leis, M., Vogelsang, M., Neustrev, D., Petzka, H., Riemer, A., Rüping, S., Voss, A., Wegele, M., & Welz, J. (2018). *Maschinelles Lernen – Eine Analyse zu Kompetenzen, Forschung und Anwendung.* Fraunhofer-Gesellschaft. https://www.bigdata.fraunhofer.de/content/dam/bigdata/de/documents/Publikationen/Fraunhofer_Studie_ML_201809.pdf.
2. Gotscharek & Company. (2020). *KI-(Künstliche Intelligenz)-Projekte richtig aufsetzen.* https://www.gotscharek-company.com/blog/ki-k%C3%BCnstliche-intelligenz-projekte-richtig-aufsetzen.
3. Mencke, N. (2021). ViRe-in^2-GP-methodology for the use of virtual reality in large-scale industrial and infrastructural projects. *Proceedings of the 4th IEEE International Conference on Artificial Intelligence and Virtual Reality (AIVR2021), Taichung, Taiwan* (S. 124–128). https://doi.org/10.1109/AIVR52153.2021.00029.
4. Makovskaja, N. (2018). *Classification of high vegetation in an urban environment: A performance comparison of machine learning methods in a LiDAR dataset.* Master thesis, Aalborg University Copenhagen, https://projekter.aau.dk/projekter/files/280913725/Master_thesis_Nijole_Makovskaja_GIS.pdf.
5. Escamos, I. M. H., Roberto, A. R. C., Abucay, E. R., Inciong, G. K. L., Queliste, M. D., & Hermocilla, J. A. C. (2015). Comparison of different machine learning classifiers for building extraction in Lidar-derived datasets. In *Proceedings of the 36th Asian conference on remote sensing: Fostering resilient growth in Asia (ACRS2015)* (S. 1–10).
6. Maltezos, E., Doulamis, A., Doulamis, N., & Ioannidis, C. (2018). Building extraction from LiDAR data applying deep convolutional neural networks. *IEEE Geoscience and Remote Sensing Letters, 16*(1), 155–159. https://doi.org/10.1109/LGRS.2018.2867736.
7. Man, Q., Dong, P., Yang, X., Wu, Q., & Han, R. (2020). Automatic extraction of grasses and individual trees in urban areas based on airborne hyperspectral and LiDAR data. *Remote Sensing, 12*(17), Artikel 2725. https://doi.org/10.3390/rs12172725.
8. Schlosser, A. D., Szabó, G., Bertalan, L., Varga, Z., Enyedi, P., & Szabó, S. (2020). Building extraction using orthophotos and dense point cloud derived from visual band aerial imagery based on machine learning and segmentation. *Remote Sensing, 12*(15), Artikel 2397. https://doi.org/10.3390/rs12152397.
9. Sun, S., & Salvaggio, C. (2013). Aerial 3D building detection and modeling from airborne LiDAR point clouds. *IEEE Journal of Selected Topics in Applied Earth Observations and Remote Sensing, 6*(3), 1440–1449. https://doi.org/10.1109/JSTARS.2013.2251457.
10. Kragh, M., Jørgensen, R., & Pedersen, H. (2015). Object detection and terrain classification in agricultural fields using 3D lidar data. *Proceedings of Computer Vision Systems, Lecture Notes in Computer Science, 9163,* 188–197. https://doi.org/10.1007/978-3-319-20904-3_18.

11. Maltezos, V., & Ioannidis C. (2015). Automatic detection of building points from LIDAR and Dense Image Matching point clouds. *ISPRS annals of the photogrammetry, remote sensing and spatial information sciences, Vol. II-3/W5, ISPRS geospatial week 2015, 28 Sep–03 Oct 2015, La Grande Motte, France* (S. 33–40). https://doi.org/10.5194/isprsannals-II-3-W5-33-2015.

12. Yang, H., Chen, W., Qian, T., Shen, D., & Wang, J. (2015). The extraction of vegetation points from LiDAR using 3D fractal dimension analyses. *Remote Sensing, 7*(8), 10815–10831. https://doi.org/10.3390/rs70810815.

13. Whelley, P. L., Glaze, L. S., Calder, E. S., & Harding, D. J. (2014). LiDAR-derived surface roughness texture mapping: Application to Mount St. Helens Pumice plain deposit analysis. *IEEE Transactions on Geoscience and Remote Sensing, 52*(1), 426–438. https://doi.org/10.1109/TGRS.2013.2241443.

14. Baek, N., Shin, W., & Kim, K. J. (2017). Geometric primitive extraction from LiDAR-scanned point clouds. *Cluster Computing, 20,* 741–748. https://doi.org/10.1007/s10586-017-0759-x.

15. Marmol, U. (2011). Use of gabor filters for texture classification of airborne images and lidar data. *Archives of Photogrammetry, Cartography and Remote Sensing, 22,* 325–336. https://twiki.fotogrametria.agh.edu.pl/pub/Publikacje/WebHome/Marmol_MMT.pdf.

16. Niemi, M. T., & Vauhkonen, J. (2016). Extracting canopy surface texture from airborne laser scanning data for the supervised and unsupervised prediction of area-based forest characteristics. *Remote Sensing, 8*(7), Artikel 582. https://doi.org/10.3390/rs8070582.

17. Kim, H., & Hilton, A. (2014). Influence of colour and feature geometry on multi-modal 3D point clouds data registration. *Proceedings of the 2014 2nd International conference on 3D vision* (S. 202–209). https://doi.org/10.1109/3DV.2014.51.

Innovative Umweltdatenbereitstellung und -visualisierung

Mobile Anwendung zur Visualisierung von geplanten Freiflächen-PV-Anlagen mit mobiler Erweiterter Realität

Simon Burkard, Frank Fuchs-Kittowski, Maximilian Deharde und Marius Poppel

Zusammenfassung

Die Technologie der mobilen Augmented Reality (mAR) ermöglicht flexible und realitätsnahe Vor-Ort-Darstellungen geplanter Bauprojekte in ihrer unmittelbaren Umgebung. Dieser Beitrag stellt eine mAR-Anwendung zur dreidimensionalen Visualisierung geplanter Freiflächen-Photovoltaik-Anlagen im Landschaftsbild vor und erläutert die wesentlichen Anforderungen an eine solche App. Außerdem werden die grafische Benutzeroberfläche, die technische Konzeption sowie die Implementierung der App präsentiert. Dabei wird ein manuelles Lokalisierungsverfahren eingesetzt, welches mithilfe eingeblendeter digitaler 3D-Landschaftsmodelle im Kamerabild eine präzise globale Ausrichtung und Positionierung des AR-Systems ermöglicht.

Schlüsselwörter

Mobile Augmented Reality · Visualisierung · Freiflächen-PV-Anlagen

S. Burkard (✉) · F. Fuchs-Kittowski · M. Deharde · M. Poppel
Umweltinformatik, HTW Berlin, Berlin, Deutschland
E-Mail: s.burkard@htw-berlin.de

F. Fuchs-Kittowski
E-Mail: frank.fuchs-kittowski@htw-berlin.de

M. Deharde
E-Mail: maximilian.deharde@htw-berlin.de

M. Poppel
E-Mail: marius.poppel@student.htw-berlin.de

1   Einleitung

Um die Ziele der Energiewende und des Klimaschutzes in Deutschland zu erreichen, ist im Bereich der Photovoltaik (PV) neben der Erschließung des solaren Dachflächen-potenzials der Ausbau von Freiflächen-PV-Anlagen erforderlich. Vorteile solcher Solar-parks gegenüber anderen Energieformen sind z. B. geringere Kosten, kurzfristige Ausbaumöglichkeiten und hohe Akzeptanz in der Bevölkerung [1, S. 3]. Dennoch können Freiflächen-PV-Anlagen je nach Standortwahl das Landschaftsbild (Spiegelung, Verschattung, Umzäunung etc.) und natürliche Lebensräume (Wanderrouten von Tieren, Wasserversorgung und Erosion des Bodens etc.) beeinträchtigen [1, S. 4].

Es wird angenommen, dass die Beeinträchtigung des Landschaftsbildes zu einem zentralen Kriterium für die Akzeptanz von Freiflächen-PV-Anlagen in der Bevölkerung wird [2, S. 14]. Die Beeinträchtigung des Landschaftsbildes kann über eine geeignete Standortwahl und die jeweilige Ausführung der Anlage gering gehalten werden, z. B. durch Ausnutzung bestehender Landschaftsstrukturen (Mulden, Senken, Hang-lagen mit Gegenhängen etc.) oder Einbettung in eine bereits bestehende Vorbelastung (Infrastruktur, bauliche Anlagen etc.). Zur Abschätzung und Verringerung der Beein-trächtigung des Landschaftsbildes sind bereits bei der Planung geeignete Bewertungen und Visualisierungen zu erstellen. Diese führen zusätzlich zu einer Akzeptanzsteigerung bei der Bevölkerung [3, S. 7].

Dabei wird Visualisierungsansätzen auf mobilen Endgeräten mittels Erweiterter Realität (Augmented Reality, AR) ein großes Potenzial zugesprochen, realitätsnah in der konkreten räumlichen Situation Veränderungen im Landschaftsbild in verschiedenen Planungsphasen von Erneuerbaren-Energie-Anlagen (Windenergie, Photovoltaik, Strom-netz etc.) darstellen sowie die Akzeptanz bei den Bürgern fördern zu können [4, S. 198]. Jedoch ist noch keine mobile AR-Anwendung in Forschung oder Praxis speziell für die Visualisierung von Freiflächen-PV-Anlagen entwickelt worden.

Ziel dieses Beitrages ist die Entwicklung einer mobilen AR-Anwendung, mit der bereits in der Planungsphase geplante Freiflächen-PV-Anlagen realitätsnah vor Ort visualisiert werden können, um so einen Beitrag zur Steigerung der Akzeptanz dieser Energieform in der Bevölkerung zu leisten. Hierfür werden die Anforderungen an eine solche mAR-App, das Konzept der Benutzerschnittstelle und das technische Konzept präsentiert sowie die Implementierung der mAR-App erläutert.

Dieser Beitrag ist wie folgt strukturiert: Nach einem Überblick über verwandte Arbeiten zur Visualisierung von Freiflächen-PV-Anlagen und den Stand der Forschung und Entwicklung im Bereich der Outdoor Augmented Reality Technologie (Abschn. 2) werden in Abschn. 3 die identifizierten Zielgruppen und die erhobenen Anforderungen an eine mAR-App zur Visualisierung von Freiflächen-PV-Anlagen dargestellt. Danach werden in Abschn. 4 die Konzeption der Benutzerschnittstelle und in Abschn. 5 die technische Konzeption der mAR-App beschrieben. Nach der Beschreibung der Implementierung der mAR-App in Abschn. 6 und erster Praxiserfahrungen in Abschn. 7 endet dieser Beitrag mit einer Zusammenfassung und einem Ausblick in Abschn. 8.

2   Stand der Forschung und verwandte Arbeiten

2.1   Visualisierung von geplanten Freiflächen-PV-Anlagen

Mit Visualisierung bezeichnet man eine technische Erzeugung möglicher zukünftiger optischer Wahrnehmungen. Dies kann von einer einfachen Collage über technisch anspruchsvolle Fotomontagen bis hin zu bewegten, interaktiven 3D-Darstellungen (VR, AR) reichen [5, S. 1].

Klassischerweise erfolgt eine Visualisierung derartiger Bauprojekte nicht live vor Ort, sondern während der Planungsphase offline durch Fotomontagen und 3D-Simulationen mithilfe von speziellen Software-Lösungen. Dabei werden entweder virtuelle 3D-Modelle von PV-Anlagen in eine reale Landschaftsaufnahme aufwendig hinein retuschiert (z. B. mit Adobe Photoshop) oder innerhalb etablierter Planungssoftware in virtuellen Umgebungen platziert und visualisiert (z. B. 3D-Planung in der Planungssoftware „PV*SOL").

Diese Visualisierungen ermöglichen sehr realitätsnahe Darstellungen mit beliebig konfigurierbaren PV-Anlagen, der Berücksichtigung von Verschattungsobjekten oder der Möglichkeit, verschiedene Tages- oder Jahreszeiten zu simulieren. Die Generierung derartiger Visualisierungen ist jedoch sehr zeitaufwendig und kann i. d. R. nur durch Experten geschehen.

2.2   Mobile Augmented Reality für den Außenbereich

Die Technologie der mobilen Augmented Reality ermöglicht Visualisierungen „vor Ort" mittels handelsüblicher Smartphones. Die Einbindung der virtuellen Inhalte erfolgt dabei innerhalb der realen Landschaftsansicht an beliebiger Stelle vor Ort, sodass ein noch realistischerer Eindruck von möglichen Landschaftsveränderungen durch das Bauprojekt vor Ort möglich ist. Die Visualisierung ist dabei nicht auf zuvor festgelegte Betrachtungspunkte beschränkt, sondern kann beliebig oft von beliebiger Position und mit beliebiger Blickrichtung erfolgen.

AR-Anwendungen und Software Development Kits (SDKs) für Entwickler zur realistischen AR-Darstellung von virtuellen Objekten oder Informationen im Nahbereich („indoor") sind inzwischen etabliert und funktionieren recht zuverlässig und robust, beispielsweise zur Darstellung von virtuellen Möbelstücken in der eigenen Wohnung (z. B. die App IKEA Place). Auch die Idee zur mAR-basierten Darstellung von virtuellen Objekten im Außenbereich (mobile Outdoor Augmented Reality) wurde bereits in mehreren anderen Projekten analysiert und auch umgesetzt. So finden sich auch im Umweltbereich inzwischen einige Beispielanwendungen für AR-Visualisierungen im Außenbereich (siehe z. B. [6] und [7]). Besonders herausfordernd ist bei derartigen AR-Anwendungen eine Darstellung von AR-Inhalten, die sich an einer bestimmten geografischen Position innerhalb einer großflächigen Umgebung befinden sollen

(Geodatenbasierte Augmented Reality), beispielsweise zur Visualisierung geplanter Windenergieanlagen [8]. Hierfür ist nicht nur ein lokales Tracking der mobilen Kamera für eine stabile AR-Darstellung notwendig, sondern auch eine präzise Lokalisierung des AR-Systems in Bezug auf ein globales Geo-Koordinatensystem (Geo-Lokalisierung; globale Registrierung). Zudem müssen für eine realistische Darstellung mögliche Verdeckungen der dargestellten Inhalte (z. B. Verdeckungen durch Gelände, Vegetation oder Gebäude) erkannt und berücksichtigt werden.

Anwendungen zur mAR-Darstellung von Geo-Objekten im Außenbereich verwenden für eine globale Registrierung oftmals vereinfachte Positionierungsverfahren, die primär auf GPS-Signal und digitalem Kompass basieren. Diese Methoden sind jedoch zu ungenau, um präzise 3D-Visualisierungen geplanter PV-Anlagen zu ermöglichen [9]. Die Genauigkeit kann durch Einsatz externer D-GNSS-Empfänger zwar erhöht werden, eine Nutzung derartiger externer Sensoren für mobile AR-Visualisierungen wäre jedoch aufwendig und kostenintensiv [10]. Bildbasierte globale Lokalisierungsverfahren (SLAM-based) stellen einen aufwendigeren, aber präziseren Ansatz dar, um virtuelle Geoobjekte in der realen Welt im Außenbereich realitätsgetreu darzustellen. Dazu müsste jedoch eine hochaufgelöste georeferenzierte 3D-Punktwolke der gesamten Umgebung vorhanden bzw. im Vorfeld erstellt worden sein [11, 12], was nur mit sehr hohem Ressourcenaufwand möglich wäre.

Alternativ können bereits verfügbare georeferenzierte Daten (z. B. 3D-Geländemodelle, 3D-Stadtmodelle) für eine globale geodatenbasierte Registrierung des mobilen Geräts genutzt werden, beispielsweise zur automatischen globalen Lokalisierung anhand von 3D-Gebäudemodellen aus OpenStreetMap-Datensätzen [13] oder durch automatischen Abgleich der Horizontsilhouette anhand von digitalen Geländemodellen [14]. Die Funktionsweise dieser bildbasierten Tracking-Ansätze ist jedoch limitiert, u. a. da diese Bilderkennungsansätze nur in bergigen, markanten Umgebungen funktionieren oder durch andere Rahmenbedingungen, z. B. das Vorhandensein von planaren Häuserfassaden, eingeschränkt sind.

Im Gegensatz zu solchen automatischen, bildbasierten Registrierungsstrategien stellt eine manuelle nutzergesteuerte Registrierung einen alternativen und flexiblen Ansatz der Geo-Lokalisierung dar. Beispielsweise können mobile AR-System durch den Nutzer anhand von gut sichtbaren, punktförmigen Landmarken in der Umgebung (z. B. Kirchturm, Straßenkreuzung etc.) ausgerichtet werden [15]. Alternativ können auch 3D-Geomodelle zur virtuellen Repräsentation der aktuellen Umgebung so umgeformt und innerhalb der AR-Umgebung eingebunden werden, dass eine nutzerfreundliche manuelle Geo-Lokalisierung anhand dieser Modelle möglich ist [16–18]. Dieser Ansatz ist Teil aktueller Forschung und wurde auch im Rahmen der Implementierung der hier vorgestellten App eingesetzt.

2.3 Systeme zur AR-Visualisierung von PV-Anlagen

Der Visualisierung von geplanten Freiflächen-PV-Anlagen mittels mobiler Augmented Reality wird großes Potenzial zugesprochen [4, S. 198]. Zur mAR-basierten Visualisierung von geplanten Freiflächen-PV-Anlagen sind aber bislang keine mobilen Anwendungen in der Forschung entwickelt worden oder gar auf dem Markt verfügbar.

Im Bereich VR wurden bereits mehrere Forschungs-Prototypen für Trainings-zwecke entwickelt [19]. Aber im Bereich AR ist den Autoren lediglich eine Proto-typ-Implementierung von Forschern der Züricher Hochschule für Angewandte Wissenschaften (ZHAW) zur AR-Darstellung von Photovoltaik-Anlagen mit Hilfe von AR-Brillen bekannt [20]. Diese Forschungsarbeit realisiert jedoch nur Darstellungen von kleinflächigen Photovoltaikanlagen auf Hausdächern, nicht von großflächigen Frei-flächen-PV-Anlagen.

Zudem existiert eine Wartungs-App für PV-Anlagen die Wartungs-Informationen zu einer PV-Anlage bzw. einem einzelnen PV-Modul an dieser Anlage mittels Natural Feature Tracking visualisiert [21], die aber nicht die Darstellung der PV-Anlage selbst realisiert.

3 Anwendungsszenario „mAR zur Visualisierung von Freiflächen-PV-Anlagen"

In dem Anwendungsszenario „mAR-Anwendung zur 3D-Visualisierung von Freiflächen-PV-Anlagen im Landschaftsbild" sollen Nutzer die Auswirkungen von neu geplanten Freiflächen-PV-Anlagen auf das Landschaftsbild mit Hilfe der mAR-Technologie reali-tätsnah erfahren können. Im Rahmen von Gesprächen und Workshops zur Identifikation von möglichen mAR-Anwendungsszenarien im Bereich der Erneuerbaren-Energien-Anlagen (EE-Anlagen) konnten dieses Szenario mit Mitarbeitern des Bayerischen Landesamtes für Umwelt sowie des Bayerischen Staatsministeriums für Wirtschaft, Landesentwicklung und Energie diskutiert und Anforderungen an eine solche AR-Anwendung analysiert werden.

3.1 Motivation, Ziele und Zielgruppen

Im Zuge des Ausbaus erneuerbarer Energiequellen liegt in ganz Deutschland ein wesent-licher Fokus auf dem Neubau von Freiflächen-PV-Anlagen, beispielsweise entlang von Autobahnen oder auf Konversionsflächen (z. B. ehemalige Militär- oder Industrie-flächen). Je nach Betrachtungsposition und Landschaftscharakteristik sind Frei-flächen-PV-Anlagen unter Umständen bereits aus großer Entfernung sichtbar (z. B. in Hanglagen) und können daher einen großen Einfluss auf das Erscheinungsbild der Landschaft ausüben. Neben Naturschutz-Bedenken verursacht diese oftmals als störend empfundene Veränderung des Landschaftsbildes in Teilen der ortsansässigen Bevölkerung oftmals eine eher ablehnende Haltung zu neu gebauten Freiflächen-PV-Anlagen. Dabei bleiben die tatsächlichen visuellen Auswirkungen geplanter Anlagen für Nicht-Experten oftmals unklar. Die entwickelte mAR-Anwendung sollte daher in der Planungsphase möglichst frühzeitig ansetzen, um ein realistisches und objektives Bild der Auswirkungen von neuen PV-Anlagen auf das Landschaftsbild zu vermitteln und um somit einer möglichen Einflussnahme durch fehlerhafte Berichterstattung oder fehlerhafte Darstellungen zu vermeiden.

Die entworfene AR-Anwendung soll dabei keineswegs existierende PV-Planungstools ersetzen und keine umfangreichen Optionen zur Planung und Auslegung von PV-Anlagen bieten (Verschattungsanalysen, Schaltplanung etc.), sondern primär eine schnelle und flexible Vor-Ort-Visualisierung grob geplanter Freiflächen-Anlagen in unmittelbarer Umgebung ermöglichen. Potenzielle Hauptnutzer dieser mAR-Anwendung sind demnach „verunsicherte" Anwohner, also ortsansässige Bürgerinnen und Bürger, die noch nicht sicher sind, welche optischen Auswirkungen neu geplante PV-Freiflächen-Anlagen in der Umgebung tatsächlich hätten. Als weitere Nutzergruppen sind auch Mitarbeitende von PV-Planungsbüros denkbar, die mithilfe der AR-Visualisierungen Anwohnerinnen und Anwohner frühzeitig im Rahmen von Erörterungsterminen objektiv vor Ort über geplante Anlagen aufklären oder geeignete AR-Visualisierungen im Rahmen von Genehmigungsprozessen einsetzen können.

3.2 Anforderungen

Basierend auf den identifizierten Zielnutzergruppen und dem genannten primären Ziel der mobilen AR-Anwendung konnten konkrete Anforderungen an die Funktionalitäten und die Gestaltung der App erhoben werden. Eine strukturierte Übersicht über die gesammelten Anforderungen ist in Tab. 1 dargestellt.

AR-Visualisierung: Eine virtuell platzierte Freiflächen-PV-Anlage soll in der Landschaft als mAR-Visualisierung von beliebiger Position aus betrachtet werden können. Die Anlage soll dabei durch mehrere Reihen nebeneinander platziert PV-Module (Reihenmodule) beschrieben werden. Die Darstellung der einzelnen PV-Module soll dabei als hochwertig texturiertes 3D-Modell in möglichst realistischer Darstellung erfolgen. Zudem soll ein Sichtschutz definiert und dargestellt werden können, durch welchen die PV-Freifläche eingegrenzt wird (z. B. Zaun, Hecke o. ä.).

Festlegung der PV-Fläche: Die Ausdehnung der PV-Anlage im Gelände soll durch die Definition einer oder mehrerer polygon-förmiger Flächen erfolgen. Nicht-erlaubte Flächen (z. B. Naturschutzgebiete, Wohnraumnähe etc.) sollen nach Möglichkeit erkennbar gemacht und bei der Flächendefinition berücksichtigt werden.

Modifikationsmöglichkeiten: Die Anwendung soll idealerweise die Möglichkeit bieten, verschiedene Anlagen- und Modultypen in der festgelegten Fläche zu visualisieren (z. B. bifaciale Module, Agri-PV-Anlagen, Variation von Aufständerung

Tab. 1 Anforderungen an das Anwendungsszenario „mAR zur Visualisierung von geplanten Windenergieanlagen". Grau hinterlegt sind Anforderungen, die in der aktuellen Konzeption und Implementierung der Anwendung noch nicht berücksichtigt wurden

Anwendungsbezogene Anforderungen:	
A1	mAR-Visualisierung von geplanten Freiflächen-PV-Anlagen als Reihenmodule
A2	mAR-Visualisierung von Sichtschutz (z.B. Zaun, Eingrünung duch Hecke o.ä.)
A3	Festlegung der PV-Flächen durch (eine oder mehrere) polygon-förmige Flächen
A4	Berücksichtigung von nicht-erlaubten Flächen
A5	Modifikation von Anlagentyp / Bauart (Bifaciale Module, Agro-PV etc.)
A6	Modifikation der Modul-Ausrichtung (Nord-Süd) und Reihenabstand
Allgemeine mAR-bezogene Anforderungen:	
A7	Lokaler Import/Export der aktuellen mAR-Planungskonfiguration
A8	Videoaufnahme der aktuellen AR-Ansicht
A9	Präzise Bestimmung von Nutzer-Standort und -Blickrichtung (Geräte-Kalibrierung)
A10	Nutzerfreundliche Bedienung (auch für unerfahrene Nutzergruppen)
A11	Mobile AR-Hardware ohne Spezial-Sensorik (handelsübliche Smartphones)
A12	Serverbasierte Datenbereitstellung und Online-Fähigkeit

und Modulbreite/-höhe). Zudem soll die Nord-Süd-Ausrichtung der Modulreihen sowie der Abstand der Reihen zueinander variiert werden können.

Speichern und Laden: Die aktuelle Planungskonfiguration (Flächenfestlegung und Modulkonfiguration) soll als Projektdatei abgespeichert und an Stelle wieder geladen werden können. Eine bestimmte Konfiguration kann somit von verschiedenen Orten aus virtuell betrachtet werden. Die abgespeicherte Datei kann somit auch an andere Nutzer weitergegeben und in einer anderen App-Instanz geladen werden. Außerdem sollen Bild- und Videoaufnahmen der aktuellen AR-Ansicht möglich sein, sodass der visuelle Eindruck der erstellten Konfiguration auf einfache Art und Weise mit anderen Personen geteilt werden kann.

Lokalisierung: Für eine positionsgetreue Platzierung der PV-Anlage im Kamerabild ist eine präzise globale Lokalisierung des AR-Systems notwendig. Hierfür soll eine manuelle geodatenbasierte Kalibrierung des Endgeräts, z. B. eine Ausrichtung anhand des Geländeterrains, realisiert werden. Außerdem sollen Verdeckungen durch Gelände, Vegetation oder Gebäude berücksichtigt werden. Hierfür sollen digitale Gelände-, 3D-Gebäude- und Oberflächenmodelle integriert und eingesetzt werden.

AR-Hardware: Die mAR-Anwendung soll für den Einsatz auf modernen, handelsüblichen Smartphones bzw. Tablets ohne Spezial-Sensorik entwickelt werden.

Datenbereitstellung: Die mAR-Anwendung muss auf diverse Datenquellen zugreifen (z. B. PV-Modelle, Geländemodelle, Eignungsflächen etc.). Die Bereitstellung dieser Daten soll serverbasiert erfolgen. Große Datenmengen (z. B. 3D-Geomodelle zur Kalibrierung) sollten dazu möglichst optimiert bereitgestellt und lokal zwischengespeichert werden.

4   Konzeption der Benutzeroberfläche

Der folgende Abschnitt beschreibt das Konzept der Interaktion des Benutzers mit der mAR-Anwendung zur Visualisierung geplanter Freiflächen-PV-Anlagen, indem die wesentliche Funktionsweise der Anwendung anhand von Entwürfen der grafischen Benutzeroberfläche (User Interface, UI) beschrieben wird. Einige der zuvor identifizierten Anforderungen sind in dieser ersten Version der Anwendung noch nicht berücksichtigt worden (siehe Tab. 1). Die entworfenen Bildschirmdesigns für das mAR-Szenario sowie ihre Zusammenhänge sind in Abb. 1 dargestellt.

Startbildschirm: Nach dem Start der Anwendung bietet ein Startbildschirm eine Schnellauswahl der zuletzt gespeicherten AR-Darstellungen (AR-Projekte) sowie die Möglichkeit zum Starten der AR-Hauptfunktion, also der AR-basierten Darstellung von PV-Anlagen im Gelände.

AR-Kalibrierung: Voraussetzung zur präzisen AR-Darstellung ist das Durchführen einer manuellen Kalibrierung zur präzisen globalen Lokalisierung der mobilen AR-Anwendung. Bei der Kalibrierung wird die AR-Ansicht per Nutzerinteraktion so ausgerichtet werden, dass die virtuelle Ansicht und die reale Ansicht übereinstimmen. Hierfür erfolgt das Verschieben der virtuellen Kalibrierungsobjekte (3D-Geomodelle) mittels Touch-Gesten auf dem Bildschirm. Im Zuge der Kalibrierung können zudem

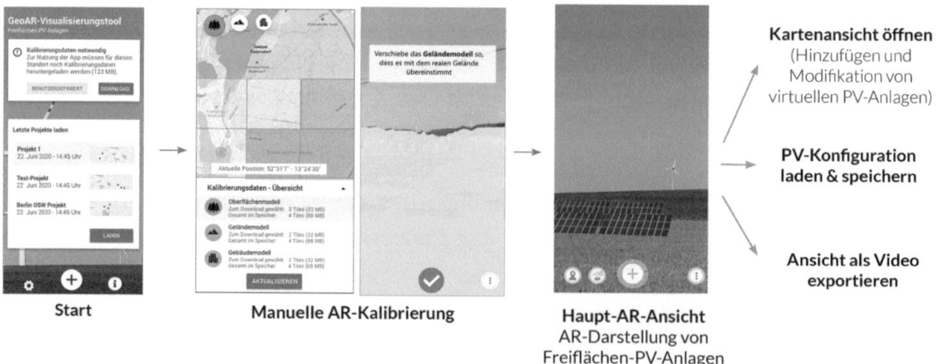

Abb. 1 UI-Entwürfe der App zur mAR-Visualisierung von Freiflächen-PV-Anlagen

in einer „Experten-Ansicht" ein Einstellungs- sowie ein Verwaltungsmenü geöffnet werden, um die Sichtbarkeit und das Aussehen der darzustellenden Kalibrierungsdaten in der Live-AR-Ansicht zu steuern sowie per Kartenansicht weitere Kalibrierungsmodelle nachzuladen. Nach erfolgter manueller Ausrichtung bestätigt der Nutzer die Kalibrierung, wodurch die AR-Hauptansicht gestartet wird.

AR-Darstellung von Freiflächen-PV-Anlagen (AR-Hauptansicht): In der AR-Hauptansicht werden virtuell platzierte PV-Anlagen mittels AR-Visualisierung in der Kameraansicht eingeblendet und in der Landschaft visualisiert. Von dieser Hauptansicht aus können per Button neue PV-Anlagen hinzugefügt oder existierende Anlagen modifiziert werden sowie Import- und Export-Funktionalitäten gestartet werden.

Hinzufügen und Modifikation von virtuellen PV-Anlagen: Über einen Button zum Hinzufügen neuer Anlagen öffnet sich eine Kartenansicht. In dieser können polygonförmige Flächen zur Definition der PV-Anlage eingezeichnet werden. Dazu definiert der Nutzer per Touch-Geste nacheinander mehrere Punkte auf der Karte (siehe Abb. 2a), welche abschließend zu einem Polygon verbunden werden können (siehe Abb. 2b). Falls gewünscht, ist auf gleiche Art und Weise auch die Definition weiterer polygonförmiger Flächen möglich (siehe Abb. 2c). Ein Klick auf eine erstellte Fläche ermöglicht ein nachträgliches Bearbeiten der Polygon-Punkte und Anpassen der Polygon-Fläche. Zudem wird dadurch ein Einstellungsmenü geöffnet zur Modifikation der definierten PV-Anlagen (siehe Abb. 2d). Dort können über Schieberegler die Ausrichtung der Modulreihen sowie der Abstand der Modulreihen zueinander variiert werden. Eine Modifikation der Anlagentypen bzw. der Dimensionen der PV-Module ist im aktuellen Entwurf noch nicht berücksichtigt.

Laden und Speichern der AR-Ansicht: Die aktuelle AR-Konfiguration, d. h. die aktuell in der AR-Ansicht platzierten Anlagen können als Projektdatei gespeichert werden, um diese AR-Konfiguration zu einem anderen Zeitpunkt und/oder Ort wieder-

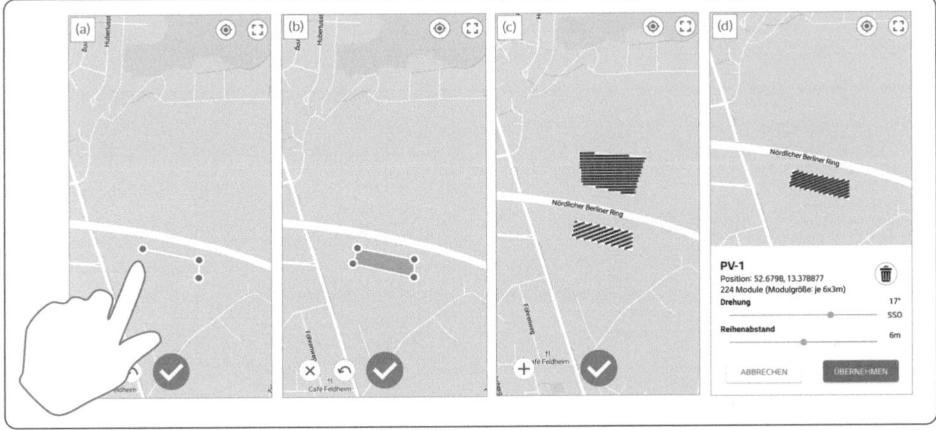

Abb. 2 UI-Entwürfe zum Hinzufügen und Manipulieren von Freiflächen-PV-Anlagen

herzustellen und zu betrachten. Zudem ist der Export der aktuellen Ansicht als Videoaufnahme oder als statische Bilddatei möglich. Der Zugriff auf diese Import/Export-Funktionalitäten erfolgt per Buttons über ein Untermenü der AR-Hauptansicht.

5 Technisches Konzept

Der folgende Abschnitt beschreibt das technische Konzept der mAR-Anwendung. Dazu wird die Grob-Architektur des mAR-Systems kurz vorgestellt und wesentliche Aspekte der Geodaten-Integration sowie der AR-Kalibrierung erläutert.

5.1 Architektur

Die technische Architektur der entworfenen mAR-Anwendung ist in Abb. 3 grob skizziert. Die Architektur besteht aus den folgenden Haupt-Komponenten:

mAR-Client: Der mobile AR-Client integriert alle Komponenten der mobilen AR-Anwendung auf dem mobilen Endgerät. Dazu zählen die mobile AR-Anwendungskomponente, welche alle anwendungsspezifischen Funktionalitäten (User Interface, Anwendungslogik, Server-Kommunikation etc.) realisiert und eine Local-Storage-Komponente, die zum persistenten lokalen Speichern der benötigten 3D-PV-Modelle sowie zum temporären Zwischenspeichern der Kalibrierungsdaten dient. Zudem beinhaltet der mobile AR-Client eine GeomAR-Library als anwendungsunabhängige Bibliothek, welche alle notwendigen GeomAR-Kernfunktionalitäten (Platzierung und Manipulation der virtuellen AR-Modelle) sowie die Funktionen zur AR-basierten Geräte-Kalibrierung (Geo-Lokalisierung) zur Verfügung stellt.

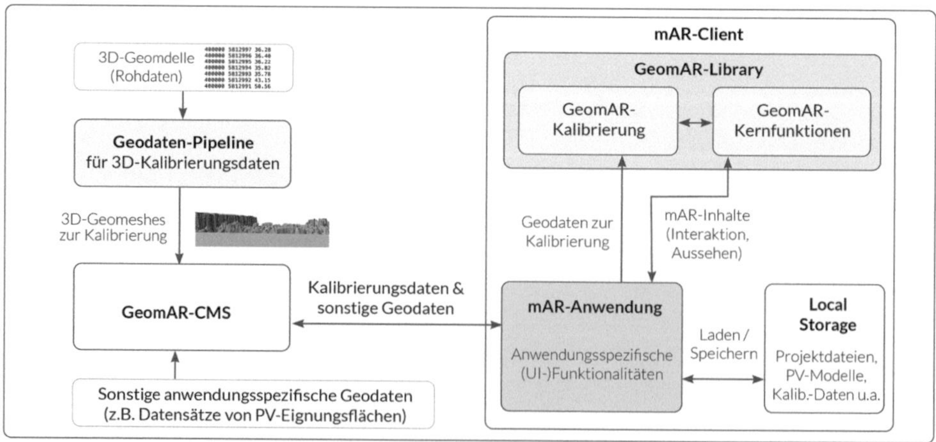

Abb. 3 Architektur und Schnittstellen der mAR-Anwendung

GeomAR-CMS: Die Hauptaufgabe dieser serverbasierten Komponente ist die Speicherung und Administration von Geodaten, die zum Betrieb der mAR-Anwendung benötigt werden. Zu diesem Zweck stellt diese Server-Komponente Schnittstellen bereit, um anwendungsspezifische Geodaten (z. B. PV-Eignungsflächen) sowie 3D-Kalibrierungsdaten (z. B. 3D-Geländemodelle) hinzuzufügen, zu ändern und abzurufen sowie eine Datenbank zur persistenten Speicherung dieser Geodaten.

Geodaten-Pipeline: Da die 3D-Geodaten zur Geräte-Kalibrierung zunächst nicht in Formaten vorliegen, die zur effektiven Speicherung und AR-Integration geeignet sind, umfasst das Gesamtsystem zusätzlich eine Offline-Komponente, um die 3D-Geodaten in kleinflächigere 3D-Kacheln umzuwandeln.

5.2 Geodaten-Pipeline

Die Umgebung des Benutzers kann durch verschiedene Arten von 3D-Geomodellen virtuell repräsentiert werden. Diese 3D-Geomodelle können somit in unterschiedlichsten Landschaftscharakteristiken als geeignetes visuelles Hilfsmittel dienen, um die virtuelle AR-Umgebung präzise an der realen Umgebung auszurichten. Das entworfene AR-System ist so konzipiert, dass die folgenden drei verschiedene Arten von Geomodellen integriert werden können (siehe Abb. 4):

- **Digitales Geländemodell (DGM):** Beschreibung des Reliefs der Geländeoberfläche (ohne Vegetation und künstliche Merkmale) als 3D-Punktgitter
- **Digitales Oberflächenmodell (DOM):** Beschreibung der Erdoberfläche einschließlich unbewegter Objekte (Vegetation, Gebäude) als 3D-Punktgitter
- **Digitales 3D-Stadtmodell:** Dreidimensionale Beschreibung von Gebäudeumrissen (3D-Gebäudemodelle).

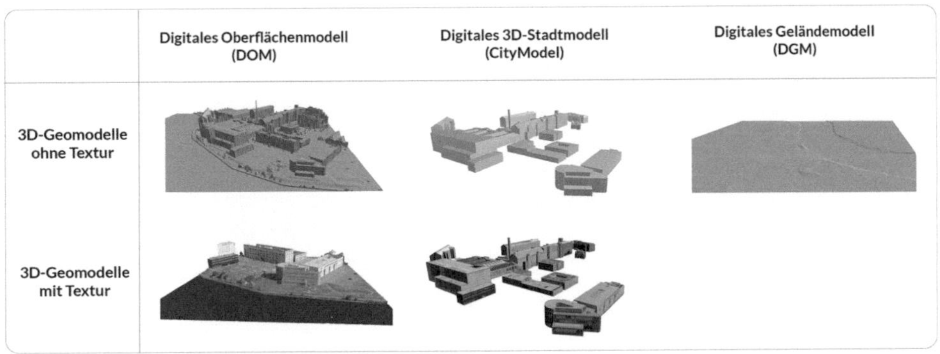

Abb. 4 Zur geodatenbasierten AR-Kalibrierung eingesetzte 3D-Geomodelle

Die Geodaten werden in der Regel von Landesvermessungsämtern zur Verfügung gestellt und liegen im Normalfall als nicht-texturierte, textbasierte Modelle vor. Im Falle der Oberflächen- und Stadtmodelle kann die Geodaten-Pipeline jedoch auch hochwertige 3D-Modelle mit Textur verarbeiten und aufbereiten. Diese Modelle mit Texturinformationen können die Nutzerumgebung noch realitätsnaher beschreiben und bieten daher eine noch bessere visuelle Unterstützung bei der manuellen Kalibrierung.

Die Hauptaufgabe der Geodaten-Pipeline besteht nun darin, diese Eingangsdaten in kleinflächige 3D-Geomodelle (3D-Meshes) umzuwandeln, die zur effektiven AR-Integration innerhalb des mobilen Clients geeignet sind. Dazu sind mehrere Umwandlungsschritte notwendig (siehe Abb. 5): Zunächst werden die Quelldaten in ein gemeinsames metrisches UTM-basiertes-Koordinatensystem transformiert. Anschließend werden großflächige Quelldateien in kleinere Kacheln mit vorab definierten quadratischen Abmessungen zerlegt (Tiling). So muss der mobile Client bei der Darstellung der virtuellen Benutzerumgebung nur die tatsächlich benötigten kleinflächigere Kacheln mit kleineren Dateigrößen laden und verarbeiten. In einem weiteren Schritt kann zusätzlich eine Punktgitter-Reduktion der Modelle erfolgen, um Kacheln mit geringerer räumlicher Auflösung und somit eine weitere Dateigrößen-Reduktion zu erhalten. Mittels Triangulierung können die durch Punktgitter beschriebenen Modelloberflächen schließlich durch Dreiecksnetze approximiert werden (Meshing), um die Modelle mittels üblicher 3D-Render-Engines innerhalb der AR-Anwendung darstellbar zu machen. Im Falle der texturierten 3D-Geomodelle kann zusätzlich ein Verarbeitungsschritt zur Textur-Optimierung erfolgen. Dabei wird durch höhere Kompressionsraten der Texturbilder eine weitere Dateigrößenreduktion erreicht. Die finalen 3D-Meshes

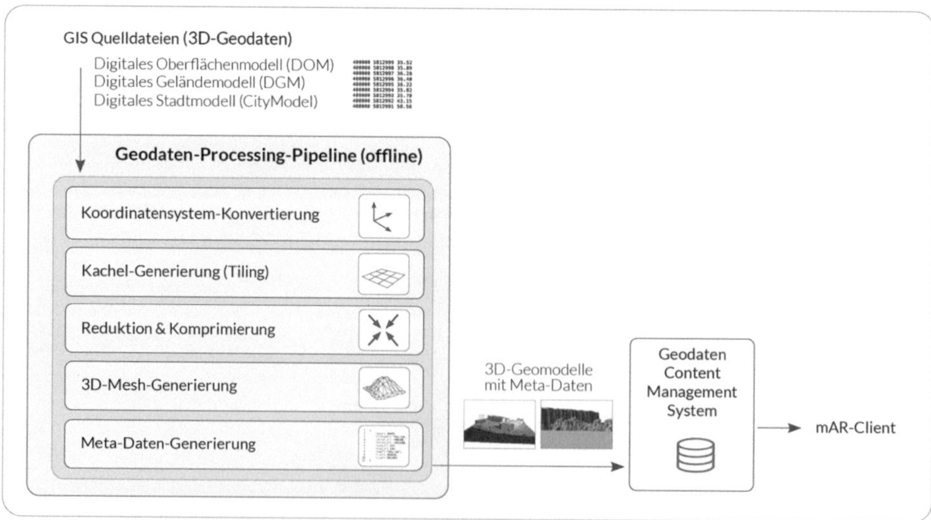

Abb. 5 Verarbeitungsschritte der Geodaten-Pipeline zur Umwandlung der 3D-Geodaten in 3D-Formate, die zur effektiven AR-Visualisierung geeignet sind

werden schließlich in das performante binäre glTF-Dateiformat (.glb) umgewandelt. Neben diesen 3D-Kacheln im binären glb-Format werden als finale Ausgabedateien der Geodaten- Pipelines zusätzlich Meta-Dateien im JSON-Format zur Beschreibung der einzelnen 3D-Kacheln generiert. Diese beinhalten neben der Beschreibung der Art des Geomodells (z. B. DGM, DOM) für jede Kachel auch Informationen zur geografischen Position und räumlichen Ausdehnung. Auf diese Weise können die generierten Kacheln in geeigneter Art und Weise auf der Server-Komponente gespeichert und für Anfragen der Client-Anwendung auffindbar verwaltet werden.

5.3   AR-Registrierung und -Kalibrierung

Das hier vorgestellte System verwendet eine benutzergestützte Registrierungsmethode, welche dreidimensionale Geomodelle in die AR-Umgebung einbettet, um Position und Ausrichtung des mobilen Endgerätes in Bezug auf ein globales Geo-Referenzsystem präzise kalibrieren zu können.

Vor Beginn dieses Kalibrierungsprozesses werden zunächst geeignete 3D-Geomodelle der Nutzerumgebung als Kalibrierungsdaten aus dem GeomAR-CMS geladen. Eine erste grobe Abschätzung der Geräteposition und -ausrichtung ist durch die im mobilen Endgerät verbauten Lokalisierungssensoren (GNSS-Empfänger zur groben Positionsbestimmung und IMU-Sensor zur groben Bestimmung der Geräteorientierung) möglich. So können die 3D-Geomodelle als grobe – in der Regel jedoch noch fehlerhafte – virtuelle 3D-Projektion der Nutzerumgebung im Kamerabild dargestellt werden. Anschließend bewegt der Benutzer manuell die projizierte 3D-Umgebung auf dem Bildschirm, sodass sie mit der tatsächlichen realen Ansicht der Welt im Live-Kameravideo übereinstimmt. Hierfür existieren drei verschiedene mobile Touch-Gesten (siehe Abb. 6): Über eine Drag-Geste kann die virtuelle Umgebung mit einem Finger auf dem Bildschirm verschoben werden, was zu einer Korrektur der globalen Geräterotation führt. Eine Pinch-Zoom-Geste mit zwei Fingern führt zu einer Korrektur der Geräteposition entlang der aktuellen Blickrichtung. In der AR-Ansicht wird die virtuelle Umgebung dabei skaliert. Als dritte Option kann über eine Drag-Geste mit zwei Fingern das Landschaftsmodell nach oben oder unten verschoben werden und damit die globale Geräteposition entlang der vertikalen Achse (Höhe) angepasst werden.

Lokale Bewegungen der Kamera während der App-Laufzeit werden zusätzlich ständig im Hintergrund über ein bildbasiertes Tracking-System (Visual-Odometry-System) registriert. Dies gewährleistet eine durchgängig stabile AR-Projektion der virtuellen Benutzerumgebung ohne Drift-Effekte.

Experimentelle Ergebnisse haben gezeigt, dass dieser nutzergesteuerte Kalibrierungsansatz eine effiziente und genaue globale Registrierung mobiler Geräte in verschiedenen Außenumgebungen und mit vertretbarem Aufwand für den Benutzer ermöglichen kann [18]. Die positionsgetreue Integration der 3D-Umgebungsmodelle in die AR-Umgebung ermöglicht es zudem, Verdeckungen der Freiflächen-PV-Anlagen, die durch Gelände

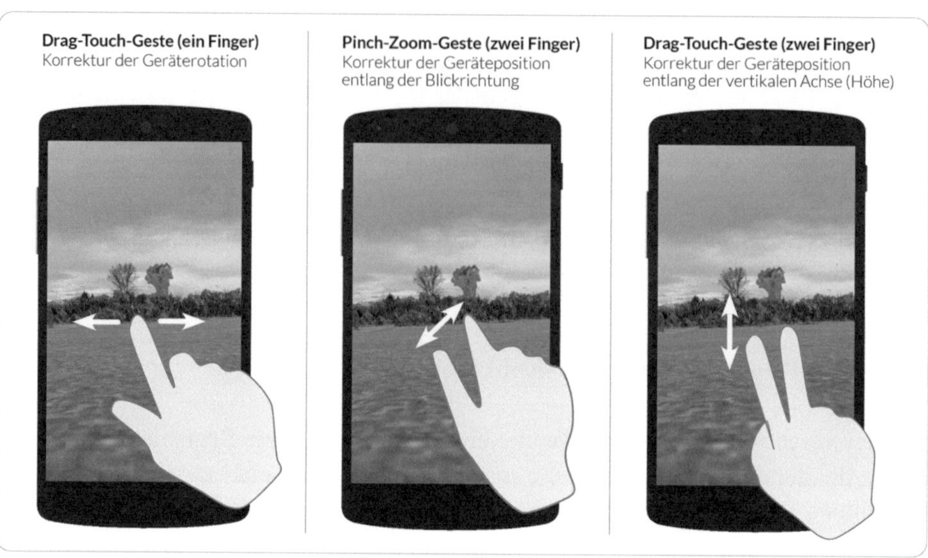

Abb. 6 Interaktionsgesten zum Ausrichten der virtuellen Landschaftsmodelle an der realen Landschaft zur Korrektur von globaler Geräteorientierung und -position

oder Gebäude verursacht werden, zu berücksichtigen und korrekt wiederzugeben. Somit kann ein hoher Grad an Realismus bei der Darstellung erreicht werden.

6 Implementierung

Das vorgestellte AR-System zur AR-Visualisierung von Freiflächen-PV-Anlage wurde als erste Demonstrator-Anwendung zum praxistauglichen Einsatz auf handelsüblichen Smartphones und Tablets implementiert und innerhalb von Testgebieten im Berliner Stadtgebiet sowie im Berlin Umland getestet.

Die App wurde in der 3D-Spiele-Entwicklungsumgebung Unity implementiert und als mobile Android-Anwendung getestet. Wesentliche Kern-Funktionalitäten der AR-Technologie werden dabei über das Framework „Unity AR Foundation" bereitgestellt. Dazu zählen insbesondere Funktionen zum Rendering der AR-Inhalte sowie das lokale Tracking der Kamerabewegungen, z. B. mittels Google ARCore SDK im Falle der Android-Plattform. Im Gegensatz zur nativen Android-Entwicklung integriert die Unity-Plattform bereits weitreichende Funktionalitäten zur performanten Integration und Darstellung komplexer 3D-Inhalte. Die Wahl der Unity-Plattform erfolgt daher insbesondere aufgrund der hohen Anforderungen der App an ein performantes 3D-Rendering, was bei der 3D-Darstellung großflächiger PV-Anlagen von sehr hoher Relevanz ist – z. B. im Gegensatz zur weniger rechenintensiven AR-Visualisierung von Windenergieanlagen aus vorherigen Arbeiten. Mit Hilfe der Unity-Engine ist damit auch die

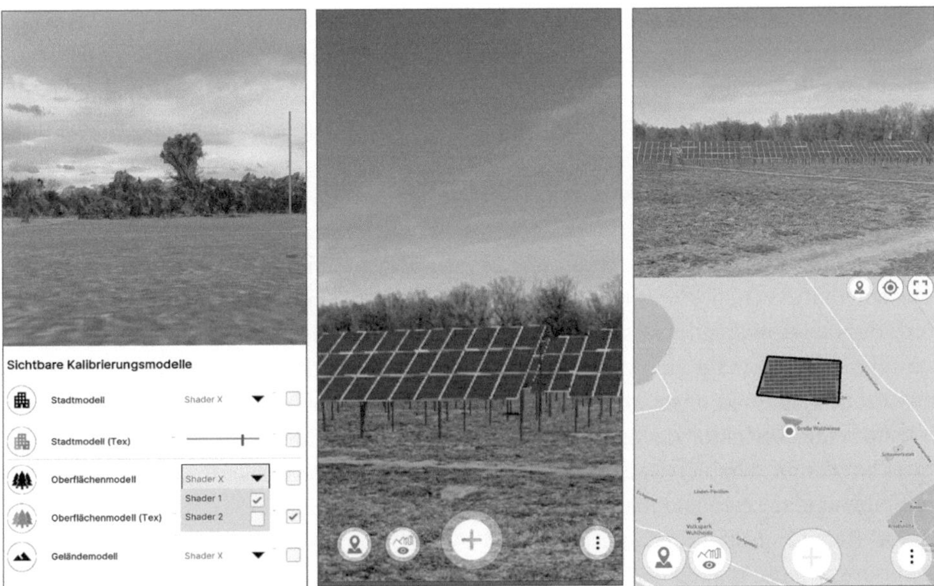

Abb. 7 Screenshots der mAR-App: Kalibrierungseinstellungen, Freiflächen-PV-Anlage als AR-Visualisierung betrachten, PV-Anlage in Karten- und AR-Ansicht gleichzeitig betrachten

Echtzeit-Visualisierung größerer, aus mehreren hundert PV-Modulen bestehenden Anlagen problemlos möglich.

Die Rohdaten der 3D-Geomodelle zur AR-Kalibrierung stammen aus frei verfügbaren Quellen der Berliner und Brandenburger Vermessungsämter. Zudem wurden zu Testzwecken im Rahmen der Forschungsarbeiten 3D-Geomodelle von der Bayerischen Vermessungsverwaltung (LDBV) zur Verfügung gestellt. Die Geodaten-Pipeline zur Verarbeitung und Anpassung der Geomodelle wurde basierend auf Open-Source-Tools zur Geodatenverarbeitung realisiert, insbesondere aufbauend auf der GDAL-Library (https:// gdal.org/). Diese Tools wurden in Docker-Containern gekapselt und mittels Python-Skripten automatisiert. Das GeomAR-CMS zur Verwaltung, Speicherung und Bereitstellung der Geodaten wurde auf Basis der GeoServer-Software und mit Hilfe eines Ruby-on-Rails-Webframeworks implementiert. Abb. 7 zeigt beispielhafte Screenshots aus der implementierten mobilen Anwendung.

7 Praxiseinsatz

Die prototypische Implementierung der mobilen AR-Anwendung ermöglicht es, erste Eindrücke hinsichtlich Bedienbarkeit und Realitätsgrad der Anwendung im Praxiseinsatz zu sammeln.

Bei der geodatenbasierten Kalibrierung des AR-Systems konnte insbesondere die Nutzung der texturierten Oberflächenmodelle überzeugen, die der Lokalisierungsmethode nach Feedback aus Praxistests der vorherigen Arbeiten ([8, 18]) hinzugefügt wurden. Aufgrund der noch realitätsnäheren Modellierung der Außenumgebung durch die integrierten Bildtexturen ermöglichen diese Modelle eine besonders nutzerfreundliche und schnellere Kalibrierung des AR-Systems.

In bestimmten Situationen gestaltet sich die manuelle Kalibrierung dennoch schwierig, insbesondere dann, wenn die initiale GNSS-basierte Positionsschätzung deutlich fehlerhaft ist und die initiale AR-Projektion der Geomodelle dadurch so fehlerhaft wird, dass eine manuelle Ausrichtung der virtuellen Landschaft schwerfällt oder gänzlich misslingt. Es zeigt sich zudem, dass eine Korrektur der globalen Position mit den entworfenen Interaktionsmethoden deutlich anspruchsvoller und zeitaufwendiger ist als eine reine Korrektur der globalen Ausrichtung. Eine alternative manuelle Positionskorrektur vorab, beispielsweise über eine klassische Kartenansicht, könnte helfen und die Bedienung der geodatenbasierten Kalibrierung vereinfachen.

Der Realitätsgrad der dargestellten PV-Anlagen erscheint nach erfolgreicher AR-Kalibrierung recht hoch. Die 3D-Darstellung auch von großflächigen PV-Anlagen erfolgt ruckelfrei in Echtzeit und in hohem Detailgrad. Für fundierte Eindrücke in Bezug auf den erreichten Realitätsgrad und die Bedienbarkeit müsste die Anwendung jedoch in weiteren Praxistests – insbesondere in hügeligem und unebenem Gelände – getestet werden.

8 Zusammenfassung und Ausblick

Der Beitrag präsentierte die Entwicklung einer mobilen AR-Anwendung zur Vor-Ort-Visualisierung geplanter Freiflächen-PV-Anlagen im Gelände. Ziel dieser Anwendung ist es, die visuellen Auswirkungen geplanter PV-Anlagen auf das Landschaftsbild realitätsnah vor Ort von beliebigen Positionen und Blickwinkeln aus erfahrbar zu machen, um so einen Beitrag zur Akzeptanzsteigerung dieser Bauprojekte zu leisten. Der Beitrag stellte hierfür Anforderungen an eine solche mobile AR-App vor, die in Diskussionen mit potenziellen Zielgruppen identifiziert wurden und präsentierte das darauf aufbauende Konzept der Benutzerschnittstelle und das technische Konzept der App. Eine Prototyp-Implementierung ermöglicht erste Eindrücke im Praxiseinsatz und zeigt die technische Machbarkeit einer realitätsnahen Visualisierung geplanter Freiflächen-PV-Anlagen auf der Basis präziser Geo-Lokalisierung und unter Berücksichtigung von möglichen Verdeckungen durch die Integration digitaler 3D-Landschaftsmodelle.

In den kommenden Arbeitsschritten sollen zudem die noch nicht berücksichtigten Anforderungen integriert werden. Dabei sind insbesondere die AR-Visualisierung von Sichtschutz (Umpflanzung, Zaun o. ä.) sowie die Möglichkeit der Modifikation des Anlagentyps (z. B. Darstellung von Agri-PV-Modulen) zu nennen. Außerdem sind für eine noch realistischere AR-Visualisierung die Berücksichtigung von Schattenwurf der

PV-Module sowie weitere Anpassungsmöglichkeiten von Helligkeit und Farbgebung der virtuellen Szene an die aktuelle Beleuchtung der realen Umgebung denkbar.

Zur Optimierung der Bedienbarkeit, insbesondere auch in Bezug auf die geodatenbasierte Kalibrierungsmethode, sind weitere nutzerorientierte Praxistests notwendig. Auch eine weitere Automatisierung der manuellen Kalibrierungsmethode wäre dabei in kommenden Entwicklungsschritten denkbar, beispielsweise mithilfe von Bildanalyseverfahren zum automatischen Abgleich der Horizontlinie im Kamerabild mit der Horizontsilhouette im virtuellen Geomodell.

Die Demo-Anwendung zeigt jedoch in jedem Fall das große Potenzial der mobilen AR-Technologie zur flexiblen und realitätsnahen Vor-Ort-Visualisierung geplanter großflächiger Bauprojekte in ihrer tatsächlichen realen Umgebung. Es ist denkbar, diesen Ansatz daher auch auf weitere Anwendungsszenarien zu übertragen, beispielsweise zur AR-basierten Visualisierung von geplanten Stromtrassen oder anderen markanten Bauwerken (Gebäude, Brücken o. ä.).

Danksagung Die Autoren bedanken sich beim Bundesministerium für Bildung und Forschung (BMBF) für die finanzielle Unterstützung im Rahmen des Forschungsprojekts „mARGo" (Förderkennzeichen 01IS17090A/B). Zudem bedanken sich die Autoren sehr herzlich zum einen beim Bayerischen Landesamt für Umwelt sowie beim Bayerischen Staatsministerium für Wirtschaft, Landesentwicklung und Energie für die sehr fruchtbare Zusammenarbeit und Unterstützung sowie zum anderen bei der Bayerischen Vermessungsverwaltung für die Bereitstellung der für die AR-Kalibrierung genutzten 3D-Geodaten.

Literatur

1. BSW & NABU. (2021). Kriterien für naturverträgliche Photovoltaik-Freiflächenanlagen – Gemeinsames Papier von Bundesverband Solarwirtschaft e. V. & Naturschutzbund Deutschland e. V. (April 2021). https://www.solarwirtschaft.de/wp-content/uploads/2021/04/210428_NABU-BSW-Papier-1.pdf.
2. BfN. (2020). *Erneuerbare Energien Report – Die Energiewende naturverträglich gestalten!* Bundesamt für Naturschutz (BfN), 3. Aufl. https://www.bfn.de/sites/default/files/BfN/erneuerbareenergien/Dokumente/bfnerneuerbareenergienreport2019_barrierefrei.pdf.
3. Arnold, N., Streiffeler, J., & Bruns, E. (2020). *Auswirkungen von Solarparks auf das Landschaftsbild – Methoden zur Ermittlung und Bewertung.* Kompetenzzentrum Naturschutz und Energiewende (KNE). https://www.naturschutz-energiewende.de/wp-content/uploads/KNE_Auswirkungen-von-Solarparks-auf-das-Landschaftsbild_11-2020.pdf.
4. Schmidt, C., von Gagern, M., Lachor, M., Hage, G., Schuster, L., Hoppenstedt, A., Kühne, O., Rossmeier, A., Weber, F., Bruns, B., Münderlein, D., & Bernstein, F. (2018). *Landschaftsbild & Energiewende – Band 1: Grundlagen.* Bundesamt für Naturschutz (BfN).
5. FED. (2018). Was sind realitätsnahe Visualisierungen? Forum Energiedialog. http://www.energiedialog-bw.de/wp-content/uploads/2018/05/20180420_Handreichung_Visualisierungen_final.pdf.
6. Burkard, S., Fuchs-Kittowski, F., Abecker, A., Heise, F., Miller, R., Runte, K., & Hosenfeld, F. (2021). Grundbegriffe, Anwendungsbeispiele und Nutzungspotenziale von geodatenbasierter mobiler Augmented Reality. In U. Freitag, F. Fuchs-Kittowski, A. Abecker, & F. Hosenfeld

(Hrsg.), *Umweltinformationssysteme – Wie verändert die Digitalisierung unsere Gesellschaft?* (S. 243–260). Springer Vieweg. https://doi.org/10.1007/978-3-658-30889-6_15.

7. Rambach, J. R., Lilligreen, G., Schäfer, A., Bankanal, R., Wiebel, A., & Stricker, D. (2021). A Survey on Applications of Augmented, Mixed and Virtual Reality for Nature and Environment. In P*roceedings of the 23rd International Conference on Human-Computer Interaction (HCII-2021)*, Springer. https://arxiv.org/pdf/2008.12024.pdf.

8. Burkard, S., Fuchs-Kittowski, F., Deharde, M., Poppel, M., & Schreiber, S. (2022). Eine mobile Augmented Reality-Anwendung für die Darstellung von geplanten Windenergie-anlagen – Realitätsnahe Visualisierungen für Planungsprozesse und die öffentliche Akzeptanz. In U. Freitag, F. Fuchs-Kittowski, A. Abecker, & F. Hosenfeld (Hrsg.), *Umweltinformations-systeme – Wie trägt die Digitalisierung zur Nachhaltigkeit bei?* (S. 21–41). Springer Vieweg.

9. Schmid, F., & Langerenken, D. (2014). Augmented reality and GIS: On the possibilities and limits of markerless AR. In Huerta, J., Schade, S., & Granell, C. (Hrsg.), *Connecting a digital europe through location and place.* Proceedings of the 17th AGILE International Conference on Geographic Information Science. https://agile-online.org/images/conferences/2014/documents/agile2014_87.pdf.

10. Schall, G., Zollmann, S., & Reitmayr, G. (2013). Smart Vidente: Advances in mobile augmented reality for interactive visualization of underground infrastructure. *Personal and Ubiquitous Computing, 17*(7), 1533–1549. https://doi.org/10.1007/s00779-012-0599-x.

11. Zamir, A. R., Hakeem, A., Van Gool, L., Shah, M., & Szeliski. R. (2018): *Large-scale visual geo-localization. Advances in computer vision and pattern recognition.* Springer.

12. Kim, K., Billinghurst, M., Bruder, G., Duh, H., & Welch, G. (2018). Revisiting trends in augmented reality research: A review of the 2nd decade of ISMAR (2008–2017). *IEEE Transactions on Visualization and Computer Graphics, 24*(11), 2947–2962. https://doi.org/10.1109/TVCG.2018.2868591.

13. Liu, R., Zhang, J., Chen, S., & Arth, C. (2019). Towards SLAM-Based outdoor localization using poor GPS and 2.5D building models. *IEEE International Symposium on Mixed and Augmented Reality (ISMAR2019),* (1–7). https://doi.org/10.1109/ISMAR.2019.00016.

14. Baatz G., Saurer O., Köser K., & Pollefeys M. (2012). Large scale visual geo-localization of images in mountainous terrain. In A. Fitzgibbon, S. Lazebnik, P. Perona, Y. Sato, & C. Schmid (Hrsg.), *Computer Vision – ECCV 2012. Lecture notes in computer science* (Vol. 7573, S. 517–530). Springer. https://doi.org/10.1007/978-3-642-33709-3_37.

15. Kilimann, J. E., Heitkamp, D., & Lensing, P. (2019). An augmented reality application for mobile visualization of GIS-Referenced landscape planning projects. *Proceedings of the 17th International Conference on Virtual-Reality Continuum and its Applications in Industry (VRCAI 2019)* (Artikel 23, S. 1–5). ACM. https://doi.org/10.1145/3359997.3365712.

16. Gazcón, N. F., Nagel, J. M. T., Bjerg, E. A., & Castro, S. M. (2018). Fieldwork in Geosciences assisted by ARGeo: A mobile augmented reality system. *Computers & Geosciences, 121,* 30–38. https://doi.org/10.1016/j.cageo.2018.09.004.

17. Soldati, F. (2020). *PeakFinder AR.* http://www.peakfinder.org/mobile.

18. Burkard, S., & Fuchs-Kittowski, F. (2020). User-Aided Global Registration Method using Geospatial 3D Data for Large-Scale Mobile Outdoor Augmented Reality. In *Proceedings of 2020 IEEE International Symposium on Mixed and Augmented Reality Adjunct (ISMAR2020)* (S. 104–109). https://doi.org/10.1109/ISMAR-Adjunct51615.2020.00041.

19. Gonzalez Lopez, J. M., Jimenez Betancourt, R. O., Ramirez Arredondo, J. M., Villalvazo Laureano, E., & Rodriguez Haro, F. (2019). Incorporating Virtual Reality into the Teaching and Training of Grid-Tie Photovoltaic Power Plants Design. *Applied Sciences, 9*(21), 4480. MDPI AG. https://doi.org/10.3390/app9214480.

20. Baumgartner, F., Carigiet, F., Staiger, P., Gundelsweiler, F., & Bachmann, B. (2020). *Augm ented Reality supporting the planning processes in PV plants.* https://www.zhaw.ch/storage/engineering/institute-zentren/iefe/News/Baumgartner_Hololens-abstract_EUPVSEC2020.pdf.
21. Benbelkacem, S., Belhocine, M., Bellarbi, A., Zenati-Henda, N., & Tadjine, M. (2013). Augmented reality for photovoltaic pumping systems maintenance tasks. *Renewable Energy, 55,* 428–437. https://doi.org/10.1016/j.renene.2012.12.043.

Ermittlung und Überprüfung der Datengrundlage für das Modell zur Einsparung von Treibhausgasen durch stoffliche Holznutzung im Bauwesen im Holzbau-GIS für die Stadt Menden

Philip Menz, Christian Jolk, Caya Zernicke, Annette Hafner und Andreas Abecker●

Zusammenfassung

Um Entscheidungsträger von Kommunen in die Lage zu versetzen, die erreichbaren Treibhausgaseinsparungen durch den Einsatz von Holz als Baumaterial in ihre kommunalen Klimaschutzkonzepte in Selbstverwaltung integrieren zu können, wurde ein Berechnungsmodell entwickelt, welches die potenziellen Treibhausgaseinsparungen abschätzt. In diesem Beitrag wird die Ermittlung der Datengrundlage für dieses Modell vorgestellt. Grundlage des Berechnungsmodells bilden Datensätze, mit denen die Gebäude der Beispielkommune (Menden in Nordrhein-Westfalen) möglichst detailliert beschrieben werden können. Unter Berücksichtigung der Anforderungen an die Daten eignen sich hierfür vor allem Daten des Amtlichen Liegenschaftskatasters

P. Menz (✉)
Umwelttechnik und Ökologie im Bauwesen, Ruhr-Universität Bochum, Bochum, Deutschland
E-Mail: philip.menz@rub.de

C. Jolk
GIS und Digitalisierung, Technische Hochschule Ostwestfalen-Lippe, Lemgo, Deutschland
E-Mail: christian.jolk@th-owl.de

C. Zernicke · A. Hafner
Ressourceneffizientes Bauen, Ruhr-Universität Bochum, Bochum, Deutschland
E-Mail: caya.zernicke@rub.de

A. Hafner
E-Mail: Annette.Hafner@rub.de

A. Abecker
Disy Informationssysteme GmbH, Karlsruhe, Deutschland
E-Mail: andreas.abecker@disy.net

© Der/die Autor(en), exklusiv lizenziert an Springer Fachmedien Wiesbaden GmbH, ein Teil von Springer Nature 2022
F. Fuchs-Kittowski et al. (Hrsg.), *Umweltinformationssysteme – Vielfalt, Offenheit, Komplexität,* https://doi.org/10.1007/978-3-658-39796-8_6

sowie ein 3d-Datensatz der Gebäude. Da das Gebäudealter aus diesen Datensätzen nicht bestimmt werden kann, wird die Ermittlung des Baualters anhand von historischen Orthophotos vorgenommen.

Schlüsselwörter

Holzbau · Kommunaler Klimaschutz · GIS-basierte Entscheidungsunterstützung

1   Einleitung

Mit rund 16 % zählt der Gebäudesektor in dem von der Bundesregierung veröffentlichten Klimaschutzbericht zu den größten jährlichen Treibhausgasemittenten in Deutschland [1]. Um die im Klimaschutzgesetz verabschiedete, rechtlich verbindliche Reduktion der Treibhausgasemissionen von 118 auf 67 Mio. Tonnen CO_2-Äquivalent im Gebäudesektor bis 2030 zu erreichen, sind weitere Einsparungen erforderlich.

Eine wichtige Maßnahme, die die Treibhausgasemissionen im Gebäudesektor reduzieren kann, ist der vermehrte Einsatz von Holz als Baustoff. Der nachwachsende Rohstoff ist für eine Vielzahl von Bauvorhaben einsetzbar. Der positive Klimaeffekt ergibt sich aus der temporären Kohlenstoffspeicherung im Holz sowie aus der Substitutionswirkung der mineralischen Baustoffe, welche einen wesentlich höheren ökologischen Fußabdruck besitzen [2].

Wissenschaftliche Untersuchungen, wie Bestandsgebäude energetisch saniert bzw. Neubauten mit möglichst geringem CO_2-Ausstoß während des Lebenszyklus gebaut werden können, können zahlreich gefunden werden [3, 4]. Dahingegen sind zum Zeitpunkt der Erstellung dieses Beitrags keine Studien bekannt, in denen das Treibhausgaseinsparpotenzial objektbezogen quantifiziert wird. In diese Forschungsfrage gliedert sich das Projekt Holzbau-GIS. In diesem wird ein Modell entwickelt, welches das Treibhausgaseinsparpotenzial durch die stoffliche Nutzung von Holz im Gebäudesektor der Stadt Menden berechnet [5].

Kern des Projekts ist ein Berechnungsmodell, welches anhand verschiedener Gebäudeeigenschaften die potenziellen Treibhausgaseinsparungen abschätzt. Um die potenziellen Einsparungen auf kommunaler Ebene berechnen zu können, ist zusätzlich zu dem Berechnungsmodell eine möglichst genaue Beschreibung der Gebäude der Stadt Menden nötig. Dazu werden primär deutschlandweit verfügbare Geodaten verwendet, um eine mögliche Übertragbarkeit auf andere Gebiete zu ermöglichen.

In dieser Arbeit wird die Ermittlung und Überprüfung dieser Datengrundlage vorgestellt. Neben den verwendeten Geodaten wird die Ermittlung eines weiteren erforderlichen Gebäudeparameters beschrieben, welcher aus den verwendeten Geodaten nicht ermittelt werden kann. Dazu werden in Abschn. 2 zunächst die zu ermittelnden Parameter sowie die Datenquellen, aus denen Attribute zu den Bestandsgebäuden der Stadt Menden ermittelt werden können, beschrieben. In Abschn. 3 wird exemplarisch die

Ermittlung der Baualtersklassen vorgestellt. Abschn. 4 stellt die Ergebnisse der Datengrundlagenermittlung dar. Eine Zusammenfassung und Einordnung in den Kontext des Gesamtprojektes ist Bestandteil des Abschn. 5.

2 Datengrundlage

In diesem Abschnitt werden Gebäudeparameter genannt, anhand derer das Treibhausgaseinsparpotenzial für Bestandsgebäude im Rahmen von Sanierungen abgeschätzt werden kann. Anschließend werden die verwendeten Datenquellen und deren Qualitätsüberprüfung vorgestellt. Die Datengrundlage bilden das Amtliche Liegenschaftskatasterinformationssystem (ALKIS) sowie die 3D Gebäudemodelle Level of Detail 2 (LoD2).

Bei der Auswahl der Geodaten sind verschiedene Anforderungen zu berücksichtigen. Neben der schon angesprochenen bundesweiten Verfügbarkeit ist die Aktualität der Geodaten ein wichtiges Auswahlkriterium. Zudem sind Datensätze zu wählen, die gebäudebezogene Attribute besitzen (ALKIS) beziehungsweise aus denen Gebäudeparameter abgeleitet werden können (LoD2).

2.1 Gebäudeparameter

Zu den wichtigsten Eigenschaften eines Gebäudes zählen die geometrischen Eigenschaften. Aus dem Umriss eines Gebäudes kann die Grundfläche einer Etage berechnet werden. Mithilfe der Gebäudehöhe können Rückschlüsse auf die Anzahl der Vollgeschosse gezogen werden. Aus der Grundfläche einer Etage und der Anzahl der Vollgeschosse kann die Bruttogrundfläche (BGF) ermittelt werden. Die BGF ist die Summe aller nutzbaren Grundflächen und bildet häufig die Einheit, auf die Kennwerte bezogen werden (Beispiel: kg_{CO2eq}/BGF).

Der Gebäudetyp (Einfamilienhaus, Reihenhaus, Mehrfamilienhaus etc.) ist ein weiterer Parameter, der für die Beurteilung des Sanierungspotenzials von Bedeutung ist. Dieser lässt sich aus der Lagebeziehung zu Nachbargebäuden sowie der Gebäudehöhe bestimmen.

Darüber hinaus interessant für die Abschätzung des Sanierungspotenzials ist der Dachtyp (Flachdach, Satteldach, Walmdach etc.). Je nach Dachtyp ändert sich der typische Aufbau und Materialeinsatz der Dachdämmung und somit auch die energetischen Kennwerte.

Die Gebäudenutzung ist wichtig für die Unterscheidung in Wohngebäude und Nichtwohngebäude, welche unter anderem hinsichtlich ihrer Struktur und Betriebsenergie Unterschiede aufweisen.

Das Baualter ist ein wichtiger Parameter zur Abschätzung des Sanierungspotenzials. Das Treibhausgaseinsparpotenzial nimmt mit zunehmenden Gebäudealter zu, da die in den Gebäuden eingesetzten Materialien und Techniken stetig weiterentwickelt wurden.

2.2 ALKIS

Die Abkürzung ALKIS steht für Amtliches Liegenschaftskatasterinformationssystem. Es umfasst die Informationen aus dem amtlichen Liegenschaftskataster, die für Menden im OpenData-Format vom Märkischen Kreis veröffentlicht werden und somit „von jedermann ohne jegliche Einschränkungen genutzt, weiterverbreitet und weiterverwendet werden dürfen" [6]. ALKIS wurde im Dezember 2015 für alle Bundesländer eingeführt und ist damit ein deutschlandweit einheitlicher Standard, welcher auf internationalen Standards und Normen basiert (ISO, OGC) [7]. Die öffentlich verfügbaren Daten des Liegenschaftskatasters, die mehrmals pro Jahr aktualisiert werden, umfassen im Wesentlichen folgende Bereiche:

- Amtliche Basiskarte
- Flurstückskoordinaten
- Gemarkungen und Fluren
- Grundrissdaten
- Hausumringe
- Landnutzung

Die Daten des Liegenschaftskatasters umfassen demnach verschiedene Informationen zu Gebäuden: Gebäudegrundfläche, Gebäudenutzung, Lage auf dem Flurstück etc. Der Einfachheit halber werden im Folgenden die gebäudebeschreibenden Datensätze des Liegenschaftskatasters als „ALKIS-Daten" bezeichnet. Eine visuelle Darstellung der Vektordaten ist in Abb. 2 gegeben.

Obwohl ALKIS-Daten einem einheitlichen Standard unterliegen, unterscheidet sich die Menge der in den Geodaten angegebenen Attribute je nach herausgebender Stelle. Für die Stadt Menden veröffentlicht der Märkische Kreis die ALKIS-Daten auf seiner Website. Im Vergleich zu den vom Land NRW veröffentlichten ALKIS-Daten, unterscheiden sich die beiden Datensätze hinsichtlich der Attribute, die den einzelnen Gebäuden zugeordnet werden. In Tab. 1 ist ein Ausschnitt der Attributtabelle des ALKIS-Datensatzes des Märkischen Kreises dargestellt. Neben einer Objekt-ID sind

Tab. 1 Attributtabelle der ALKIS-Datei des Märkischen Kreises (Ausschnitt)

Oid_1	Aktualit	Gebnutzbez	Funktion	Lagebeztxt
DENW08AL00005fGIBL	2010-12-08	Gebaeude	Wohngebäude	Fröndenberger Straße 195
DENW08AL00005fGOBL	2010-12-08	Gebaeude	Wohngebäude	Fröndenberger Straße 189
DENW08AL00005fHCBL	2015-10-19	Gebaeude	Gebäude für Wirtschaft oder Gewerbe	

Informationen zur Aktualität (Zeitpunkt des Einpflegens des jeweiligen Objekts in die Datenbank), Gebäudenutzung und Adresse gegeben. Im Vergleich zu den Daten des Märkischen Kreises fehlen im NRW-ALKIS-Datensatz die Spalten, die die Gebäudenutzung definieren.

ALKIS-Daten unterliegen einem deutschlandweiten Standard, einer regelmäßigen Pflege und Aktualisierung und besitzen den umfangreichsten Informationsgehalt zu Gebäuden. Trotz der je nach Bundesland variierenden Verfügbarkeit (zum Teil gegen Gebühr) bilden die Daten des Liegenschaftskatasters deshalb eine wichtige Grundlage für das Berechnungsmodell.

Der stetige Wandel des urbanen Raumes führt dazu, dass die ALKIS-Daten von einer hohen Dynamik geprägt sind. Diese Dynamik in den Gebäudedaten und die regelmäßigen Aktualisierungen legen den Verdacht nahe, dass es einen nicht zu vernachlässigenden Fehler in den ALKIS-Daten geben könnte. Aus diesem Grund wurde eine Qualitätsüberprüfung der ALKIS-Daten durchgeführt, um den datenimmanenten Fehler abschätzen zu können.

Qualitätsüberprüfung. Zur Ermittlung des Fehlers werden die ALKIS-Daten des Märkischen Kreises mit digitalen Orthophotos (DOP) verglichen. Hierbei sei angemerkt, dass sich eine nicht vermeidbare Ungenauigkeit aus dem zeitlichen Versatz der beiden Datensätze ergeben hat. Die überprüften ALKIS-Daten sind im Juli 2019 veröffentlicht worden; die DOP wurden im Juni 2018 aufgenommen.

Die Überprüfung hat ergeben, dass von den knapp 34.000 Gebäuden der ALKIS-Daten der Stadt Menden 0,81 % fehlerhaft sind (entspricht 274 Gebäuden). Fehlerhaft bedeutet in diesem Fall:

- Gebäude ist auf den DOP zu sehen, in den ALKIS-Daten jedoch nicht oder mit abweichendem Umriss
- Gebäude ist in den DOP nicht zu sehen, in den ALKIS-Daten jedoch vorhanden

Diese Fehler beschränken sich zu einem Großteil auf kleinere Objekte wie Garagen, Gartenhäuser, Carports oä. Eine detailliertere Betrachtung der fehlerhaften Gebäude ergibt, dass:

- 56 % der Fehler aus einem zeitlichen Verzug zwischen Neubau/Abriss eines Gebäudes und Eintragung in die ALKIS-Daten resultieren. Die Gebäude werden im Rahmen der regelmäßigen Updates in den Datensatz aufgenommen.
- 44 % der Fehler auf fehlende kleinere Gebäuden zurückzuführen sind.

2.3   LoD2

Die Level of Detail 2 (LoD2) -Daten sind von der Landesvermessung NRW abgeleitete, jährlich aktualisierte 3D-Gebäudemodelle. Im Gegensatz zum Level of Detail 1 (LoD1)

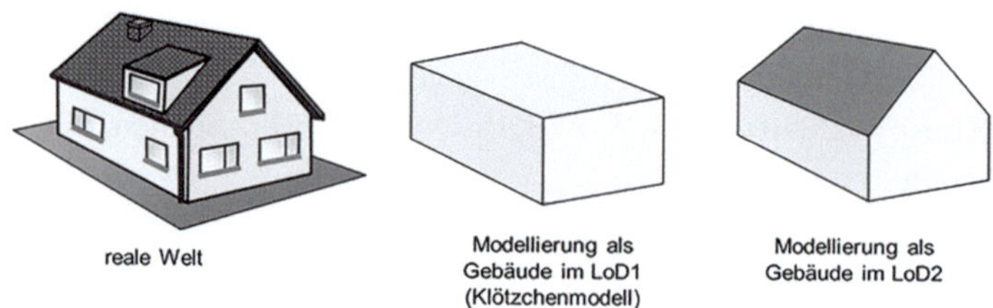

Abb. 1 Vergleich LoD1 und LoD2

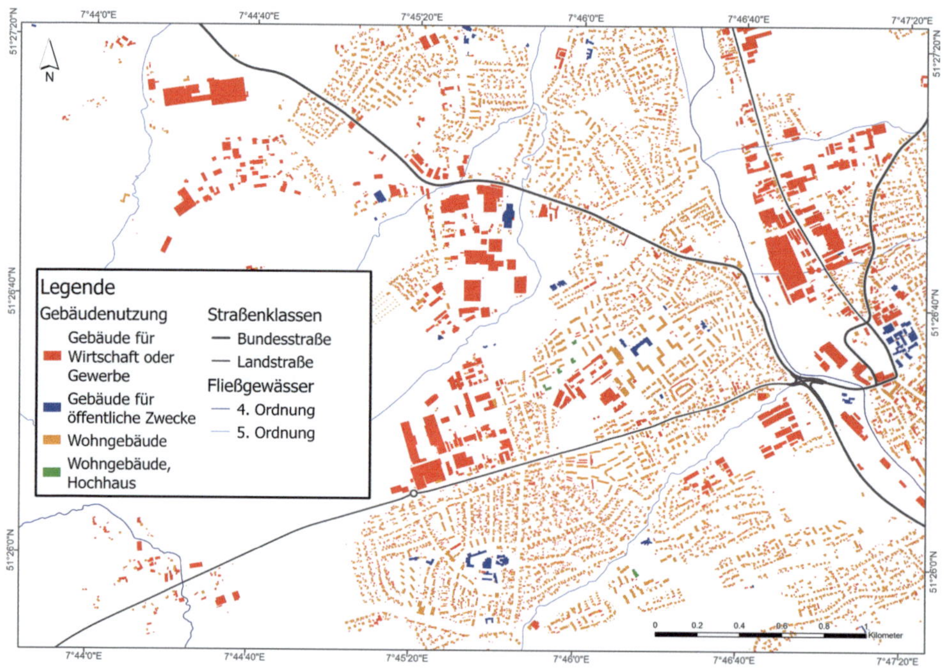

Abb. 2 ALKIS-Daten der Stadt Menden

-Datensatz, bei dem jedes Gebäude als Kubus dargestellt wird, erfolgt beim LoD2 die Modellierung anhand von Standarddachformen. Der Unterschied zwischen den LoD1 und LoD2-Daten wird in Abb. 1 dargestellt [8]. Für die vollautomatisierte Generierung der LoD2-Daten gehen Höheninformationen aus einem flugzeuggestützen Laserscanning, das digitale Geländemodell und ALKIS-Daten in die Berechnung ein. Ein Ausschnitt der LoD2-Daten ist in Abb. 3 zu sehen.

Die Darstellung in dreidimensionaler Form erlaubt die Ermittlung von geometrischen Angaben der Gebäude, wie bspw. der Höhe, geneigten Dachflächen oder der Gebäudeaußenfläche. Das vollautomatisierte Verfahren birgt jedoch Fehlerpotenzial, da nicht alle Gebäude und Dachformen korrekt abgeleitet werden können. Eine erste

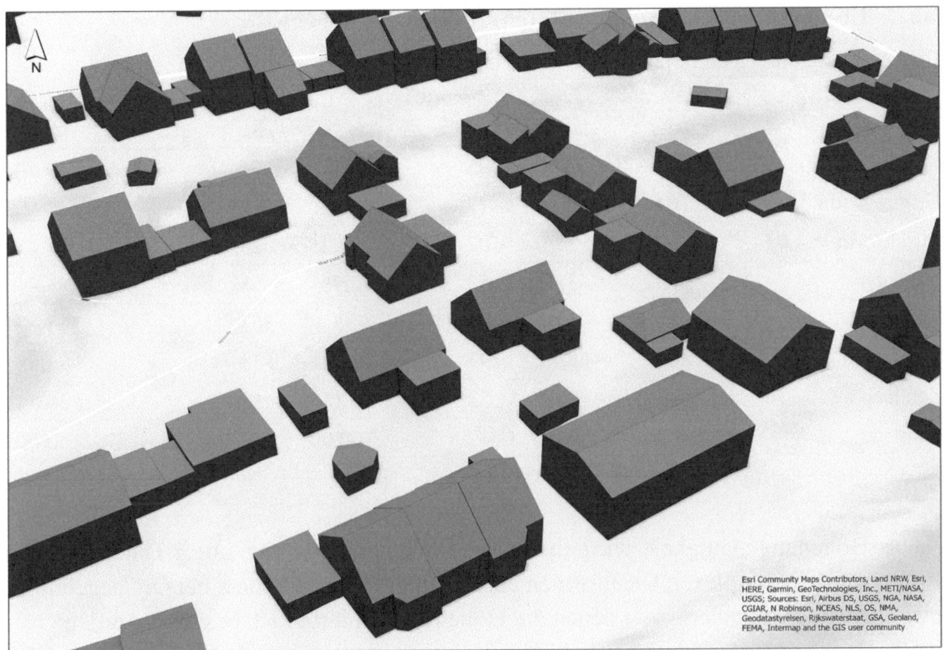

Abb. 3 LoD2-Daten der Stadt Menden

grobe Abschätzung ergibt, dass es innerhalb der Stadtgrenzen von Menden eine nicht unwesentliche Zahl von Abweichungen zwischen den LoD2- und ALKIS-Daten gibt. Aus diesem Grund wurde auch der LoD2-Datensatz auf seine Qualität überprüft.

Qualitätsüberprüfung. In einem ersten Schritt wurde der LoD2-Datensatz mit dem ALKIS-Datensatz, von dem der geringe Fehleranteil von 0,81 % bereits bekannt ist, verglichen. Die Abweichung beträgt etwa 18 % (entspricht etwa 6000 Gebäuden). Diese Abweichung resultiert primär aus zwei Gründen:

- Das Laserscanning, aus dem die LoD2-Daten abgeleitet werden, bietet eine Momentaufnahme und kann die Schnelllebigkeit der urbanen Gebäudestrukturen ohne regelmäßige Updates nicht präzise darstellen.
- Das vollautomatisierte Verfahren erkennt einige LKWs, Zelte, Abdeckplanen oder ähnliches als Gebäude.

Aufgrund des hohen prozentualen Fehlers dienen die LoD2-Daten nicht als Datengrundlage, sondern nur zur Berechnung von geometrischen Attributen, wie Gebäudehöhe, Form und Fläche der Dächer, Gebäudeaußenflächen etc. Die Genauigkeit der zu entnehmenden geometrischen Angaben wurden innerhalb von Stichproben überprüft.

Tab. 2 Überprüfung der Dachformen der LoD2-Daten

| Dachtypen im Stadtgebiet Menden | | | Überprüfung | | | |
| Dachform | Anzahl | | Überprüft | | Davon erfolgreich | |
	Abs	%	abs	%	abs	%
Flachdach	13.621	42.96	396	2.91	276	69.70
Krüppelwalmdach	164	0.52	77	46.95	77	100.00
Mischform	856	2.70	102	11.92	28	27.45
Pultdach	1197	3.78	153	12.78	55	35.95
Satteldach	14.864	46.88	495	3.33	363	73.33
Walmdach	860	2.71	193	22.44	138	71.50
Zeltdach	144	0.45	52	36.11	19	36.54
Sonstige	2	0.01	2	100.00	0	0.00

Die Höhenungenauigkeit wird in den Produktstandards der LoD2-Daten mit 1 m angegeben (bei komplexen Dachformen auch mehr) [9]. Dies konnte bei Ortsbegehungen sowie bei Baudenkmälern, von denen die Höhe recherchierbar ist, bestätigt werden.

Die Dachformen wurden durch Abgleich mit digitalen Orthophotos verglichen. Hierfür wurde von jedem im Stadtgebiet Menden vorkommenden Dachtyp mehrere Gebäude überprüft. Die Untersuchung zeigt deutlich, dass der prozentuale Fehler je nach Dachtyp stark variiert. Während Sattel- und Flachdächer zu ca. 70 % korrekt in den LoD2-Daten modelliert wurden, wurden Pult- und Zeltdächer lediglich zu ca. 35 % korrekt erkannt (siehe Tab. 2).

3   Bestimmung der Baualtersklasse

Die in Gebäuden eingesetzten Technologien und Materialien befinden sich in einem stetigen Weiterentwicklungs- und Anpassungsprozess. Ausgelöst werden diese Prozesse durch die Einführung neuer Materialien und Techniken sowie durch die Veränderungen der Kosten von natürlichen Ressourcen und menschlicher Arbeitskraft. Diese fortwährenden Anpassungsprozesse spiegeln sich in der breiten Vielfalt von Konstruktionsweisen im deutschen Gebäudebestand wider [10].

Die Wohngebäudetypologie des Instituts für Wohnen und Umwelt setzt die energetische Qualität von Gebäuden anhand bestimmter Parameter fest. Für eine Bewertung der Treibhausgaseinsparpotenziale der Gebäude in Menden ist die Ermittlung dieser Parameter eine der Hauptaufgaben im Projektverlauf. Aus den in Abschn. 2 vorgestellten Datenquellen können nicht alle Parameter generiert werden. Exemplarisch wird im Folgenden die Ermittlung eines Parameters vorgestellt, der aus den Grundlagendaten nicht generiert werden konnte: die Baualtersklasse.

Anhand des Baualters eines Gebäudes können typische Baueigenschaften und damit zusammenhängende Einsparpotenziale bestimmt werden. Aus datenschutzrechtlichen Bestimmungen ist das Baualter von Gebäuden nicht öffentlich verfügbar. Aus diesem Grund wurde eine Methode entwickelt, in der anhand von historischen digitalen Orthophotos (DOP) das Baualter der Gebäude in Menden generiert werden kann.

Die von der Bezirksregierung Köln bereitgestellten DOP decken den Zeitraum von 1945 bis 2018 in unregelmäßigen Zeitabständen ab. Zusätzlich unterscheiden die DOP sich hinsichtlich der Qualität – bspw. ist die Auflösung des DOP aus dem Jahr 1977 wesentlich höher als das DOP aus dem Jahr 1965.

Für die Jahre, in denen ein DOP vorliegt, wird manuell ein historischer Gebäudedatensatz erzeugt. Anschließend kann mithilfe von Geoinformationssystem-Werkzeugen eine Aussage zum Baualter getroffen werden. Ist beispielsweise ein Gebäude im DOP 1990 zu sehen, im DOP 1984 jedoch nicht, muss das Gebäude nach 1984 und vor 1990 erbaut worden sein (siehe Abb. 4).

Anschließend werden die historischen Gebäudedatensätze vereint. Mithilfe von Python-Bedingungsschleifen wird für jedes Gebäude ein Zeitraum generiert, in dem es erbaut wurde (siehe Tab. 3). Mit dieser gewonnenen Information kann für jedes Wohngebäude die jeweilige Baualtersklasse nach IWU (Institut für Wohnen und Umwelt) bestimmt werden [10].

Unsicherheiten in diesem Vorgehen entstehen vor allem aus der mit zunehmendem Alter abnehmenden Qualität der DOP. Bei den älteren DOP ist auch die individuelle Entscheidung, ob ein Gebäude vorhanden ist oder nicht, ein unsicherheitsfördernder Faktor.

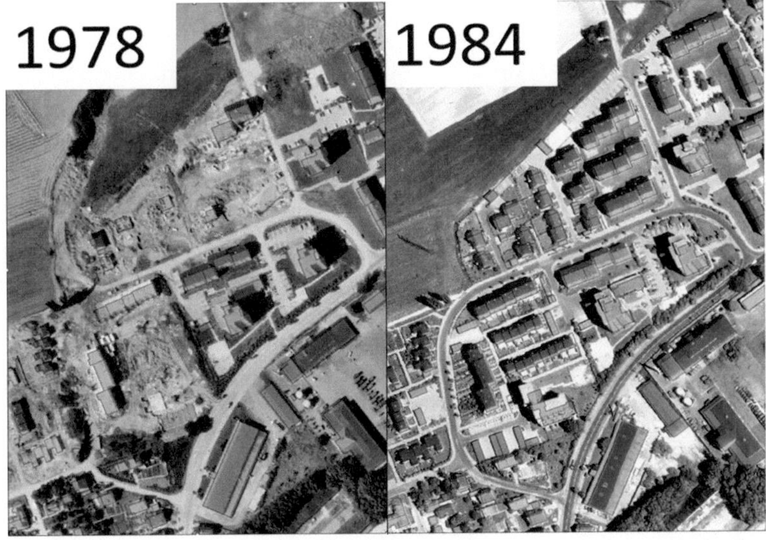

Abb. 4 Ermittlung der Baualtersklasse anhand der DOP

Tab. 3 Bestimmung der Baualtersklasse von Wohngebäuden

ID	In_1945	In_1954	In 1965	…	Bauzeitraum	Baualtersklasse
24.568	N	N	Y		Zwischen 1954 und 1965	E
54.861	Y	Y	Y		Vor 1945	C
54.466	Y	N	Y		Umbau zwischen 1945 und 1965	E

Qualitätsüberprüfung. Zwei Datensätze werden zur Überprüfung der ermittelten Baualtersklassen herangezogen: historische ALKIS-Daten und Bebauungspläne.

Der für das Jahr 2006 manuell erstellte Datensatz (histDOP2006) kann mit den historischen ALKIS-Daten aus Januar 2007 verglichen werden. Der Vergleich (siehe Tab. 4) zeigt, dass es eine Abweichung von 4147 Gebäuden gibt (entspricht 13,4 %). Die durchschnittliche Größe der fehlenden Gebäude von 51,9 m^2 legt die Vermutung nah, dass es sich hierbei vor allem um Gartenhäuser, Garagen, Carports oder andere Anbauten handelt. Diese Abweichung nimmt im Vergleich zu den darauffolgenden ALKIS-Daten ab.

Die Registrierung von kleineren Anbauten ins Amtliche Liegenschaftskataster findet demnach mit einer zeitlichen Verzögerung statt; einige Gebäude werden womöglich nie in den ALKIS-Daten erfasst. Da es sich hierbei jedoch vorwiegend um Gebäude handelt, die für die Einsparungen von Treibhausgasen weniger relevant sind, kann dieser zeitliche Verzug akzeptiert werden.

Der zweite Datensatz, der zur Überprüfung herangezogen werden kann, basiert auf den Bebauungsplänen der Stadt Menden. In Bebauungsplänen wird die zugelassene Nutzung eines Grundstücks festgesetzt. Das Datum des jeweiligen Bebauungsplans bildet eine Jahresgrenze, vor dem das auf dem Grundstück befindliche Gebäude nicht erbaut worden sein kann. Eine Ausnahme bilden Gebäude, die auf einem Bebauungsplan bereits zu sehen sind (bspw. am Rand), die zum Zeitpunkt der Erstellung des Bebauungsplans demnach bereits existierten. Diese Informationen wurden aus den einzelnen Bebauungsplänen extrahiert und digitalisiert.

Anschließend kann für die Gebäude, die auf einem der über 230 Bebauungsplänen der Stadt Menden [11] identifizierbar sind, das ermittelte Baualter auf Plausibilität überprüft werden (siehe Abb. 5). Auf diese Weise können 2863 Gebäude kontrolliert

Tab. 4 Vergleich der manuell erstellten Daten (histDOP2006) mit den historischen ALKIS-Daten

1	2	Anzahl Gebäude nur in 1 (Ø m^2)	Abweichung in %
histDOP2006	ALKIS2007	4157 (51,9)	13.4
histDOP2006	ALKIS2008	4008 (46,8)	13.0
histDOP2006	ALKIS2012	2774 (32,8)	9.0
histDOP2006	ALKIS2017	1279 (37,6)	4.1

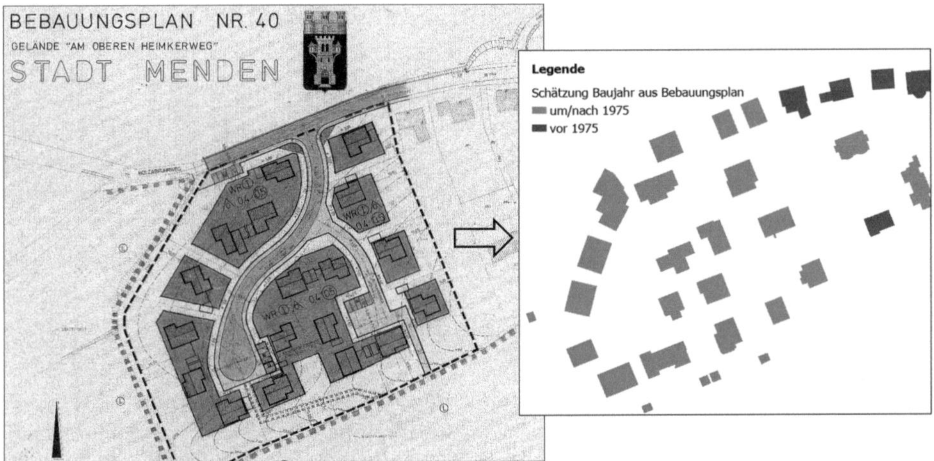

Abb. 5 Plausibilitätskontrolle des Baualters anhand vom Bebauungsplänen

werden, davon stimmt bei 2662 Gebäuden die ermittelte Baualtersklasse mit dem aus den Bebauungsplänen abgeleiteten Bauzeitraum überein. Das entspricht einer Übereinstimmung in 93 % der überprüften Fälle.

4 Ergebnisse

Um die im Klimaschutzgesetz rechtlich verbindliche Reduzierung der Treibhausgasemissionen um 65 % (bezogen auf 1990) bis 2030 zu erreichen, sind weitere Einsparungen notwendig. Für den Gebäudesektor ist der vermehrte Einsatz von Holz als Baustoff ein geeignetes Mittel. Das Forschungsprojekt Holzbau-GIS bietet der Beispielkommune Menden die Möglichkeit, für die Szenarien Sanierung und Neubau die potenziellen Treibhausgaseinsparungen zu quantifizieren.

Für die Erstellung des Sanierungspotenzials ist eine möglichst genaue Beschreibung der Gebäude wichtig. Aus den ALKIS- und LoD2-Daten können bereits einige Gebäudeparameter ermittelt werden: Gebäudegrundfläche, Gebäudenutzung, Gebäudehöhe, Dachfläche etc. Die Qualitätsüberprüfung dieser beiden Datensätze ergibt, dass die ALKIS-Daten im Allgemeinen einen sehr geringen und die LoD2-Daten einen im Vergleich dazu höheren Fehleranteil besitzt.

Für die Bewertung des energetischen Stands von Gebäuden ist zudem das Gebäudealter eine essentielle Information. Da das Gebäudealter aus den ALKIS- bzw. LoD2-Daten nicht ermittelt werden kann, wurden hierfür historische digitale Orthophotos verwendet. Weitere Parameter wie der Gebäudetyp oder die Gebäudeaußenfläche können aus den ALKIS- bzw. LOD2-Daten abgeleitet werden.

Um einen Transfer des Tools für andere Kommunen zu ermöglichen, ist bei der Auswahl der Datengrundlage berücksichtigt worden, dass die verwendeten Daten deutschlandweit einheitlich vorhanden sind. Dies ist bei den ALKIS sowie LoD2-Daten gewährleistet. Die Ermittlung der Baualtersklasse basiert jedoch auf historischen DOP, von denen die deutschlandweite Verfügbarkeit angezweifelt werden kann. Bei Fehlen dieser historischen Daten kann die Anwendung anderer Ansätze geprüft werden, die auf Machine-Learning-Modellen beruhen [12, 13].

5 Zusammenfassung und Einordnung der Ergebnisse

Entscheidungsträger der Kommune sollen in die Lage versetzt werden, die Verwendung von Holz im Gebäudesektor im Hinblick auf Treibhausgaseinsparpotenziale quantifizieren zu können. Hierfür wurde ein Web-Geoinformationssystem entwickelt, in dem die vorgestellte Datengrundlage sowie verschiedene Berechnungs- und Visualisierungsapplikationen integriert sind. Grundsätzlich besteht das entwickelte Geoinformationssystem aus verschiedenen Karten und Kohlenstoffrechnern.

Neben den Karten zum Gebäudebestand der Stadt Menden werden auch Karten zu Themengebieten wie Biodiversität, Naturschutzflächen, regionale Waldflächen sowie weiterer raumplanerisch relevanter Bereiche implementiert. Die im Web-Geoinformationssystem dargestellten Karten decken folgende Themenbereiche ab:

Basisdaten	Räumliche Gesamtplanung
• Gebäude	• Bauleitplanung
– Gebäudenutzung	– Regionalplan
– Dachtyp	– Flächennutzungsplan
– Baudenkmal	– Bebauungsplan
– Gebäudeeigentum	• Fachplanung
• Gebäudetypologie	– Wald (Art, Funktion, Dürreempfindlichkeit)
– Gebäudealter	– Schutzgebiete (Natur-, Landschafts-, Wasserschutzgebiete, Biotope)
– Wohngebäudetypologie	
• Landnutzung	

Die Berechnungs- und Visualisierungsapplikationen stellen die Treibhausgaseinsparungen für Neubau- und Sanierungsszenarien dar. Das dafür entwickelte Modell berechnet anhand der ermittelten Gebäudeparameter (Sanierung) sowie benutzerdefinierten Eingabewerten (Neubau) die entsprechenden Treibhausgasemissionen. Die in Abschn. 2 vorgestellten Eingangsdaten sowie weitere ermittelte Gebäudeparameter (z. B. Baualtersklasse in Abschn. 3) gehen vor allem in die Berechnung der Sanierungsszenarien ein, um den aktuellen energetischen Stand der Gebäude zu ermitteln. Im Szenario Neubau werden die Emissionen für mineralische und holzbasierte Bauweisen gegenübergestellt und zusätzlich die temporäre Kohlenstoffspeicherung im

Holz visualisiert. Für nähere Informationen zu den Ökobilanzierungen wird auf die abgeschlossenen Forschungsprojekte des Lehrstuhls für Ressourceneffizientes Bauen (beispielsweise „THG-Holzbau" [2]) verwiesen.

Danksagung Die vorgestellten Arbeiten wurden im Rahmen des Projekts „Holzbau-GIS: Modell zur nachhaltigen Einsparung von Treibhausgasen durch stoffliche Holznutzung im Bauwesen" mit finanzieller Unterstützung des Waldklimafonds aus Mitteln des Bundesministeriums für Ernährung und Landwirtschaft und des Bundesministeriums für Umwelt, Naturschutz, nukleare Sicherheit und Verbraucherschutz (FKZ: 22WK313101) durchgeführt.

Literatur

1. Bundesministerium für Umwelt, Naturschutz und nukleare Sicherheit. (2021). *Klimaschutzbericht 2021*. https://dserver.bundestag.de/btd/20/000/2000047.pdf.
2. Hafner, A., Rüter, S., Ebert, S., Schäfer, S., König, H., Cristofaro, L., Diederichs, S., Kleinhenz, M., & Krechel, M. (2017). *Treibhausgasbilanzierung von Holzgebäuden-Umsetzung neuer Anforderungen an Ökobilanzen und Ermittlung empirischer Substitutionsfaktoren (THG-Holzbau)*. https://www.ruhr-uni-bochum.de/reb/mam/content/thg_bericht-final.pdf.
3. Oehler, S. (2018). *Emissionsfreie Gebäude. Das Konzept der „Ganzheitlichen Sanierung" für die Gebäude der Zukunft*. Springer Fachmedien.
4. Richarz, C., & Schulz, C. (2011). *Energetische Sanierung*. DETAIL.
5. Fachagentur Nachwachsende Rohstoffe. (2020). *Projekte*. Bundesministeriums für Ernährung und Landwirtschaft. https://www.waldklimafonds.de/foerderung/ausgewaehlte-projekte/projekte/holzbaug-gis-einsparungen-von-treibhausgasen-durch-bauen-und-sanieren-mit-holz.
6. Märkischer Kreis. (2022). *Open Data Märkischer Kreis*. Märkischer Kreis Geodatenportal. https://gdi2.maerkischer-kreis.de/opendata.html.
7. AdV (Arbeitsgemeinschaft der Vermessungsverwaltungen der Länder der Bundesrepublik Deutschland). (2022). *Amtliches Liegenschaftskatasterinformationssystem*. https://www.adv-online.de/AdV-Produkte/Liegenschaftskataster/ALKIS/.
8. Bezirksregierung Köln. (2022). *3D-Gebäudemodelle*. https://www.bezreg-koeln.nrw.de/brk_internet/geobasis/3d_gebaeudemodelle/index.html.
9. Arbeitsgemeinschaft der Vermessungsverwaltungen der Länder der Bundesrepublik Deutschland (AdV). (2021). *Produkt- und Qualitätsstandard für 3d-Gebäudemodelle*. https://sg.geodatenzentrum.de/web_public/gdz/dokumentation/deu/LoD2-DE_Produktstandard%20_fuer_3D-Gebaeudemodelle.pdf.
10. IWU (Institut Wohnen und Umwelt). (2015). *Deutsche Wohngebäudetypologie*. Wiesbaden: Institut Wohnen und Umwelt. https://www.iwu.de/fileadmin/publikationen/gebaeudebestand/episcope/2015_IWU_LogaEtAl_Deutsche-Wohngeb%C3%A4udetypologie.pdf.
11. Abteilung für Planung und Bauordnung (2022). *Bebauungspläne der Stadt Menden*. Stadt Menden. https://www.menden.de/leben-in-menden/stadtplanung-bauen-verkehr/stadtplanung/bebauungsplaene-und-satzungen/.

12. Biljecki, F., & Sindram, M. (2017). Estimating building age with 3D GIS. *ISPRS Annals of the Photogrammetry, Remote Sensing and Spatial Information Sciences, Volume IV-4/W5*, 17–24. https://doi.org/10.5194/isprs-annals-IV-4-W5-17-2017.
13. Rosser, J. F., Boyd, D. S., Long, G., Zakhary, S., Mao, Y., & Robinson, D. (2019). Predicting residential building age from map data. *Computers, Environment and Urban Systems, 73*, 56–67. https://doi.org/10.1016/j.compenvurbsys.2018.08.004.

Nutzung von OGC API Features und OGC SensorThings API zur INSPIRE-konformen Bereitstellung von Umweltdaten

Simon Jirka⬤, Antje Kügeler und Marco Hohmann

Zusammenfassung

Dieser Artikel diskutiert die Frage, wie mithilfe der OGC-Standards SensorThings API und OGC API Features eine leichtgewichtige und gleichzeitig INSPIRE-konforme Bereitstellung von Umweltdaten erfolgen kann. Hierbei wird der entwicklerfreundliche Charakter dieser neuen Generation von Standards genutzt. Anhand eines Beispiels aus dem Bereich der Messung von Luftqualitätsdaten wird die praktische Nutzbarkeit untersucht. Im Zuge des vorgestellten Lösungsansatzes wird die OGC SensorThings API verwendet, um Messdaten bereitzustellen, während die zugehörigen Stationsdaten über die OGC API Features ausgeliefert werden. Gleichzeitig wird ein Ansatz präsentiert, wie eine Verlinkung zwischen diesen beiden Datensätzen erfolgen kann, um eine nahtlose, gemeinsame Exploration beider Typen von Daten zu ermöglichen. Aufbauend auf diesem Konzept erfolgt eine Evaluierung mithilfe etablierter Software-Pakete wie FME, 52°North Sensor Web Server, ldproxy und GeoServer. Dieser Ansatz kann einerseits als Anregung für ähnliche Vorhaben dienen

S. Jirka (✉)
52°North GmbH, Münster, Deutschland
E-Mail: jirka@52north.org

A. Kügeler
con terra GmbH, Münster, Deutschland
E-Mail: a.kuegeler@conterra.de

M. Hohmann
Geodatenmanagement, Umweltbundesamt, Berlin, Deutschland
E-Mail: marco.hohmann@uba.de

F. Fuchs-Kittowski et al. (Hrsg.), *Umweltinformationssysteme – Vielfalt, Offenheit, Komplexität,* https://doi.org/10.1007/978-3-658-39796-8_7

und demonstriert gleichzeitig, dass mit vergleichsweise geringem Aufwand praktische Vorteile aus aktuellen Entwicklungen im Rahmen von INSPIRE gezogen werden können.

Schlüsselwörter

INSPIRE · OGC API · OGC SensorThings API · Umweltdaten

1   Einleitung

Aufgrund der stetig zunehmenden Bedeutung von Umweltdaten ist aktuell ein hohes Maß an relevanten Entwicklungen sowohl in politischer als auch technischer Hinsicht zu beobachten. Mit dem Green Deal [1] soll Umweltzerstörung und Klimawandel begegnet werden, indem der Übergang zu einer modernen und ressourceneffizienten Wirtschaft geschaffen wird. Für die Verwirklichung dieser Ziele sollen Daten, insbesondere Umwelt- und Geodaten, eine besondere Rolle spielen. Dies wird beispielsweise in der Europäischen Strategie für Daten [2] und der Neufassung der Open-Data-Richtlinie [3–5] deutlich. Ebenso zu beachten ist in diesem Punkt die aktuelle Weiterentwicklung der INSPIRE-Direktive [6], welche den Aufbau einer Europäischen Geodateninfrastruktur reguliert. Ziel ist hierbei insbesondere einen Beitrag zu den Green-Deal-Aktivitäten zu leisten [7–9].

Gleichzeitig ist in technischer Hinsicht eine neue Generation von Standards entstanden, insbesondere die neue OGC API-Standardfamilie [10] des Open Geospatial Consortiums (OGC) sowie die OGC SensorThings API [11], welche die Bereitstellung und Nutzung von Geodaten stark vereinfachen sollen.

Im Rahmen dieses Beitrages wird diskutiert, wie eine kombinierte Nutzung dieser beiden modernen Spezifikationen für die INSPIRE-konforme Bereitstellung von Umweltdaten am Beispiel von Luftqualitätsdaten erfolgen kann. Hierbei liegt der Fokus insbesondere auf der Verknüpfung der beiden Standards, um eine nahtlose Integration von Geometrie- und Messdaten zu ermöglichen und somit die Nutzbarkeit der Daten weiter zu steigern. Zu diesem Zweck werden die vorhandenen Datenmodelle im Hinblick auf ihre Verknüpfbarkeit untersucht und ein entsprechendes Mapping definiert. Zur Evaluierung dieses Lösungsansatzes erfolgte eine praktische Umsetzung anhand verschiedener etablierter Software-Pakete.

Im weiteren Verlauf dieses Beitrages erfolgt in Abschn. 2 zunächst ein Blick auf den aktuellen Stand der Forschung. Hierbei wird insbesondere auf die technischen Entwicklungen im Bereich der Standardisierung eingegangen. Daran anschließend wird in Abschn. 3 beschrieben, wie Datenmodelle für Luftqualitätsmessdaten und zugehörige Stationsdaten anhand der aktuellen Spezifikationen kodiert und miteinander verknüpft werden können. Die zur Evaluierung dieses Ansatzes durchgeführte Implementierung wird in Abschn. 4 vorgestellt. Eine Diskussion der gewonnenen Ergebnisse erfolgt in Abschn. 5 während der Beitrag in Abschn. 6 mit einer Zusammenfassung und Empfehlungen für weitere, zukünftige Arbeiten schließt.

2　Stand der Forschung und Technik

Sensormessungen wie z. B. Daten über Schadstoffkonzentrationen besitzen eine große Bedeutung für verschiedene Fachdisziplinen. Um einen einfachen Zugriff auf diese Art von Daten, auch über Ländergrenzen hinweg, zu ermöglichen, bestehen entsprechende Empfehlungen im Rahmen der europäischen INSPIRE-Direktive [6] und ihrer zugehörigen Technical-Guidance-Dokumente. Dies umfasst sowohl die Bereitstellung von Daten zu entsprechenden Messstationen (sogenannte Environmental Monitoring Facilities) [12] als auch den Zugriff auf die eigentlichen Messdaten [13].

Bislang verweisen die entsprechenden Technical-Guidance-Dokumente insbesondere auf den OGC Web Feature Service-Standard [14] für die Geometriedaten der Messstandorte und den OGC Sensor Observation Service-Standard für die Messdaten [15]. Allerdings ist festzustellen, dass die Umsetzung und Nutzung dieser Dienste-Schnittstellen hinter den Erwartungen zurückbleiben. Ein wichtiger Grund hierfür ist sicherlich die vergleichsweise hohe Komplexität der Standards und der damit verbundene Implementierungsaufwand.

Um dieser Herausforderung zu begegnen, bestehen in der INSPIRE-Community bereits seit einiger Zeit Bestrebungen alternative Lösungsansätze zu etablieren. Dies umfasst beispielsweise die Nutzung von JSON anstelle von XML [16], wodurch die Nutzung der Daten in Web-Applikationen vereinfacht wird. Ebenso sind sogenannte Good-Practice-Dokumente entstanden, welche die Nutzung leichtgewichtigerer REST-Schnittstellen empfehlen. Für Geometrie-Daten ist hier insbesondere die Good-Practice-Empfehlung zur OGC API Features als INSPIRE-konformer Download-Dienst [17] zu nennen sowie für Sensordaten die OGC SensorThings API-Schnittstelle [18].

Für die Bereitstellung von Umweltmessdaten, bietet die OGC SensorThings API [11] einen Lösungsansatz. Diese Spezifikation stellt ein Datenmodell zur Verfügung, mit dem Sensoren, Datenströme und Messdaten repräsentiert werden. Gleichzeitig wird definiert, wie die im Datenmodell spezifizierten Konzepte und Inhalte mithilfe von JSON kodiert werden können. Vervollständigt wird dies mit einer auf dem OData-Standard [19, 20] aufbauenden Spezifikation, die das Erzeugen, Modifizieren, Löschen und Abrufen von SensorThings-API-Entitäten mit Hilfe einer REST-Schnittstelle festlegt. Zum Verständnis der nachfolgenden Erläuterungen, sollen im Folgenden die wichtigsten Bestandteile des SensorThings API-Datenmodells kurz erläutert werden:

- Thing: Ein Thing ist ein physisches oder konzeptionelles Objekt, welches in Kommunikationsnetze eingebunden ist und welches über eine Anzahl von Sensoren verfügt.

- Location: Ein Ort, an dem sich ein Thing befindet; vergangene Standorte eines Things werden als sogenannte Historical Locations repräsentiert.
- Observed Property: Die Messgröße, welche durch einen Sensor erhoben wird. Wenn möglich sollte ein Observed Property über ein Vokabular formal definiert werden, um ein grundlegendes Maß an semantischer Interoperabilität zu erreichen.
- Sensor: Ein Sensor ist ein Instrument, das ein Observed Property mit dem Ziel beobachtet, dieses zu messen. Alternativ kann es sich hierbei auch um virtuelle Prozesse handeln, welche die Messwerte aus anderen Größen ableiten (z. B. Durchschnittsbildung).
- Observation: Eine Observation ist eine konkrete Messung bzw. Bestimmung des Wertes eines Observed Properties. Eine Observation besitzt insbesondere folgende Attribute:
  - Messwert
  - Zeitstempel, der eine zeitliche Referenz für den Messwert sicherstellt
  - Verweis auf das zugehörige Feature of Interest (siehe unten)
  - Optional: Zeitstempel, der angibt, wann die Messung veröffentlicht wurde
- Feature Of Interest: Eine Beobachtung führt dazu, dass einem Observed Property ein Wert zugewiesen wird, welcher sich auf ein bestimmtes Geoobjekt bezieht. Dieses Geoobjekt wird als Feature Of Interest bezeichnet.
- Datastream: Ein Datastream fasst eine Sammlung von Observations zusammen, die dasselbe Observed Property messen und von demselben Sensor erzeugt werden. Wichtige Angaben, die in einem Datastream enthalten sein müssen, sind:
  - Zeitperiode, für die der Datastream Daten enthält
  - Verweis auf das Observed Property
  - Maßeinheit der Messungen

Zur Bereitstellung von klassischen vektorbasierten Geodaten empfiehlt sich dagegen die OGC API Features [21]. Im Gegensatz zur OGC SensorThings API, welche auf dem OData-Standard beruht, basiert die OGC API Features, wie auch der Rest der OGC API-Standardfamilie, auf dem OpenAPI-Standard [22]. Trotz dieses Unterschieds ist eine kombinierte Nutzung beider Standards möglich. Da die OGC API Features ein deutlich größeres Spektrum an möglichen Daten abdecken können muss, ist die Spezifikation des Datenmodells der OGC API Features weniger eng gefasst. Wichtig ist jedoch festzuhalten, dass GeoJSON [23] für die OGC API Features als häufig genutztes Ausgabeformat eine besondere Bedeutung hat.

Um die Kodierung der Messstationsinformationen mit Hilfe von GeoJSON, und damit auf die Ausgaben der OGC API Features, zu spezifizieren, bestehen bereits nachnutzbare Empfehlungen aus der INSPIRE Community in der sogenannten GeoJSON Encoding Rule for INSPIRE Environmental Monitoring Facilities [24]. Diese Empfehlungen beschreiben Lösungsansätze, wie die Informationen über Messstationen sinnvoll in Form von GeoJSON-Dokumenten bereitgestellt werden können. Aus diesem Grunde baut der im folgenden Kapitel beschriebene Ansatz auf diesen Vorarbeiten auf.

3   Vorgehen und Methodik

Die OGC SensorThings API sowie die OGC API Features (siehe oben) bieten relevante Ansätze, um Umweltmessdaten und Stationsdaten effizient bereitzustellen. Daher wurde im Rahmen eines gemeinsamen Projekts mit dem Umweltbundesamt geprüft, wie diese Standards praktisch genutzt werden können.

Während für die Bereitstellung der Stationsdaten mit der GeoJSON Encoding Rule for INSPIRE Environmental Monitoring Facilities [24] bereits ein weitgehend ausspezifizierter Ansatz zur Verfügung stand, musste zusätzlich auch ein Mapping entwickelt werden, welches die beim Umweltbundesamt vorhandenen Luftqualitätsmessdaten auf das Datenmodell der OGC SensorThings API abbildet. Das entwickelte Mapping umfasst insbesondere folgende Aspekte:

- Thing: Luftqualitätsmessstationen werden als Thing repräsentiert.
- Location: Hierbei handelt es sich um die Standorte der einzelnen Luftqualitätsmessstationen.
- Observed Property: Hierbei kann direkt auf die jeweiligen Messgrößen verwiesen werden (z. B. Ozonkonzentration). Als Vokabular kann auf ein Angebot der Europäischen Umweltagentur zurückgegriffen werden, welches im Rahmen der etablierten Reporting-Workflows verwendet wird (für die Ozonkonzentration z. B.: https://dd.eionet.europa.eu/vocabularyconcept/aq/pollutant/7/view).
- Sensor: Hierüber werden die einzelnen Sensortypen der Messstationen beschrieben (z. B. Sensor zur Messung der Ozonkonzentration).
- Observation: Hier ist eine direkte Abbildung auf die einzelnen durchgeführten Messungen möglich.
- Feature of Interest: Im Zuge des Reportings von Luftqualitätsdaten an die Europäische Umweltagentur ist dies als die Luftblase definiert, welche den jeweiligen Sensor umgibt und bei der Messung untersucht wird.
- Datastream: Dieser entspricht den einzelnen Zeitreihen (Beispiel: Sammlung von Ozonkonzentrationsmessungen eines spezifischen Sensors an einer bestimmten Messstation innerhalb einer festgelegten Zeitspanne).

Nachdem nun für beide Arten von Daten, d. h. Messdaten und Stationsdaten, eine Abbildung auf die OGC-Standards bereitsteht, wird im nächsten Schritt sichergestellt, dass die notwendigen Beziehungen zwischen beiden Datenbeständen hergestellt werden. Abb. 1 stellt dar, wie die beiden zuvor genannten Standards gemeinsam genutzt werden können. Im Falle der Luftqualitätsdaten erfolgt die Bereitstellung der Informationen zu Messstationen über die OGC API Features. Für den Download der eigentlichen Messdaten zur Luftqualität wird die OGC SensorThings API verwendet.

Die Informationen über die Messstationen werden mithilfe von OGC API Features-Diensten in Form von GeoJSON-Dokumenten zum Download bereitgestellt.

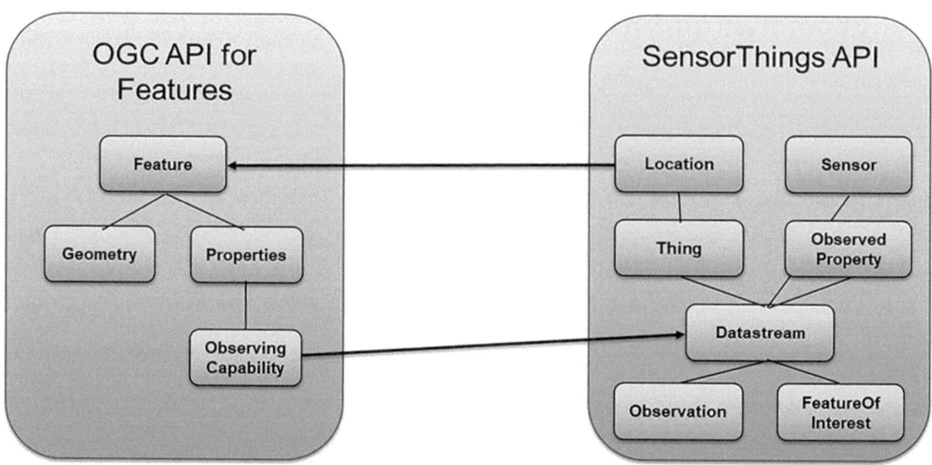

Abb. 1 Schematische Darstellung der kombinierten Nutzung von OGC API Features und OGC Sensor-Things API

Hierbei werden die Attribute aus der INSPIRE Environmental Monitoring Facilities-Spezifikation (z. B. INSPIRE ID, EU Station Code) entsprechend der GeoJSON-Encoding-Regeln kodiert [24]. Eine besondere Bedeutung kommt jedoch den sogenannten Observing Capabilities zu. Mit diesem Attribut ist es möglich, Datensätze zu beschreiben, welche von der jeweiligen Messstation geliefert werden. Zu diesem Zweck umfasst das Observing Capabilities-Attribut folgende untergeordnete Attribute, um einen solchen Datensatz eindeutig zu identifizieren:

- Observed Property
- Feature of Interest
- Sensor
- Weitere Angaben wie die Zeitspanne, für welche die Daten vorliegen

Da diese Angaben eine 1:1-Abbildung auf die Datastreams ermöglichen, kann in den Stationsdaten für das Attribut ObservingCapability direkt auf die entsprechenden Datenströme der SensorThings API verlinkt werden. Somit ermöglicht das ObservingCapabilities-Attribut eine Verknüpfung der einzelnen Messstationen mit den zugehörigen Messdatenströmen, welche ggf. über separate Instanzen der OGC SensorThings API ausgeliefert werden.

Ebenso ist eine Verknüpfung in der entgegengesetzten Richtung möglich. Wie bereits dargestellt, verfügt der Output der OGC SensorThings API über den Ressourcentyp Location. Dies entspricht den Standorten der einzelnen Luftqualitätsmessstationen. Somit kann in den Ausgaben der SensorThings API, im Falle der Location-Objekte auf die entsprechenden Stationen als Output der OGC API Features verlinkt werden.

Somit besteht nun eine vollständige Abbildung der Messdaten und Stationsdaten auf entsprechende JSON-Encodings sowie eine bidirektionale Verknüpfung zwischen beiden Typen von Daten.

4 Umsetzung und Evaluierung

Nach der Erstellung des Datenmodells erfolgte zur Evaluierung des Ansatzes eine praktische Umsetzung in Kooperation mit dem Umweltbundesamt. Hierbei wurden zur Umsetzung der OGC API Features als alternative Implementierungen die Software ldproxy sowie GeoServer eingesetzt. Die Umsetzung der OGC SensorThings API erfolgte auf Basis des 52°North Sensor Web Servers in Kombination mit einer PostgreSQL-Datenbank.

Abb. 2 bietet einen Überblick über das für die Evaluierung verwendete Setup. Ausgangpunkt ist die Bereitstellung von Luftqualitätsdaten durch das Umweltbundesamt. Hierbei handelt es sich um Daten der Datenströme D (air quality assessment methods – measurements) und E1a (air quality time series – primary validated assessment data) bzw. E2a (air quality time series – primary up-to-date assessment data), welche in den Spezifikationen zum E-Reporting von Luftqualitätsdaten an die Europäische Umweltagentur definiert werden [25]. Diese Daten werden mithilfe einer Instanz der Software FME Server, einem sogenannten Extract-Transform-Load-Werkzeug, ausgelesen und interpretiert. Anhand eines im Zuge der Implementierung definierten Mappings werden die Daten der Datenströme E1a und E2a in eine PostgreSQL-Datenbank abgelegt, welche das Datenmodell des 52°North Sensor Web Servers enthält und für diesen als Datenquelle dient.

Die Daten des Datenstroms D werden dagegen in weitere Datenbanken eingefügt, welche das Datenmodell des Datenstroms D abbilden und jeweils als Datenquelle für den ldproxy und den GeoServer dienen. Hierbei können verschiedene Datenbank-Implementierungen eingesetzt werden. Im Zuge der Evaluierung wurde auch hier auf PostgreSQL zurückgegriffen.

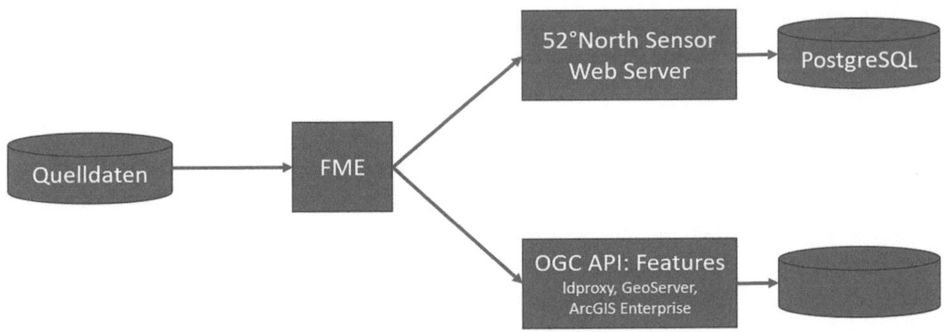

Abb. 2 Überblick über die praktische Umsetzung zur Evaluierung

```json
{
  "@iot.count":1,
  "value":[
    {
      "@iot.id":"STA.DE_DEBB021",
      "@iot.selfLink":"https://sfsdiextern.conterra.de/52n-sensorthings-webapp/Locations(STA.DE_DEBB021)",
      "name":"Potsdam-Zentrum",
      "description":"DEBB021",
      "encodingType":"application/vnd.geo+json",
      "location":{
        "type":"Point",
        "coordinates":[
          13.059945,
          52.401352
        ],
        "crs":{
          "type":"name",
          "properties":{
            "name":"EPSG:4326"
          }
        }
      },
      "properties":{
        "emf":"https://sfsdiextern.conterra.de/ldproxy/rest/services/aqd_stations_v2/collections/stations/items?inspireId_localID=STA_DEBB021"
      },
      "Things@iot.navigationLink":"https://sfsdiextern.conterra.de/52n-sensorthings-webapp/Locations(STA.DE_DEBB021)/Things",
      "HistoricalLocations@iot.navigationLink":"https://sfsdiextern.conterra.de/52n-sensorthings-webapp/Locations(STA.DE_DEBB021)/HistoricalLocations"
    }
  ]
}
```

Abb. 3 Beispielhafte OGC SensorThings API-Ausgabe: Antwort auf die Abfrage nach einer spezifischen Location, welche den Standort einer Messstation repräsentiert (mit Ortsnamen, Koordinaten und Verweis auf die zugehörigen Stationsdaten in einer OGC API Features-Instanz)

Dieser automatisierte Datenfluss wird periodisch (im Falle des Datenstroms E2a z. B. stündlich) für alle neu verfügbaren Daten wiederholt.

Während der 52°North Sensor Web Server die eingefügten Daten automatisch entsprechend des OGC SensorThings API-Standards anbietet, ist bei den OGC API Features-Servern noch eine Konfiguration notwendig, welche beschreibt, wie die Inhalte der Datenbank zu kodieren sind. Je nach Implementierung werden diese Einstellungen entweder über Konfigurationsdateien oder über entsprechende Optionen in der Nutzeroberfläche vorgenommen. Wie im vorhergehenden Abschnitt beschrieben, erfolgt dieses Mapping anhand der GeoJSON Encoding Rule for INSPIRE Environmental Monitoring Facilities.

Die beiden nachfolgenden Abbildungen zeigen exemplarisch Auszüge der Ausgaben von SensorThings API (Abb. 3) und OGC API Features (Abb. 4). Hervorgehoben ist in den beiden Beispielen, wie aus den Messdaten auf die zugehörige Messstation (Abb. 3) bzw. auf einen an einer Station gemessenen Messdatensatz (Abb. 4) verlinkt wird.

5   Diskussion

Mit Hilfe der im vorhergehenden Abschnitt beschriebenen Implementierung konnte die praktische Umsetzbarkeit des vorgestellten Ansatzes nachgewiesen werden. Dies umfasst insbesondere zwei Aspekte: Einerseits wurde für zwei verschiedene Datenströme – Informationen über Luftqualitäts-Messstationen sowie die zugehörigen Messdaten – gezeigt, wie diese alternativ zum bisher etablierten XML-Encoding auch in einem leichtgewichtigeren JSON-Format ausgeliefert werden können. Die OGC API Features,

```
],
"observingCapability":[ ⊟
    ┌─
    │  "@href":"https://sfsdiextern.conterra.de/52n-sensorthings-webapp/Datastreams?$filter=Thing/Locations/id%20eq%20%27STA.DE_DEBB021%27"
    }
],
"natlStationCode":"DEBB021",
"municipality":"Potsdam",
"EUStationCode":"DEBB021",
"stationInfo":"http://www.env-it.de/stationen/public/open.do",
"altitude":{ ⊟
    "value":31,
    "@uom":"http://dd.eionet.europa.eu/vocabulary/uom/length/m"
}
```

Abb. 4 Beispielhafter Auszug aus einer OGC API Features-Ausgabe: Ausschnitt einer Antwort auf die Abfrage nach einer spezifischen Messstation (mit dem Verweis auf den zugehörigen Datenstrom in einer OGC SensorThings API-Instanz sowie weitere Eigenschaften der Station (z. B. Stations-Code, Ortsangabe und Höhenangabe))

die OGC SensorThings API sowie die darauf aufbauenden INSPIRE-Good-Practice-Dokumente liefern hierfür eine ausgezeichnete Grundlage.

Andererseits ist insbesondere auch die Verknüpfbarkeit der beiden Datenströme hervorzuheben. In den zugrunde liegenden Datenmodellen beider Standards konnten geeignete Attribute zur Verlinkung identifiziert werden, sodass von den Stationsdaten auf die zugehörigen Messdatenströme verwiesen werden konnte und umgekehrt von den Messdaten auf die entsprechenden Stationsdaten. In Kombination mit JSON als Encoding für die Datenmodelle können direkt entsprechende URLs in den Datenströmen bereitgestellt werden, welche auf die jeweils zugehörigen Ressourcen verweisen.

Hierdurch wird unter anderem die Entwicklung von Client-Anwendungen stark vereinfacht. So ist die Repräsentation der Daten in den Ausgaben von OGC API Features und OGC SensorThings API in großen Teilen leicht verständlich bzw. selbsterklärend. Gleichzeitig ist eine weitergehende Einarbeitung in die Schnittstellen-Spezifikation oft nicht mehr erforderlich, sobald ein Nutzer der APIs über einen Link auf einen Endpunkt der APIs verfügt. Von hier ausgehend, ist oft sogar eine Exploration der Daten per Web-Browser ohne weitere technische Hilfsmittel möglich.

6 Zusammenfassung und Ausblick

In diesem Artikel wurde vorgestellt, wie die neue Generation von OGC-Standards in Form der OGC API Features und der OGC SensorThings API genutzt werden kann, um Luftqualitätsdaten und zugehörige Stationsinformationen leichtwichtig und entwicklerfreundlich bereitzustellen. Weiterhin wurde gezeigt, wie eine Verknüpfung unterschiedlicher Datentypen erreicht werden kann, obwohl diese über unterschiedliche Schnittstellen bereitgestellt werden. Der entwickelte Ansatz erlaubt eine nahtlose Navigation zwischen den unterschiedlichen Datensätzen über einfache HTTP-Links. Komplexere Logik wie bei früheren Standards, um beispielsweise Ergebnisse zu parsen und daraus neue Requests zur Abfrage weiterer Daten zusammenzustellen ist nicht mehr erforderlich. Im Zuge der Evaluation konnte demonstriert werden, dass eine Umsetzung mit bereits existierenden Werkzeugen mit vergleichsweise geringem Aufwand möglich ist.

Aufgrund der positiven Ergebnisse der Evaluierung erfolgt zum Zeitpunkt der Veröffentlichung dieses Artikels eine Weiterentwicklung der beschriebenen Komponenten, um eine Nutzung in einer Produktivumgebung zu ermöglichen.

Im Rahmen der in diesem Artikel beschriebenen Arbeiten wurde die Evaluierung mit der 52°North SensorThings API-Implementierung sowie mit den OGC API Features-Implementierungen ldproxy und GeoServer durchgeführt. Diese Implementierungen haben ihre praktische Nutzbarkeit unter Beweis gestellt. Gleichzeitig sehen wir die Evaluierung weiterer Implementierungen (z. B. OGC API Features als Bestandteil von ArcGIS Enterprise) als sinnvoll an, um zusätzliche Alternativen zur Umsetzbarkeit in bestehenden Geo-IT-Landschaften als Lösungsbaukasten verfügbar zu machen.

Weiterhin ist geplant, die umgesetzte Lösung als Kandidat für eine INSPIRE-Good-Practice-Empfehlung auszuarbeiten, da sich, wie bereits dargestellt, aus der direkten Verknüpfung moderner OGC-Standards wie OGC API Features und SensorThings API komfortable Möglichkeiten zur Datennutzung ergeben, welche den Wert der bereitgestellten Daten signifikant erhöhen. Die Autoren gehen davon aus, dass die Bereitstellung von Umweltdaten über die neue Generation von OGC APIs in Kombination mit der Verlinkung von verschiedenen Datenströmen bzw. Datensätzen neue Perspektiven für die Entwicklung von Anwendungen zur Exploration von Umweltdaten bietet.

Literatur

1. European Commission. (2019). *Communication from the Commission – The European Green Deal (COM(2019) 640 final).* https://eur-lex.europa.eu/legal-content/EN/TXT/HTML/?uri=C ELEX:52019DC0640&from=EN.
2. European Commission. (2020). *Communication from the Commission to the European Parliament, the Council, the European Economic and Social Committee and the Committee of the Regions – A European strategy for data (COM(2020) 66 final).* https://eur-lex.europa.eu/ legal-content/EN/TXT/HTML/?uri=CELEX:52020DC0066&from=EN.
3. European Parliament, & European Council. (2003). *Directive 2003/4/EC of the European Parliament and of the Council of 28 January 2003 on public access to environmental information and repealing Council Directive 90/313/EEC (32003L0004).* https://eur-lex. europa.eu/legal-content/EN/TXT/HTML/?uri=CELEX:32003L0004&from=EN.
4. European Parliament, & European Council. (2019). *Directive 2019/1024 of the European Parliament and of the Council on Open Data and the Re-use of Public Sector Information.* https://eur-lex.europa.eu/legal-content/EN/TXT/HTML/?uri=CELEX:32019L1024&from =EN.
5. European Commission. (2020). *Impact Assessment study on the list of High Value Datasets to be made available by the Member States under the Open Data Directive. Publications Office of the European Union.* https://www.access-info.org/wp-content/uploads/Deloitte-Study-2020. pdf.

6. European Parliament, and European Council. (2007). *Directive 2007/2/EC of the European Parliament and of the Council of 14 March 2007 Establishing an Infrastructure for Spatial Information in the European Community (INSPIRE).* https://eur-lex.europa.eu/legal-content/EN/TXT/HTML/?uri=CELEX:32007L0002&from=EN.

7. Kotsev, A., Minghini, M., Cetl, V., Penninga, F., Robbrecht, J., & Lutz, M. (2021). *INSPIRE – A Public Sector Contribution to the European Green Deal Data Space (EUR 30832 EN).* Publications Office of the European Union. https://publications.jrc.ec.europa.eu/repository/handle/JRC126319.

8. European Parliament. (2022). *GreenData4All – Revision of the Directive establishing an infrastructure for spatial information in the EU (INSPIRE) and the Directive on public access to environmental information (REFIT).* https://www.europarl.europa.eu/legislative-train/theme-a-european-green-deal/file-revision-of-the-inspire-directive.

9. Kotsev, A., Minghini, M., Thomas, R., Cetl, V., & Lutz, M. (2020). From Spatial Data Infrastructures to Data Spaces – A Technological Perspective on the Evolution of European SDIs. *ISPRS International Journal of Geo-Information, 9*(3). https://doi.org/10.3390/ijgi9030176.

10. Open Geospatial Consortium Inc. (n. d.). *OGC APIs – Building Blocks for Location.* Open Geospatial Consortium Inc. https://ogcapi.ogc.org/.

11. Liang, S., Huang, C.-Y., & Khalafbeigi, T. (2016). *OGC Implementation Specification: SensorThings API Part 1: Sensing 1.0 (15-078r6).* Open Geospatial Consortium Inc. http://docs.opengeospatial.org/is/15-078r6/15-078r6.html.

12. INSPIRE Thematic Working Group Environmental Monitoring Facilities. (2013). *D2.8.II/III.7 INSPIRE Data Specification on Environmental Monitoring Facilities – Technical Guidelines – Version 3.0 (D2.8.II/III.7_v3.0).* European Commission Joint Research Centre. https://inspire.ec.europa.eu/file/1535/download?token=nbWSNl_l.

13. INSPIRE Cross Thematic Working Group on Observations & Measurements. (2014). *D2.9 Guidelines for the use of Observations & Measurements and Sensor Web Enablement-related standards in INSPIRE Annex II and III data specification development – Version 2.0.* European Commission Joint Research Centre. https://inspire.ec.europa.eu/id/document/tg/ef.

14. INSPIRE Initial Operating Capability Task Force for Network Services. (2013). *Technical Guidance for the implementation of INSPIRE Download Services—Version 3.1.* INSPIRE Initial Operating Capability Task Force for Network Services. https://inspire.ec.europa.eu/documents/technical-guidance-implementation-inspire-download-services.

15. INSPIRE MIG sub-group MIWP-7a. (2016). *Technical Guidance for implementing download services using the OGC Sensor Observation Service and ISO 19143 Filter Encoding—Version 1.0.* INSPIRE Maintenance and Implementation Group (MIG). https://inspire.ec.europa.eu/id/document/tg/download-sos.

16. European Commission Joint Research Centre. (2019). *INSPIRE UML-to-GeoJSON encoding rule.* European Commission Joint Research Centre. https://github.com/INSPIRE-MIF/2017.2/blob/master/GeoJSON/geojson-encoding-rule.md.

17. European Commission Joint Research Centre. (n. d.). *INSPIRE Good Practice: OGC API – Features as an INSPIRE download service.* European Commission Joint Research Centre. https://inspire.ec.europa.eu/good-practice/ogc-api-features-inspire-download-service.

18. European Commission Joint Research Centre. (n. d.). *INSPIRE Good Practice: OGC SensorThings API as an INSPIRE download service.* European Commission Joint Research Centre. https://inspire.ec.europa.eu/good-practice/ogc-sensorthings-api-inspire-download-service.

19. OASIS Open. (2020a). *OData Version 4.01. Part 1: Protocol.* OASIS Open. http://docs.oasis-open.org/odata/odata/v4.01/odata-v4.01-part1-protocol.pdf.

20. OASIS Open. (2020b). *OData Version 4.01. Part 2: URL Conventions.* OASIS Open. http://docs.oasis-open.org/odata/odata/v4.01/odata-v4.01-part2-url-conventions.pdf.

21. Portele, C., Vretanos, P. A., & Heazel, C. (2019). *OGC API Features – Part 1: Core*. Open Geospatial Consortium Inc. https://docs.opengeospatial.org/is/17-069r3/17-069r3.html.
22. OpenAPI Initiative. (2021). *OpenAPI Specification v3.1.0*. OpenAPI Initiative. https://spec.openapis.org/oas/latest.html.
23. Butler, H., Daly, M., Doyle, A., Gillies, S., Hagen, S., & Schaub, T. (2016). *The GeoJSON Format* (RFC 7946). Internet Engineering Task Force (IETF). https://datatracker.ietf.org/doc/html/rfc7946.
24. European Commission Joint Research Centre. (2019). *GeoJSON Encoding Rule for INSPIRE Environmental Monitoring Facilities*. European Commission Joint Research Centre. https://github.com/INSPIRE-MIF/2017.2/blob/master/GeoJSON/efs/simple-environmental-monitoring-facilities.md.
25. Targa, J., & Bush, T. (2017). *User Guide to XML & Data Model V3.3.0*. European Environment Agency. https://www.eionet.europa.eu/aqportal/doc/UserGuide2_AQD_XML_v3.3.0.pdf.

Modellierung mariner Systeme

Umweltzustandsbilder auf der Basis modularer Küstenbeobachtungen

Claudia Thölen und Oliver Zielinski

Zusammenfassung

Angesichts des klimawandelbedingten, steigenden Meeresspiegels müssen die Küstenbewohner ihren Lebens- und Wirtschaftsraum stetig weiter schützen. Anzustreben ist hier ein ökosystem-basierter Ansatz, durch den ein gesundes Küstenökosystem verstärkend auf den Küstenschutz wirkt. Dieser Zustand soll im Rahmen des MWK-Projektes „Gute Küste Niedersachsen" als „Gute Küste" definiert werden. Um Handlungsempfehlungen für Küstenschutzmaßnahmen zu unterstützen, wird in der vorliegenden Arbeit ein Konzept für die Erstellung von Umwelt- und Küstenzustandsbildern erarbeitet. Basierend auf verschiedenen europäischen Ordnungsrahmen wie der Meeresstrategierahmenrichtlinie soll eine Möglichkeit geschaffen werden, den Zustand mariner Ökosysteme und Küstenabschnitte anhand ausgewählter Deskriptoren zu bestimmen und zu vergleichen. Für die Integration von Messdaten wird mit verschiedenen Verfahren des maschinellen Lernens und der Datenextrapolation experimentiert, um eine zeitlich möglichst hohe und räumlich möglichst kleinskalige Auflösung zu erzielen. Als Untersuchungsgebiet zur Erstellung dieses

C. Thölen (✉) · O. Zielinski
Zentrum für Marine Sensorik, Institut für Chemie und Biologie des Meeres, Wilhelmshaven, Deutschland
E-Mail: claudia.thoelen@uol.de

O. Zielinski
E-Mail: oliver.zielinski@dfki.de

O. Zielinski
Marine Perception, Deutsches Forschungszentrum für Künstliche Intelligenz, Oldenburg, Deutschland

F. Fuchs-Kittowski et al. (Hrsg.), *Umweltinformationssysteme – Vielfalt, Offenheit, Komplexität*, https://doi.org/10.1007/978-3-658-39796-8_8

Konzeptes dient die ostfriesische Insel Spiekeroog. Diese ist durch eine gut ausgebaute Forschungsinfrastruktur der Universität Oldenburg besonders geeignet und ebenfalls Heimat des Spiekerooger Küstenobservatoriums. Die angrenzenden Seegatten Otzumer Balje und Harle unterscheiden sich in ihren Küstenschutzbauwerken und Strömungseigenschaften und eignen sich für das Testen des Konzeptes in einem Vergleich der Zustände der marinen Ökosysteme.

Schlüsselwörter

Meeresstrategie-Rahmenrichtlinie · Wasserrahmenrichtlinie · Datenintegration · Maschinelles Lernen · Datenextrapolation · Spiekeroog

1   Einleitung

Auf der 2030 Agenda für Nachhaltige Entwicklung der Vereinten Nationen wird als eines der Ziele (14.2) festgelegt, dass bis 2020 die Meeres- und Küstenökosysteme nachhaltig bewirtschaftet und geschützt werden sollten, um erhebliche schädliche Effekte zu vermeiden. Dies soll unter anderem durch eine Stärkung der Resilienz geschehen, um […] gesunde und produktive Ozeane [und Küsten] zu erreichen [1]. Küsten müssen widerstandsfähig gegenüber dem klimawandelbedingten Anstieg des Meeresspiegels sein. Der IPCC Bericht von 2019 schlägt verschiedene Reaktionen auf einen Meeresspiegelanstieg vor [2]. Würde es keine Reaktion geben, wären der Mensch und sein Lebensraum an der Küste den neuen Höchstwasserständen ausgeliefert. Verlässt der Mensch seinen Lebensraum an der Küste und zieht sich zurück, würde dies große wirtschaftliche Schäden mit sich bringen. Alternativ könnten zwar großtechnische Küstenschutzanlagen eingesetzt werden, dies würde aber dem Ökosystem an der Küste erheblich schaden. Ein anzustrebendes Ziel ist der ökosystem-basierte Ansatz, bei dem mithilfe des Küstenökosystems ein natürlicher Hochwasserschutz etabliert werden soll. Beispielsweise sollen die wellendämpfenden Wirkungen von Seegraswiesen oder Muschelbänken genutzt werden.

Im Zuge des zunehmenden Bedarfs an Küstenschutzmaßnahmen will das Projekt „Gute Küste Niedersachsen" (GKN), zusammen mit lokalen Akteur*innen Konzepte für einen ökosystem-basierten Küstenschutz in Niedersachsen entwickeln [3]. Dafür nutzt das Projekt einen Reallaboransatz nach Wanner et al. [4], der Wissenschaft und Praxis in Interaktion bringt, um Experimentideen, Ergebnisse und nachhaltige Lösungsansätze gemeinsam zu entwickeln, durchzusetzen und zu evaluieren. Akteur*innen an der niedersächsischen Küste sind beispielsweise die Nationalparkverwaltung, die Deichbände, der Niedersächsische Landesbetrieb für Wasserwirtschaft, Küsten- und Naturschutz (NLWKN) und auch die Anwohner*innen der Küste. GKN möchte die Frage beantworten: „Was ist eine „Gute Küste", an der wir sicher vor Naturgefahren, im Einklang mit der Natur, eingebettet in die gewachsene Kulturlandschaft, verantwortungsbewusst und nachhaltig leben und wirtschaften können?"

Ein Ökosystem kann ohne Küstenschutz gesund sein und eine Küste kann ohne ein gesundes Ökosystem geschützt sein, gesucht ist aber die Schnittmenge, von denen beide profitieren können und in der das gesunde Ökosystem im besten Fall zu einer Verbesserung des Küstenschutzes beiträgt.

Das Projekt besteht aus fünf Teilprojekten, die sich mit Küstenschutzaspekten von Deich, Düne, Salzwiese, Wasserkörper, Meeresboden und der Küste-Mensch Interaktion befassen, um die Forschungsfrage zu beantworten. Ein Ansatz für die Findung einer „Guten Küste" ist es, den Zustand einer Küste im Laufe der Zeit zu betrachten. In dieser Arbeit wird der Zustand der Küste als Küstenzustandsbild (KZB) definiert. Zu diesem Zustandsbild gehört auf der einen Seite der Zustand des marinen Ökosystems, der Wassersäule und des Meeresbodens. Auf der anderen Seite der Zustand der Küstenlinie, wie der Zustand des terrestrischen Ökosystems ist, die Frage, ob die Küste gut geschützt ist, und auch welche Auswirkungen dieser Küstenschutz wiederum auf das Ökosystem hat.

Der Fokus der vorliegenden Arbeit liegt auf der Seite der Zustandsbeschreibung des marinen Ökosystems und den Einflüssen des Küstenschutzes auf eben dieses. Für das marine Ökosystem soll ein Konzept zur Erstellung eines Umweltzustandsbildes (UZB) erstellt werden. Das Umweltzustandsbild ist ein Teil eines Küstenzustandsbildes. Beides sind integrative Beschreibungen eines Raumes, haben aber einen jeweils anderen Fokus. Das Umweltzustandsbild beschränkt sich nur auf die Beschreibung des Zustandes des Ökosystems, während das Küstenzustandsbild das Umweltzustandsbild mit den Küstenlinienparametern verbindet. Diese leiten sich u. a. aus Sturmflutschäden, Angreifbarkeitsindizes oder Erosions- und Akkumulationsraten ab. Beide Zustandsbeschreibungen sollen bei der Beantwortung der Frage: „Was ist eine gute Küste?" helfen. Über die Beschreibung eines Zustandes können in der Zeit Veränderungen im System erkannt werden. Es soll damit eine Grundlage zur Ableitung von Handlungsempfehlungen für ein Küstenmanagement geschaffen werden. Ziel, dieser Arbeit ist es, einen Werkzeugkasten mit einem, auf andere Küstensysteme, übertragbaren Konzept für die Erstellung von Umwelt- und Küstenzustandsbildern zu erarbeiten.

Ein Untersuchungsgebiet und Reallabor für GKN ist die Insel Spiekeroog. Diese bietet durch das Spiekerooger Küstenobservatorium (Spiekeroog Coastal Observatory – SCO [5]) eine bereits gut ausgebaute Forschungsinfrastruktur. Die Seegatten westlich und östlich der Insel, namentlich Otzumer Balje (im Westen, zwischen Langeoog und Spiekeroog) und Harle (im Osten, zwischen Spiekeroog und Wangerooge) bieten sich für die Untersuchung von Buhnen als Küstenschutzmaßnahmen an (Abb. 1). In Relation zur Harle ist die Otzumer Balje recht naturbelassen mit nur einigen kleinen (<100 m) Buhnen an Spiekeroogs Westende. Wangerooge hat hingegen eine stark ausgebaute Buhnenlandschaft, bei der die Längste (Buhne H) 1460 m in das Seegatt Harle hineinreicht. Dieses Bauwerk verändert die natürliche Strömungsdynamik des Seegatts und sorgt für eine tiefe Rinne und Auskolkungen entlang der Buhne selbst. Der Buhnenbau auf Wangerooge hilft seit den 1930er Jahren, dass der hochwasserfreie Strand in Wangerooges Westen nicht weiter erodiert und sich wieder aufbaut [6]. Die

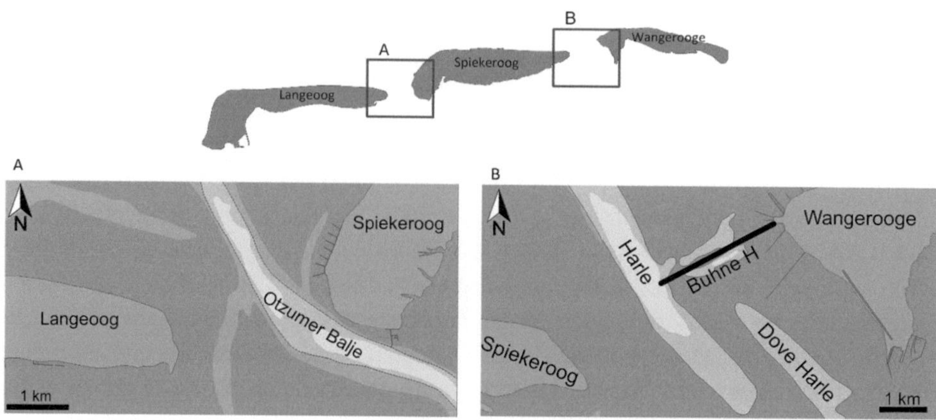

Abb. 1 Seekarte der Seegatten Otzumer Balje (A) und Harle (B) im Westen und Osten der ostfriesischen Insel Spiekeroog. In der Harle ist das Küstenschutzbauwerk Buhne H eingezeichnet

Buhne H wurde nach einer Bauunterbrechung im zweiten Weltkrieg nicht vollendet, soll aber in naher Zukunft weiter baulich verändert werden. Durch diese Umstände der baulichen Maßnahme und der deutliche Unterschied in den Gegebenheiten der Seegatten Spiekeroogs eignet sich dieses Gebiet für eine Untersuchung im Rahmen des GKN Vorhabens.

2 Methodik – Konzeptentwurf

Der bislang erarbeitete Konzeptentwurf für die Erstellung von Umwelt- und Küstenzustandsbildern besteht aus fünf Arbeitsschritten.

1. Verständnis der lokalen hydrographischen und morphologischen Bedingungen
2. Verständnis der bundesweiten oder regionalen Anforderungen und Erwartungen an einen guten Umweltzustand
3. Bestandsaufnahme der theoretisch notwendigen und praktisch verfügbaren Daten und möglichen Messungen
4. Datenintegration, Numerische Modellierung, Korrelation, Extra- und Interpolation für eine räumlich und zeitlich hohe Auflösung der Messparameter
5. Ableitung der Umwelt- und Küstenzustandsbilder aus den Einstufungen einzelner Messparameter über Indikatoren und Deskriptoren

Im folgenden Abschnitt soll auf die einzelnen Arbeitsschritte detaillierter eingegangen werden. Der Reallaborstandort Spiekeroog und die Seegatten werden hier exemplarisch verwendet, um Wege zur Umsetzbarkeit aufzuzeigen.

2.1 Verständnis der lokalen hydrographischen und morphologischen Bedingungen

Die hydrografischen und morphologischen Bedingungen im Untersuchungsgebiet spielen eine große Rolle für Strömungen, Volumentransport und Wellenenergie, welche Auswirkungen auf das marine Ökosystem haben. Spiekeroog ist eine Barriereinsel und befindet sich in einem stark dynamischen Gebiet, das den Einflüssen und der Wellenenergie der offenen Nordsee ausgesetzt ist. Die mittleren Wellenhöhen überschreiten 1,0 m [7] und der mittlere Tidenhub beträgt 2,7 m [8]. In den Seegatten beträgt die mittlere Strömungsgeschwindigkeit 1–1,5 m . s^{-1} [9]. Dies fördert Erosion und Sedimentation und einen Transport von Schwebstoffen [10]. Ebenfalls verursachen Stürme und Sturmfluten Massentransporte von Sediment in kurzen Zeiträumen.

Ein Verständnis der besonderen Gegebenheiten in der Harle, bedingt durch die Buhne H, ist für unser Untersuchungsgebiet ebenfalls notwendig. Aktuelle Beobachtungen durch Albinus [11] zeigen die hydrodynamischen Prozesse entlang der Buhne und die Entwicklung von horizontalen und vertikalen Rotationszellen, welche Auswirkungen auf das marine Ökosystem im Seegatt haben können. Durch die Rotationszellen entstehen sowohl Bereiche mit sehr starken Strömungen als auch strömungsberuhigte Zonen. Pelagische Lebewesen finden somit unterschiedliche Lebensraumeigenschaften vor. Ebenfalls spielt die Erosion von Sediment durch hohe Strömungen und Rotationszellen eine Rolle für benthische Gemeinschaften und die Lichtverfügbarkeit in der Wassersäule [12, 13].

Literatur und ggf. ozeanografische, numerische Modelle können zu einem guten Verständnis der hydrografischen Bedingungen vor Ort beitragen [14, 15], welches durch gezielte Messungen, z. B. radargestützte Erfassung der Wellenenergie [16] erweitert werden kann. Welche Energien wirken auf das zu betrachtende Ökosystem? In welcher Frequenz treten Wetterereignisse auf, die die Gegebenheiten ggf. stark manipulieren? Wie dynamisch ist das System?

2.2 Verständnis der bundesweiten oder regionalen Anforderungen und Erwartungen an einen guten Umweltzustand

Liegt ein Verständnis der Natur des Untersuchungsgebietes vor, gilt es zu definieren, was die Anforderungen an das Ökosystem sind und was durch offizielle Richtlinien oder auch das lokale Verständnis als guter Umweltzustand definiert wird. In Europa gibt es durch die Wasserrahmenrichtlinie 2000/60/EG (WRRL [17]) und die Meeresstrategierahmenrichtlinie 2008/56/EG (MSRL [18]) einen Ordnungsrahmen, der die Mitgliedstaaten dazu bewegen soll, einheitliche Regelungen für die Erstellung und den Erhalt eines guten Umweltzustandes zu erstellen. Die MSRL beschreibt beispielsweise den „Guten Umweltzustand" als den „Umweltzustand, den Meeresgewässer aufweisen, bei denen es sich um ökologisch vielfältige und dynamische Ozeane und Meere handelt, die im Rahmen ihrer jeweiligen Besonderheiten sauber, gesund und produktiv sind und deren Meeresumwelt auf nachhaltigem Niveau genutzt wird, sodass die Nutzungs- und Betätigungsmöglichkeiten der gegenwärtigen und der zukünftigen Generationen erhalten bleiben [...] Der gute Umweltzustand wird auf der Ebene der jeweiligen Meeresregion bzw. -unterregion ... anhand der [...] [elf] qualitativen Deskriptoren festgelegt" (Auszug aus Artikel 3 Absatz 5 der MSRL [18]).

Neben den EU-Richtlinien gibt es auch Bewertungsmethoden für die Angreifbarkeit einer Küste, also auch der Wirksamkeit des Küstenschutzes. Die Indizes für die Angreifbarkeit einer Küste (CVI: Coastal Vulnerability Index; SCVI: Sandy Coastal Vulnerability Index) beschäftigen sich mit der Morphologie und Ökologie der Küstenlinie selbst [19, 20]. Des Weiteren kann durch die Erfassung von Ökosystemleistungen [21] der Nutzen, den der Mensch aus dem Ökosystem zieht, bewertet werden (Abb. 2).

Für andere Küstenökosysteme in der Welt gibt es ggf. keine nationalen oder lokalen Richtlinien für einen guten Umweltzustand. Hier muss geklärt werden, ob die europäischen Standards auf diese Gebiete übertragen werden können, oder ob es lokale Gegebenheiten gibt, welche eine angepasste Metrik benötigen. Die verschiedenen Indizes zur Erfassung der Angreifbarkeit der Küste (SCVI, CVI) können ebenfalls für eine Bewertung des Küstenökosystems herangezogen werden. Diese Methoden können für die Erweiterung eines Umweltzustandsbildes zu einem Küstenzustandsbild genutzt werden, da sie die Komponente des marinen Ökosystems durch die Komponente der Küstenmorphologie und -ökologie ergänzen. Diese Indizes beinhalten eine Betrachtung der Erosions- oder Sedimentationsraten an der Küste und können dadurch auch mit den Aspekten des anthropogenen Nutzens der Küste und den ökonomischen Schäden durch Flut oder Wetterereignisse in Verbindung gebracht werden.

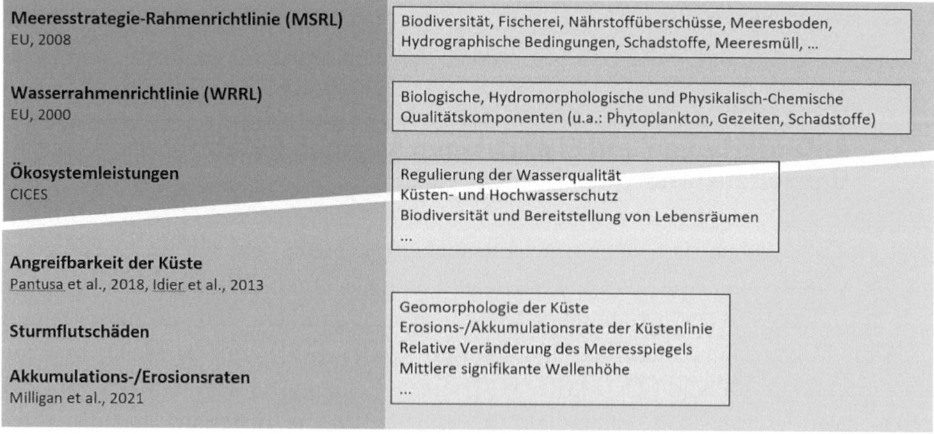

Abb. 2 Beispiele verschiedener Richtlinien und Indizes für die Bewertung eines guten Ökologischen Zustandes, der Angreifbarkeit der Küste und den Ökosystemleistungen

Generell gilt es zu erfassen, welchen Einfluss der Mensch auf das Untersuchungsgebiet hat und inwiefern er durch einen Meeresspiegelanstieg betroffen ist. Wie ist die Resilienz der Küstenbewohner*innen? Wie wird lokal mit Anpassungen an den Meeresspiegelanstieg umgegangen? Wie ökonomisch wertvoll ist das Untersuchungsgebiet? Welches Generationenwissen zu einem gesunden Ökosystem und einem guten Umweltzustand liegt vor? In welchem Zustand sind beispielsweise die lokalen Fischbestände auf Basis des Wissens der Fischer*innen?

Für Spiekeroog gelten die europäischen Richtlinien. Die Insel ist bewohnt und ein touristisch wertvoller Standort. Im Rahmen der anderen Teilprojekte von GKN werden ebenfalls sozio-ökonomische Daten erhoben. Küstenrelevante Akteur*innen werden in einer Netzwerkanalyse zu ihren Präferenzen und Wissensständen befragt. Durch diese Befragung sollen u. a. Konflikte und Synergien der Interessen analysiert werden. Im Rahmen des Reallabor-Ansatzes steht das GKN Konsortium und einzelne Teilgruppen im Austausch mit verschiedenen Interessensgruppen. Diese sollen aktiv in die Arbeit eingebunden werden, um gemeinsam die Anforderungen an eine gute Küste zu untersuchen und zu verstehen.

2.3 Bestandsaufnahme der theoretisch notwendigen und praktisch verfügbaren Daten und möglichen Messungen

Um den Umweltzustand wissenschaftlich zu erfassen, wird an der niedersächsischen Küste u. a. durch das NLWKN an der Umsetzung der WRRL und der MSRL gearbeitet. Diese Betrachtung erfolgt für große Küstenabschnitte, die z. B. auch mehrere Inseln beinhalten [22]. Die Betrachtung für ein Umweltzustandsbild soll auf kleineren und höher aufgelösten räumlichen und zeitlichen Skalen funktionieren, um den lokalen Einfluss von einzelnen Küstenschutzmaßnahmen zu betrachten. Grundsätzlich gilt es zwischen der Beobachtungsskala und Informationstiefe eine zu der Fragestellung passende Monitoringstrategie zu erarbeiten [23]. Angestrebt ist, eine saisonale Betrachtung der Küstenschutzmaßnahmen zu erreichen und den Umweltzustand für verschiedene Jahreszeitliche Einflüsse zu vergleichen. Für diese Erfassung braucht es Messungen und Daten. Dazu gilt es zunächst eine Bestandsaufnahme der theoretisch notwendigen und praktisch verfügbaren Daten und möglichen zusätzlichen Messungen durchzuführen. Gibt es operationelle Beobachtungen der Küstenumwelt im Untersuchungsgebiet? Gibt es die Möglichkeit weitere Messungen durchzuführen? Welche räumlichen und zeitlichen Skalen sind abgedeckt/können abgedeckt werden?

Für einige umweltbeeinflussende Faktoren wurden bislang keine Indikatoren und Schwellenwerte definiert. Hier wäre es ggf. notwendig eigene Metriken für die Zustandserfassung zu entwickeln oder auf bestimmt Beschreibungen zu verzichten. Winter et al. [24] haben verschiedene wissenschaftliche Konzepte für ein Monitoring des ökologischen Zustandes des deutschen Küstenmeeres erstellt, hier sind sie ebenfalls auf die Deskriptoren der MSRL eingegangen und haben für einige der Indikatoren eigene

Quantifizierungen für das deutsche Küstenmeer erstellt. Diese Konzepte sollen im Laufe der Arbeit noch weiter untersucht und ggf. angewandt werden.

Für das niedersächsische Küstengebiet hat der NLWKN [22] im Rahmen einer ökologischen Zustandsbewertung Schwellenwerte für einzelne Parameter angegeben, durch welche ein guter ökologischer Zustand definiert wird. Durch diese Schwellenwerte lassen sich die Messungen in verschiedene Gütestufen einteilen.

Die Bewertung von Phytoplankton im Rahmen der Qualitätskomponente der WRRL erfolgt hier anhand des Messparameters Chlorophyll-a u. a. für die übergeordneten Parameter Artenspektrum und Biomasse [25] (Tab. 1). Chlorophyll-a ist auch ein Parameter, der für die Seegatten durch regelmäßige Messungen verfügbar ist. Über die Kennblätter der Bund/Länder-Arbeitsgemeinschaft Nord- und Ostsee (BLANO) können verschiedene Indikatoren zur Bewertung des Zustandes aus der WRRL und der MSRL mit einzelnen Parametern verknüpft werden [26]. Zum Beispiel werden für den Indikator Phytoplankton detailliert die Monitoringmaßnahmen und -methoden dargestellt und Parameter wie Sichttiefe, Chlorophyll-a, Planktonblüten, Artenzusammensetzung, Abundanz und Biomasse erläutert.

Spiekeroog eignet sich deshalb besonders gut für die Erstellung eines Umweltzustandsbild-Konzeptes, da es eine ausgeprägte operationelle Forschungsinfrastruktur im Rahmen des Spiekeroog Coastal Observatory besitzt [5]. Die Seegatten wurden im Rahmen des Projektes bereits mehrfach in Messkampagnen ozeanografisch, sedimentologisch und bio-optisch untersucht. Die Kampagnen wurden seit 2020 in einer semi-saisonalen Auflösung durchgeführt und umfassen verschieden gestaltete Messstrategie und/oder Dauermessstationen (DMS; siehe Abb. 3 und Tab. 2 für Details der Kampagnen, Zeiträume, Forschungsschifffahrten und verfügbaren Daten).

Seit 2002 steht die Messstation des Institutes für Chemie und Biologie des Meeres (ICBM) in der Otzumer Balje [27, 28]. Diese misst in einer hohen zeitlichen Auflösung (<10 min) verschiedenste ozeanografische und bio-optische Parameter. Seit Mai 2022 steht eine weitere Messstation für das DynaDeep-Projekt [5] am Nordstrand von Spiekeroog und misst u. a. Wetterparameter, aus denen die Wellenenergie bestimmt werden kann. Diese Messstationen bilden eine Möglichkeit für Korrelationen zu Extrapolationszwecken von Messparametern im nächsten Arbeitsschritt.

Tab. 1 Referenzwerte des Parameters Chlorophyll-a für Küstengewässer mit einer Einteilung in Güteklassen der WRRL aus [22]

	Chlorophyll-a Typ NEA 1/26c Klassengrenzen	Chlorophyll-a Typ NEA 3/4 Klassengrenzen
Referenz	3,3 µg/l → +50 %	4,8 µg/l → +50 %
Sehr gut/gut	5,0 µg/l → +50 %	7,0 µg/l → +50 %
Gut/mäßig	7,5 µg/l	11,0 µg/l

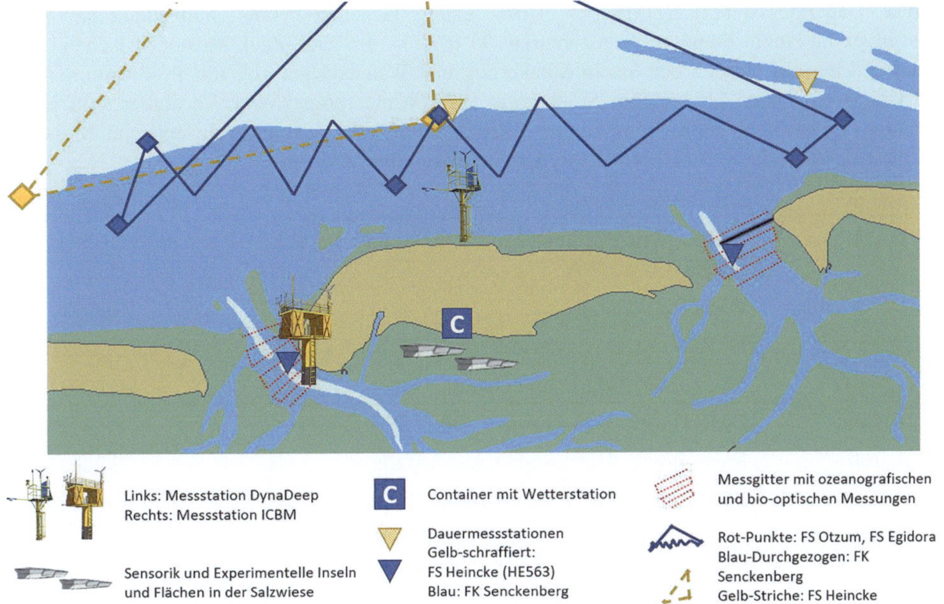

Abb. 3 Sammlung aller Messkampagnen im Rahmen des „Gute Küste Niedersachsen" Projektes. Die Messgitter des FK Senckenberg und des FS Otzum und FS Egidora wurden jeweils mehrfach abgefahren. Für mehr Details zu den Messkampagnen siehe Tab. 2

2.4 Datenintegration, Numerische Modellierung, Korrelation, Extra- und Interpolation für eine räumlich und zeitlich hohe Auflösung der Messparameter

Einige Prozesse an der Küste verlaufen in räumlichen und zeitlichen Skalen, die durch die bisherigen Zustandserfassungen nicht abgedeckt werden können. Gerade der Einfluss einzelner Küstenschutzmaßnahmen ist ein kleinskaliger Prozess, der dennoch Auswirkungen auf das umliegende Ökosystem hat [29]. Abhängig von der Verfügbarkeit von Messungen und Datengrundlagen im Untersuchungsgebiet ist es ggf. notwendig zu Datenextrapolationsmethoden zu greifen, um eine höhere räumliche und zeitliche Auflösung zu erzielen. Verschiedene Methoden können hier für eine Erweiterung der Datengrundlage herangezogen werden.

Aufgrund der hohen räumlichen und zeitlichen Dynamik der Meeresumwelt eignen sich Methoden der linearen Extrapolation nicht sehr gut [30]. Hier können Methoden der Datenassimilation und des maschinellen Lernens weiterhelfen. Die hohe Dynamik kann durch numerische Modelle simuliert werden. Werden diese numerischen Modelle durch gemessene Daten validiert und stetig verbessert spricht man von Datenassimilation [31]. Ebenfalls können durch den Gebrauch numerischer Modelle Messstandpunkte definiert werden, die sich besonders dazu eignen ein System zu repräsentieren [32]. Für das

Tab. 2 Dauermessstation (DMS) – Über einen Gezeiten-Zyklus halbstündliche Profil-messungen an einem Standort; Sägezahntransekt (SZT) – Im Zick-Zack Muster zwischen der 10 und 5 m Linie im Norden der Inseln Spiekeroog und Wangerooge, ggf. mit Profilstationen oder nur Unterwegs-Daten-Messungen; Spiekeroog (SP); Wangerooge (WA). Verfügbar sind jeweils ozeanografische Messdaten (Temperatur, Salzgehalt, Strömungen) und bio-optische Messdaten (Sichttiefe, Wasserfarbe, Absorption, Streuung, Partikelkonzentration, …)

Zeitraum	Ort/Besonderheiten	Fahrt
2020, Oktober	jeweils DMS auf der 10 m Linie nördlich Mitte SP, 10 m Linie nördlich Mitte WA	HE563
2020, November	DMS Harle, SZT	SE202011-1
2021, März	DMS Harle, DMS Otzumer Balje, Teile des SZT	SE202103-1
2021, März	Messgitter in Harle und Otzumer Balje	OT202103-1
2021, Juni	DMS Harle, DMS Otzumer Balje, SZT	SE202106-1
2021, Juli	Messgitter in Harle und Otzumer Balje	EG202107-1
2021, Juli	Messgitter in Harle und Otzumer Balje	OT202107-2
2022, März	SZT, DMS Otzumer Balje, Sedimentologische & Benthische Stationen Otzumer Balje	SE202203-1
2022, März	DMS Harle, Sedimentologische & Benthische Stationen Harle	SE202203-2
2022, Juni	DMS Harle, SZT	SE202206-1
2022, August	SZT mehrfach, ggf. DMS Blaue Balje, zwischen Wangerooge und Minsener Oog	SE202208-1
2022, August	AUV (Automated Underwater Vehicle) Einsatz zum Vermessen der Buhne H mit akustischen Sensoren, SZT	SE202208-2
2022, September	Sedimentologische & Benthische Stationen	SE202209-1

Untersuchungsgebiet gibt es hoch aufgelöste numerische Modelle, die für Rückblick und Vorhersage von Hydrodynamik und Wellen genutzt werden [15].

Innerhalb des Untersuchungsgebietes Spiekeroog gab es bereits Arbeiten für eine multivariate Zeitreihen-Imputation von Daten der ICBM Messstation und Sensoren aus Spiekeroogs Salzwiese [30]. Die Autoren beschäftigten sich ebenfalls mit der Erstellung von virtuellen Sensoren, die Lücken in Messzeitreihen schließen sollen [33].

Um das Konzept der Erstellung eines Umweltzustandsbildes zu prüfen, soll zunächst ein Umweltzustandsbild für einen räumlich begrenzen Standort zu einem gegebenen Zeitpunkt erstellt werden. Da jedoch auch eine mögliche Zustandsveränderung über die Zeit untersucht werden soll, wird in weiteren Iterationsschritten eine zeitliche Extrapolation für einen Standort durchgeführt, in der die fehlenden Daten aufgefüllt werden. Das Ziel ist hier eine Betrachtung des Zustandes in einer saisonalen Auflösung. Das Auffüllen von Zeitreihen könnte grob so verlaufen wie in Abb. 4 angedeutet. Durch die Korrelationen von Messpunkten der ICBM Messstation und der Kurzzeitmessungen, während der Kampagnen, und den erwähnten Methoden des maschinellen Lernens,

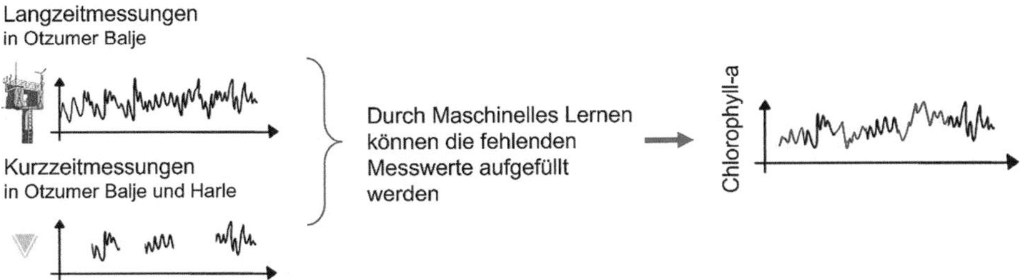

Abb. 4 Durch Korrelationen zwischen Lang- und Kurzzeitmessungen und Methoden des maschinellen Lernens können Datenlücken wie hier als Beispiel für Chlorophyll-a geschlossen werden

sollen die Lücken geschlossen werden. Anschließend soll eine räumliche Extrapolation erfolgen. Hier wird nach Korrelationen von Messparametern an verschiedenen Standorten gesucht. Eine mögliche Imputation dieser Daten durch diese Methode wurde durch Oehmcke et al. [30, 33] gezeigt. Schließlich soll auch eine Übertragung des Gesamtkonzeptes auf weitere Küstengebiete erarbeitet werden. Dies soll zunächst für weitere Untersuchungsgebiete auf und um Spiekeroog erfolgen und dann auch auf ganz andere Küstenabschnitte übertragen werden können.

2.5 Ableitung der Umwelt- und Küstenzustandsbilder aus den Einstufungen einzelner Messparameter über Indikatoren und Deskriptoren

Wenn die erhebbare Teilmenge der Parameter erfasst und diese über vorgebende oder erarbeitete Schwellenwerte in Stufen eingeordnet sind dann kann aus der Gesamtmenge der Parameter ein Umweltzustandsbild dargestellt werden. Eine mögliche Darstellung wird in Abb. 5A gezeigt. Anhand der Werte der verschiedenen Stufen wird ein Diagramm aufgespannt. Dieses Diagramm zeigt den Zustandsraum aller relevanten Parameter der Teilmenge. Je größer der gesamte Zustandsraum, desto besser ist der ökologische Zustand. Aus der Fläche des Zustandsraumen kann somit auch ein numerischer Wert berechnet werden, der die Güte des Umweltzustands widerspiegelt. Ein Küstenzustandsbild kann dann durch die Küstenlinienparameter ergänzt in gleicher Weise dargestellt werden (Abb. 5B).

Durch eine räumliche Extrapolation der Daten sollte es möglich sein, eine großflächige Datenverfügbarkeit zu erreichen. Dadurch können auch Zustandserfassungen für andere Küstenschutzmaßnahmen der Insel Spiekeroog durchgeführt werden. Im Norden der Insel befindet sich eine ausgeprägte Dünenlandschaft, während der Süden der Insel durch Salzwiesen und stellenweise Deiche geschützt ist. Hier wäre es interessant die Veränderungen von Umweltzustandsbildern in der Zeit oder den Unterschied zu anderen Inseln zu betrachten.

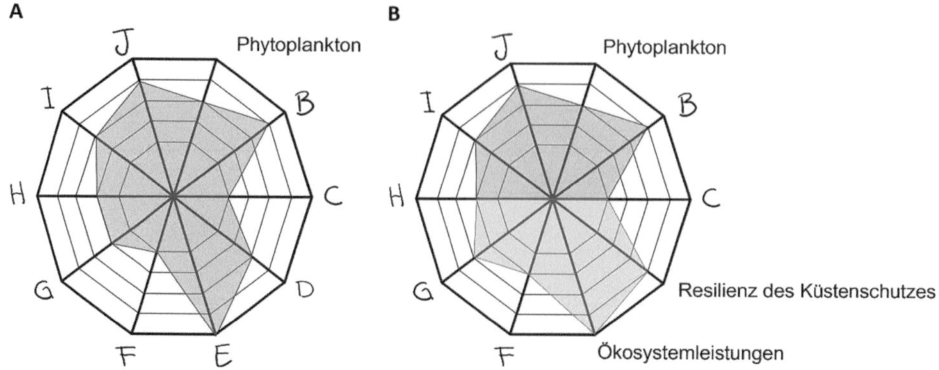

Abb. 5 Darstellungsmöglichkeiten von Umweltzustandsbildern (**A**) und Küstenzustandsbildern (**B**). Durch Schwellenwerte verschiedener Deskriptoren wird ein Zustandsraum aufgespannt dessen Fläche eine Aussage über den Gesamtzustand liefert. Für Das Küstenzustandsbild werden die Deskriptoren des Umweltzustandsbildes durch die Küstenlinienparameter ergänzt

Im Gegensatz zu den Seegatten spielt bei der Betrachtung der Dünen, Deiche und Salzwiesen das terrestrische Ökosystem und die Parameter der Küstenlinie eine Rolle. Hier ist eine Integration des Umweltzustandsbildes mit den Küstenlinien Bewertungen wie dem CVI interessant, um ein gemeinsames Küstenzustandsbild zu erstellen. Die terrestrischen Ökosystem- und Küstenschutzparameter, die für ein Küstenzustandsbild relevant sind, müssten zusätzlich gemessen und bewertet werden. Damit ist die Erstellung von Küstenzustandsbildern eher ein nachgeordnetes Ziel dieser Arbeit. Hier soll der Fokus zunächst auf die Erstellung von Umweltzustandsbildern für die Seegatten Otzumer Balje und Harle gelenkt werden.

3 Reflexion und Ausblick

Um kleinskalige Einflüsse von Küstenschutzmechanismen auf die marine Umwelt zu detektieren und den daraus resultierenden Umweltzustand zu erfassen, schlägt diese Arbeit einen Konzeptentwurf für die Erstellung eines Umweltzustandsbildes vor. Dies erfolgt im Rahmen des Projektes „Gute Küste Niedersachsen", welches einen ökosystembasierten Küstenschutzansatz für Niedersachsens Küsten untersucht. Ein Umweltzustandsbild soll sich aus Deskriptoren der marinen Umwelt, wie sie durch die WRRL und MSRL definiert sind, aufbauen. Diese Deskriptoren werden zwar durch Umweltbehörden an der niedersächsischen Küste aufgezeichnet, liegen jedoch nicht in einer solchen räumlichen und zeitlichen Auflösung vor, bei der die Einflüsse von einzelnen Küstenschutzmaßnahmen abgebildet werden könnten. Um dieses Defizit zu beheben, muss ein Beobachtungsnetzwerk an den Untersuchungsstandorten etabliert werden. Ggf. müssen die gemessenen Parameter dann zusätzlich durch Extrapolationsmethoden erweitert werden, um eine lückenlose Datenlandschaft zu generieren. Aus dieser können dann für verschiedene Standorte und Zeitpunkte die Deskriptoren abgeleitet werden. Durch eine Einstufung anhand festgelegter Schwellenwerte kann somit eine Darstellung als Umweltzustandsbild erfolgen. Ein Umweltzustandsbild ist eine Teilmenge eines Küstenzustandsbildes, welches zusätzlich noch eine Bewertung der Angreifbarkeit der Küste umfasst.

Das beschriebene Konzept liegt zurzeit in einer ersten Entwicklungsstufe vor. Einige der Schritte beinhalten Annahmen und Abschätzungen, die für die Umsetzbarkeit des Konzeptes noch tiefer untersucht werden müssen. Ein Aspekt, der durch das Konzept bislang nicht tiefgreifend genug beleuchtet wird, ist das Fehlen von relevanten Messparametern. Zum Beispiel können durch die bestehende Beobachtungsinfrastruktur und die regelmäßigen Kampagnen einige biologische Parameter, wie den Fischbestand, nicht abgebildet werden. Diese sind jedoch auch von Relevanz für die Gesundheit des Ökosystems. Allerdings sind auch für die Erfassung eines guten Umweltzustandes durch die MSRL nicht immer alle Deskriptoren vollständig durch passende Indikatoren beschrieben. Für diese Thematik gilt es abzuwägen, welche Parameter in dem Untersuchungsgebiet zur Beschreibung des Umweltzustandes relevant sind. Ggf. muss dann eine Beschreibung einer eigenen Metrik für diese Parameter erfolgen. Ist die Abbildung aller relevanten Parameter nicht möglich folgt eine Betrachtung der Veränderungen des Zustandes ohne diese Parameter, welche immer noch wertvolle Aussagen über den Gesamtzustand liefern kann.

Ebenfalls ein wichtiger Punkt ist die Betrachtung der Gewichtung von verschiedenen Deskriptoren. Wird ein Umweltzustand wie in Abb. 5 berechnet, ist es ggf. notwendig einigen Deskriptoren eine höhere Gewichtung zuzuschreiben. Dies wird dann interessant, wenn durch die gegebene Beobachtungsinfrastruktur z. B. viele biologische Deskriptoren, aber nur ein chemischer Deskriptor abgedeckt werden kann. Ggf. liegt auch der Fall vor, dass Parameter A und B co-variieren, aber nur A gemessen wird. Dann könnte dieser stärker gewichtet werden, weil er zu einem gewissen Teil auch B repräsentiert.

Es bleiben zu diesem Zeitpunkt aber auch noch offene Fragen für das Gesamtkonzept: Wie definiert man den „guten Zustand" für die anstreben kleinskaligen Untersuchungsgebiete? Wie können die extrapolierten Ergebnisse mit der Realität abglichen werden, um ihr möglichst nahe zu kommen? Wie können die bislang verhältnismäßig wenigen realen Messungen vor Ort zur Extrapolation mithilfe von den Methoden des maschinellen Lernens nutzen? Wie stark und in welcher Form muss das Umweltzustandsbild auf numerischen Modellen basieren?

Konkrete zukünftige Arbeitsschritte beinhalten eine Machbarkeitsstudie des ersten Konzeptentwurfes und eine Ergänzung von fehlenden Details der Umsetzbarkeit des Konzeptes. Des Weiteren soll die Einbindung von numerischen Modellen getestet und etabliert werden. Wenn ein Umweltzustandsbild für einen Standort zu einem bestimmten Zeitpunkt erstellt werden kann, folgen erste Extrapolationsansätze.

Auf lange Sicht angestrebt ist eine Erarbeitung einer Übertragbarkeit des Konzeptes auf andere Küstenformen und damit die Erstellung eines Werkzeuges für die Entwicklung von Umwelt- und Küstenzustandsbildern.

Danksagung Vielen Dank an das ICBM Werkstatt-Team unter der Leitung von Helmo Nikolai und an den Kapitän und die Crew des FK Senckenberg für die Unterstützung bei den Gute Küste-Messkampagnen. Ebenfalls vielen Dank an Jochen Wollschläger für die Durchsicht der Arbeit und hilfreichen Gespräche. Gute Küste Niedersachsen wird gefördert durch das Niedersächsische Ministerium für Wissenschaft und Kultur (FKZ: 76251-17-5/19) und der Volkswagen Stiftung.

Literatur

1. UN General Assembly. (2015). *Transforming our world: The 2030 agenda for sustainable development: Vol. A/RES/70/1*. https://www.refworld.org/docid/57b6e3e44.html.
2. Oppenheimer, M., Glavovic, B. C., Hinkel, J., wan de Wal, R., Magnan, A. K., Abd-Elgawad, A., Cai, R., Cifuentes-Jara, M., DeConto, R. M., Ghosh, T., Hay, J., Isla, F., Marzeion, B., Meyssignac, B., & Sebesvari, Z. (2019). Sea level rise and implications for Low-lying Islands, coasts and communities. (Chapter 4: Sea level rise and implications for Low-lying Islands, coasts and communities.) In H.-O. Pörtner, D.C. Roberts, V. Masson-Delmotte, P. Zhai, M. Tignor, E. Poloczanska, K. Mintenbeck, A. Alegría, M. Nicolai, A. Okem, J. Petzold, B. Rama & N.M. Weyer (Hrsg.), *IPCC special report on the ocean and cryosphere in a changing climate*. https://doi.org/10.1017/9781009157964.006.
3. Goseberg, N., Paul, M., Schürenkamp, D., & Schlurmann, T. (2020). Research perspectives on ecologically wise means of coastal protection – Current deficits and future demands. *Hydrolink, special issue on climate change adaptation and countermeasures in coastal environments*, 1, S. 15–17. International Association for Hydro-Environment Engineering and Research (IAHR). https://iahr.oss-accelerate.aliyuncs.com/library/HydroLink/HydroLink2020_01_Climate_Change_s0d98f09sd8fs09d98f.pdf.
4. Wanner, M., Hilger, A., Westerkowski, J., Rose, M., Stelzer, F., & Schäpke, N. (2018). Towards a cyclical concept of Real-world laboratories: A transdisciplinary research Practice for Sustainability Transitions. *disP – The Planning Review, 54*(2), 94–114. https://doi.org/10.1080/02513625.2018.1487651.
5. Zielinski, O., Pieck, D., Schulz, J., Thölen, C., Wollschläger, J., Albinus, M., Badewien, T. H., Braun, A., Engelen, B., Feenders, C., Fock, S., Lehners, C., Lõhmus, K., Lübben, A., Massmann, G., Meyerjürgens, J., Nicolai, H., Pollmann, T., Schwalfenberg, K., et al. (2022). The spiekeroog coastal observatory: A scientific infrastructure at the Land-sea transition zone (Southern North Sea*). Frontiers in Marine Science, 8*(February). https://doi.org/10.3389/fmars.2021.754905.
6. Lüders, K. (1952). Die Wirkung der Buhne H in Wangerooge-West auf das Seegat „Harle". *Die Küste, 1*, 21–26.
7. Fitzgerald, D. M., Penland, S., & Nummedal, D. (1984). Control of barrier Island shape by inlet sediment bypassing: East Frisian Island, West Germany. *Developments in Sedimentology, 39*, 355–376. https://doi.org/10.1016/S0070-4571(08)70154-7.
8. Zielinski, O., Meier, D., Lõhmus, K., Balke, T., Kleyer, M., & Hillebrand, H. (2018). Environmental conditions of a salt-marsh biodiversity experiment on the island of Spiekeroog (Germany). *Earth System Science Data, 10*(4), 1843–1858. https://doi.org/10.5194/essd-10-1843-2018.

9. Stanev, E. V., Wolff, J. O., Burchard, H., Bolding, K., & Flöser, G. (2003). On the circulation in the East Frisian Wadden Sea: Numerical modeling and data analysis. *Ocean Dynamics, 53*(1), 27–51. https://doi.org/10.1007/s10236-002-0022-7.

10. Badewien, T. H., Zimmer, E., Bartholomä, A., & Reuter, R. (2009). Towards continuous long-term measurements of suspended particulate matter (SPM) in turbid coastal waters. *Ocean Dynamics, 59*(2), 227–238. https://doi.org/10.1007/s10236-009-0183-8.

11. Albinus, M. (unveröffentlicht). *Circulation in the vicinity of a submerged stream groyne under mesotidal impact (East Frisian Islands, Southern North Sea).* Carl von Ossietzky Universität Oldenburg.

12. Stecher, J.-E. (1999). *Die Lebensgemeinschaften des Seegats der Otzumer Balje in Abhängigkeit von morphodynamischen Prozessen.* Universität Bremen. http://nbn-resolving.de/urn:Nbn:De:Gbv:46-00102889-14.

13. Wollschläger, J., Neale, P. J., North, R. L., Striebel, M., & Zielinski, O. (2021). Editorial: Climate change and light in aquatic ecosystems: Variability & ecological consequences. *Frontiers in Marine Science,* 8:688712.

14. Stanev, E. V., Schulz-Stellenfleth, J., Staneva, J., Grayek, S., Grashorn, S., Behrens, A., Koch, W., & Pein, J. (2016). Ocean forecasting for the German Bight: From regional to coastal scales. *Ocean Science, 12*(5), 1105–1136. https://doi.org/10.5194/os-12-1105-2016.

15. Staneva, J., Wahle, K., Günther, H., & Stanev, E. (2016). Coupling of wave and circulation models in coastal-ocean predicting systems: A case study for the German Bight. *Ocean Science, 12*(3), 797–806. https://doi.org/10.5194/os-12-797-2016.

16. Hessner, K., & Reichert, K. (2006). *Sea surface elevation maps obtained with a nautical X-Band radar – Examples from WaMoS II stations.* Igarss 2006, August. https://library.wmo.int/pmb_ged/wmo-td_1442_en/WWW/Papers/hessnerReichert.pdf.

17. Europäische Kommission. (2000). *Richtlinie 2000/60/EG des europäischen Parlaments und des Rates vom 23. Oktober 2000 zur Schaffung eines Ordnungsrahmens für Maßnahmen der Gemeinschaft im Bereich der Wasserpolitik.* Amtsblatt der Europäischen Gemeinschaften.

18. Europäische Kommission. (2008). *Richtlinie 2008/56/EG des europäischen Parlaments und des Rates vom 17. Juni 2008 zur Schaffung eines Ordnungsrahmens für Maßnahmen der Gemeinschaft im Bereich der Meeresumwelt (Meeresstrategie-Rahmenrichtlinie).* Amtsblatt Der Europäischen Union.

19. Idier, D., Castelle, B., Poumadère, M., Balouin, Y., Bertoldo, R. B., Bouchette, F., Boulahya, F., Brivois, O., Calvete, D., Capo, S., Certain, R., Charles, E., Chateauminois, E., Delvallée, E., Falqués, A., Fattal, P., Garcin, M., Garnier, R., Héquette, A., et al. (2013). Vulnerability of sandy coasts to climate variability. *Climate Research, 57*(1), 19–44. https://doi.org/10.3354/cr01153.

20. Pantusa, D., D'Alessandro, F., Riefolo, L., Principato, F., & Tomasicchio, G. R. (2018). Application of a coastal vulnerability index. A case study along the Apulian Coastline, Italy. *Water* (Switzerland), *10*(9), 1–16. https://doi.org/10.3390/w10091218.

21. Haines-Young, R., & Potschin, M. (2018). *CICES V5. 1. Guidance on the Application of the Revised Structure. Common International Classification of Ecosystem Services (CICES),* January, 53. https://cices.eu/resources/.

22. Grage, A., & Arens, S. (2010). *Umsetzung der EG-WRRL – Bewertung des ökologischen Zustands der niedersächsischen Übergangs- und Küstengewässer* (Stand: Bewirtschaftungsplan 2009). Niedersächsischer Landesbetrieb für Wasserwirtschaft, Küsten- und Naturschutz (NLWKN), Küstengewässer und Ästuare 1/2010. https://www.nlwkn.niedersachsen.de/download/55324/Bewertung_des_oekologischen_Zustands_der_niedersaechsischen_Uebergangs-_und_Kuestengewaesser_Band_1_2010_.pdf.

23. Zielinski, O., Busch, J. A., Cembella, A. D., Daly, K. L., Engelbrektsson, J., Hannides, A. K., & Schmidt, H. (2009). Detecting marine hazardous substances and organisms: Sensors for

pollutants, toxins, and pathogens. *Ocean Science, 5*(3), 329–349. https://doi.org/10.5194/os-5-329-2009.

24. Winter, C., Backer, V., Adolph, W., Bartholomä, A., Becker, M., Behr, D., Callies, C., Capperucci, R., Ehlers, M., Farke, H., Geimecke, C., Grayek, S., Hass, C., Heipke, C., Herrling, G., Hillebrand, H., Hodapp, D., Holler, P., Jung, R., et al.(2016). WIMO – Wissenschaftliche Monitoringkonzepte für die Deutsche Bucht – Abschlussbericht. https://doi.org/10.2314/GBV:860303926.

25. Dürselen, C., Grage, A., Ehmen, S., Schulz, M., & Wübben, A. (2006). *Erstellung eines multifaktoriellen Bewertungssystems für Phytoplankton der deutschen Nordsee-Küstengewässer im Zuge der EG-Wasserrahmenrichtlinie. Abschlussbericht im Auftrag des NLWKN.* Aqua Ecology. https://geoportal.geodaten.niedersachsen.de/harvest/srv/api/records/8ab590a216f7f05f0117f45d62e11a23.

26. BSH. (2014). BLMP-Monitoringhandbuch Stand 2014-08-21. https://www.blmp-online.de/Seiten/Monitoringhandbuch.htm.

27. Reuter, R., Badewien, T. H., BartholomÄ, A., Braun, A., Lübben, A., & Rullkötter, J. (2009). A hydrographic time series station in the Wadden Sea (southern North Sea). *Ocean Dynamics, 59*(2), 195–211. https://doi.org/10.1007/s10236-009-0196-3.

28. Baschek, B., Schroeder, F., Brix, H., Riethmüller, R., Badewien, T. H., Breitbach, G., Brügge, B., Colijn, F., Doerffer, R., Eschenbach, C., Friedrich, J., Fischer, P., Garthe, S., Horstmann, J., Krasemann, H., Metfies, K., Merckelbach, L., Ohle, N., Petersen, W., et al. (2017). The Coastal Observing System for Northern and Arctic Seas (COSYNA). *Ocean Science, 13*(3), 379–410. https://doi.org/10.5194/os-13-379-2017.

29. NLWKN. (2010). *Generalplan Küstenschutz Niedersachsen – Ostfriesische Inseln.* Niedersächsischer Landesbetrieb für Wasserwirtschaft, Küsten- und Naturschutz (NLWKN), https://www.nlwkn.niedersachsen.de/download/59866/Generalplan_Kuestenschutz_Teil_2_-_Ostfriesischen_Inseln.pdf.

30. Oehmcke, S., Zielinski, O., & Kramer, O. (2016). kNN ensembles with penalized DTW for multivariate time series imputation. *Proceedings of the International Joint Conference on Neural Networks, 2774–2781.* https://doi.org/10.1109/IJCNN.2016.7727549.

31. Carrassi, A., Bocquet, M., Bertino, L., & Evensen, G. (2018). Data assimilation in the geosciences: An overview of methods, issues, and perspectives. *Wiley Interdisciplinary Reviews: Climate Change, 9*(5), 1–50. https://doi.org/10.1002/wcc.535.

32. Pein, J. U., Grayek, S., Schulz-Stellenfleth, J., & Stanev, E. V. (2016). On the impact of salinity observations on state estimates in Ems Estuary. *Ocean Dynamics, 66*(2), 243–262. https://doi.org/10.1007/s10236-015-0920-0.

33. Oehmcke, S., Zielinski, O., & Kramer, O. (2017). Recurrent neural networks and exponential PAA for virtual marine sensors. *Proceedings of the International Joint Conference on Neural Networks, 2017-May, 4459–4466.* https://doi.org/10.1109/IJCNN.2017.7966421.

Prädiktive Modellierung des Bäumchenröhrenwurms im Schleswig-Holsteinischen Wattenmeer auf Basis von einem Faltungsnetz und Seitensichtsonar-Mosaiken

Gavin Breyer⦿, Ulrike Schückel, Pedro Martínez Arbizu, Klaus Ricklefs und Roland Pesch

Zusammenfassung

In Zeiten steigender Belastungen mariner Ökosysteme durch anthropogene Einflüsse sind die Zustandsbeurteilung der Ökosysteme und ggf. die Einleitung geeigneter Maßnahmen zum Erhalt von benthischen Lebensgemeinschaften von großer Bedeutung. Beides erfordert jedoch, Daten zu den Lebensgemeinschaften und

G. Breyer (✉)
Senckenberg am Meer, Abteilung Meeresforschung, Wilhelmshaven, Deutschland
E-Mail: gavin.breyer@senckenberg.de

U. Schückel
Landesbetrieb für Küstenschutz, Nationalpark und Meeresschutz Schleswig-Holstein, Tönning, Deutschland
E-Mail: ulrike.schueckel@lkn.landsh.de

P. M. Arbizu
Senckenberg am Meer, Deutsches Zentrum für Marine Biodiversitätsforschung, Wilhelmshaven, Deutschland
E-Mail: pmartinez@senckenberg.de

K. Ricklefs
Christian-Albrechts-Universität zu Kiel, Forschungs- und Technologiezentrum Westküste, Büsum, Deutschland
E-Mail: ricklefs@ftz-west.uni-kiel.de

R. Pesch
Institut für Angewandte Photogrammetrie und Geoinformatik, Jade Hochschule Oldenburg, Oldenburg, Deutschland
E-Mail: roland.pesch@jade-hs.de

"""

Arten in regelmäßigen zeitlichen Abständen zu erfassen. Um den Zeit- und Arbeitsaufwand der Monitoring-Aufgaben gering zu halten, werden methodische Ansätze benötigt, mit deren Hilfe sich die Verteilung benthischer Lebensgemeinschaften und Arten aus Fernerkundungsdaten modellieren lässt. Für solche Modellierungsaufgaben werden zunehmend Deep-Learning-Verfahren, zu denen künstliche neuronale Netze gehören, eingesetzt. Mit der vorliegenden Arbeit wird ein künstliches Faltungsnetz auf Basis der weitverbreiteten VGG16-Netzarchitektur konzipiert, das die Detektion von Habitaten des Bäumchenröhrenwurms *Lanice conchilega* aus Seitensichtsonar-Mosaiken ermöglichen soll. Hierbei werden Methoden der Datenaugmentation, Batch-Normalisierung und Dropout-Regularisierung angewendet, um die Herausforderung der geringen Trainingsdatenmenge zu bewältigen. Die Ergebnisse der Modellierung zeigen bei Vorliegen deutlicher Sonartexturen mit dichter Besiedlung von *Lanice conchilega* eine hohe Überlappung mit vorhandenen Referenzflächen. Verglichen mit bisher veröffentlichten Modellierungsmethoden zur Prädiktion von *Lanice conchilega* konnte durch den Einsatz des Faltungsnetzes die Korrekt-Klassifikationsrate in einem Untersuchungsgebiet des Schleswig-Holsteinischen Wattenmeers gesteigert und damit das Potenzial der untersuchten Methoden für zukünftige Modellierungsaufgaben belegt werden.

Schlüsselwörter

Biotopkartierung · Fernerkundung · Neuronales Netz · CNN · Seitensichtsonar

1   Einleitung

Marine Ökosysteme werden durch den Einfluss des Menschen weltweit zunehmend unter Druck gesetzt [1]. So führen die Überfischung und Verschmutzung der Meere, das Einschleppen invasiver Arten, die Folgen des Klimawandels sowie weitere Stressoren zu einer Verdrängung und Zerstörung mariner Lebensräume auch in der deutschen Nordsee [2]. Besonders schwerwiegende Konsequenzen ergeben sich für benthische Lebensräume mit langen Regenerationszeiträumen wie biogene Riffstrukturen und Sandbänke [3]. Um den Zustand dieser benthischen Biotope bewerten zu können, ist ein großflächiges biologisches Monitoring im Benthal unabdingbar [4]. Ein benthischer Organismus mit besonderer ökologischer Relevanz ist der auch als Bäumchenröhrenwurm bezeichnete Bio-Engineer *Lanice conchilega* (im Folgenden *L. conchilega*), der senkrecht im Sediment stehende Röhren errichtet, die dem Schutz des Tieres dienen und die Nahrungsbeschaffung erleichtern. Durch den Zusammenschluss ausreichend vieler Individuen (>500 Individuen pro m^2 [5]) zu einer Gemeinschaft ergeben sich biogene Strukturen mit Riff-Charakteristika, die das unbesiedelte Sediment um bis zu 16 cm überragen [6]. Die Strukturen beeinflussen die Sedimentstabilität, den Sauerstoffgehalt im Sediment sowie die Hydrodynamik und üben damit einen positiven Einfluss auf die lokale Biodiversität aus [7–9]. Da biogene Riffe sowohl nach Anhang I Flora-Fauna-Habitat-Richtlinie

(92/43/EWG) als auch nach § 30 Abs. 2 S. 6 BNatSchG als ein schützenswerter Biotop-typ gelten, ist die Habitatkartierung auch für die mögliche Einordnung von *L. conchilega* als Strukturbildner und den resultierenden Schutz dieser Biotope entscheidend [4, 5].

Zur großflächigen Kartierung bio- und geogener Strukturen kommen u. a. hochauf-lösende hydroakustische Fernerkundungsverfahren wie das Seitensichtsonar zum Ein-satz. Die Rückstreuung der hydroakustischen Impulse wird durch geogene Strukturen und Charakteristika ebenso beeinflusst wie durch den Meeresboden überragende biogene Strukturen, wodurch im Sonarbild beispielsweise Sedimenttypen und Vorkommen von *L. conchilega* sichtbar werden [10]. Aktuell erfolgt die Klassifizierung von Sediment- und Lebensraumtypen in der Deutschen Bucht in zeit- und aufwandsintensiven Verfahren rein manuell. Erste Algorithmen zur automatischen Klassifizierung von *L. conchilega* aus Seitensichtsonar-Mosaiken wurden 2016 von Heinrich et al. [4] beschrieben. Die von den Autoren erzielten Ergebnisse aus der Verwendung sogenannter Texturmaße belegen die Umsetzbarkeit der automatischen Modellierung von *L. conchilega*-Vorkommen. Diese Arbeit widmet sich der prädiktiven Modellierung von *L. conchilega* in ausgewählten Teilen des Schleswig-Holsteinischen Wattenmeeres mithilfe von Deep-Learning-Methoden, konkret einem Faltungsnetz (engl. Convolutional Neural Network, CNN) [11]. Hierbei stellen, wie in den folgenden Abschnitten ausgeführt, die Kon-zipierung einer Netz-Architektur sowie die geringe Menge an Trainingsdaten besondere Herausforderungen dar. Die Evaluierung des implementierten CNN erfolgt anhand eines Vergleiches mit den manuell sowie mit den durch die Algorithmen von Heinrich et al. [4] klassifizierten Vorkommen von *L. conchilega*.

2 Material und Methoden

Das Schleswig-Holsteinische Wattenmeer stellt für viele benthische Arten, auch *L. conchilega,* einen bedeutenden Lebensraum dar. Entsprechend wurde es in der Ver-gangenheit im Rahmen verschiedener Forschungs- und Monitoring-Projekte untersucht. Eines der Projekte war das STopP-Vorhaben („Vom Sediment zum Top-Prädator", 2013–2019) [12], aus dessen Datenpool sich die vorliegende Arbeit bedient.

2.1 Datengrundlage und Untersuchungsgebiete

Aus den Messkampagnen des STopP-Vorhabens standen aus dem Zeitraum von 2012 bis 2015 sieben räumlich getrennte Seitensichtsonar-Mosaike zur Verfügung, die von dem Forschungs- und Technologiezentrum Westküste (FTZ Büsum) generiert und von dem Landesbetrieb für Küstenschutz, Nationalpark und Meeresschutz Schleswig-Holstein (LKN.SH) für die Auswertung bereitgestellt wurden. Die Mosaike lagen als bereits prozessierte 8-Bit-Graustufen-GeoTIFF in den Auflösungen von 5 m, 1 m und 0,25 m vor, wobei zugunsten einer höheren Übersichtlichkeit der Arbeit im Folgenden nur die

Mosaike mit 1 m Auflösung Berücksichtigung finden. Helle Bildbereiche mit hohem Grauwert (max. 255) spiegeln eine geringe Rückstreuung der hydroakustischen Signale vom Meeresboden wider, dunkle Bereiche mit niedrigen Grauwerten (min. 0) eine hohe Rückstreuung [13].

Neben den hydroakustischen Fernerkundungsdaten sind *in-situ*-Proben als Ground-Truth-Daten unverzichtbar für die prädiktive Modellierung. Hierzu stand aus dem STopP-Projekt, dessen Nachfolger STopP-Synthese [14] und der Sublitoralkartierung der Nationalparkverwaltung ein Datensatz mit Sedimentproben zur Verfügung. Der Datensatz enthält vielfältige Informationen zu Probenpunkten im Schleswig-Holsteinischen Wattenmeer und gibt u. a. Aufschluss über die Präsenz bzw. Abwesenheit von *L. conchilega*-Individuen. Da *L. conchilega*-Vorkommen von saisonalen Effekten betroffen sind [12] und die Langzeitstabilität der Strukturen noch nicht hinreichend untersucht ist [5], sollte die zeitliche Differenz zwischen der Aufnahme der hydro-akustischen Fernerkundungsdaten und der Erhebung der Ground-Truth-Daten möglichst gering sein. Darüber hinaus ist eine möglichst hohe Anzahl von Sedimentproben anzu-streben, da die statistischen Verfahren des maschinellen Lernens auf eine ausreichende Menge repräsentativer Trainingsdaten angewiesen sind [15].

Werden beide Kriterien zugrunde gelegt, ergaben sich zwei für die prädiktive Modellierung von *L. conchilega* besonders geeignete Untersuchungsgebiete mit jeweils über 40 auswertbaren Greiferproben. Abb. 1 zeigt das Seitensichtsonar-Mosaik für den Priel Rummelloch westlich der Insel Pellworm. Nicht dargestellt ist das zweite Untersuchungsgebiet Norderaue, ein Wattstrom südlich der Insel Föhr. Für beide Untersuchungsgebiete lagen außerdem Flächendaten zu manuell kartierten *L. conchilega*-Strukturen vor, die als Referenzflächen zur Einschätzung der Ergebnisse der prädiktiven Modellierung dienen.

2.2 Modellierung mittels CNN

Das Ziel maschineller Lernverfahren ist im Wesentlichen das Ableiten von Regeln und Mustern aus bekannten Daten mit der anschließenden Übertragung der Muster auf neue Daten [11]. Während bei klassischen maschinellen Lernverfahren die hierfür benötigten Repräsentationen manuell vom Nutzer durch geeignete Merkmale festzu-legen sind, werden die Repräsentation in Deep Learning-Verfahren selbstständig in auf-einander aufbauenden Repräsentations-Layern erlernt [11, 15]. Die flach gelegenen, d. h. ersten Repräsentations-Layer spiegeln simplere Muster wider (in Bilddaten z. B. Kanten oder Konturen); mit steigender Tiefe der Layer werden aus diesen zunächst simplen Repräsentationen immer komplexere Konzepte abgeleitet, die es dem neuro-nalen Netz nach einem Trainingsprozess schließlich ermöglichen, unbekannte Eingangs-daten zu klassifizieren [16]. Zur konkreten Funktionsweise des Trainingsprozesses, dem

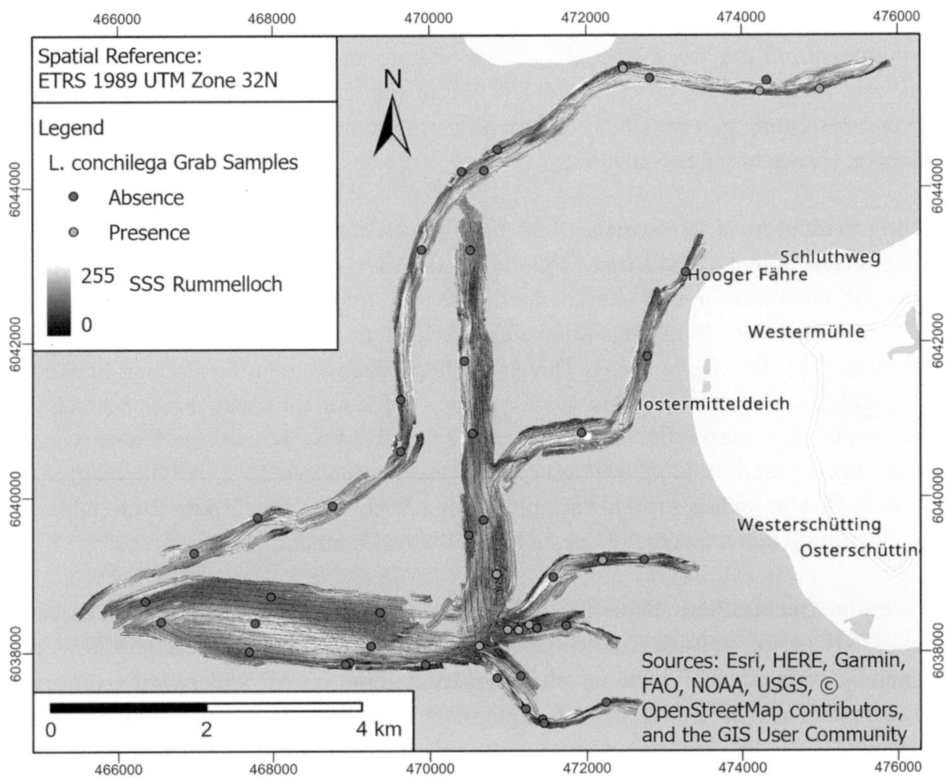

Abb. 1 Seitensichtsonar-Mosaik Rummelloch mit Lage der Greiferproben. (Eigene Darstellung aus ArcGIS Pro mit Daten des LKN.SH und FTZ)

Gradientenabstiegsverfahren und weiteren grundlegenden Konzepten von neuronalen Netzen wird auf externe Literatur (z. B. [11, 16, 17]) verwiesen.

Im speziellen Fall der Klassifizierung von Rasterdaten finden v. a. die sogenannten Faltungsnetze Verwendung [11, 17]. CNN bestehen im Wesentlichen aus drei Komponenten: Faltungsschichten (Convolutional Layer), Pooling-Schichten (Pooling-Layer) und vollständig verbundenen Schichten (Dense-Layer) [17].

Faltungsschichten. Kernstück der Faltungsschicht ist die Faltungsoperation (engl. Convolution), die auf ein Bild oder einen Bildausschnitt angewendet wird. Über das Eingangsbild, auch 3D-Input-Tensor, wird mit einer bestimmten Schrittweite (engl. Stride) von i. d. R. einem Pixel eine Gewichtungsmatrix, der sogenannte Faltungskernel, geschoben [11]. Für jede Position des Kernels wird eine komponentenweise Multiplikation zwischen Input-Tensor und Faltungskernel vorgenommen und einem Output-Tensor zugeführt. Ein einzelner Faltungskernel kann dabei als Instrument zur Merkmalsextraktion – z. B. einer Kante oder einer Ecke – angesehen werden. Dabei lässt sich nutzerseitig die Größe des Kernels (meist 3×3 px, auch 5×5 px oder 7×7 px [17]) sowie die Anzahl der Kernel steuern, wobei letztere auch als Anzahl der zu lernenden Merkmale interpretiert werden kann. Die Werte innerhalb der Faltungskernel werden während des Trainings vom CNN selbstständig erlernt und stellen somit die trainierbaren Parameter (Gewichte) des Netzes dar.

Pooling-Schichten. Das Stapeln von Faltungsschichten allein führt zu einer nur gering ausgeprägten räumlichen Hierarchie, da sich die Faltungsschichten auf den originalen Input-Tensor und dessen räumliche Auflösung beziehen würden. Daher ist die Reduzierung der räumlichen Auflösung des Rasters zwischen den Faltungsschichten notwendig [11]. Die Rolle dieses Downsamplings übernehmen die Pooling-Schichten. Das gängigste Verfahren ist das Max-Pooling, bei dem innerhalb einer betrachteten Fenstergröße der maximale Rasterwert des Input-Tensors gesucht und dem Output-Tensor zugeordnet wird [17]. Üblich ist eine Fenstergröße von 2×2 px mit einem Stride von zwei Pixeln, sodass ein Downsampling des Bildes um den Faktor 2 erreicht wird [11]. Pooling-Schichten enthalten keine trainierbaren Parameter [17].

Vollständig verbundene Schicht. Zur finalen Klassifizierung der Eingabedaten in einem CNN ist im Anschluss an die letzte Faltungsschicht ein Dense-Layer bzw. eine vollständig verbundene Schicht anzuhängen. Jeder Input dieser Schicht wird mit einem trainierbaren Gewicht jedem Output zugeordnet. Bei Klassifizierungsaufgaben besteht der Output aus den Wahrscheinlichkeiten, mit der die ursprüngliche Eingabe einer bestimmten Klasse zugehört [17]. Es ist möglich, das Modell mit mehreren aufeinanderfolgenden Dense-Layern zu beenden, wobei die Dimension der abschließenden Schicht der Anzahl der untersuchten Klassen anzupassen ist [11].

CNN-Architektur. Aus der Vernetzung von Faltungs- und Pooling-Schichten mit einem oder mehreren Dense-Layer(n) ergibt sich die Architektur eines neuronalen Netzes. Es wird klar, dass aus der nahezu beliebigen Kombination und Verschachtelung von aufeinandergestapelten Faltungs- und Pooling-Schichten eine schier unbegrenzte Anzahl von CNN-Architekturen entwickelt werden kann.

Als Startpunkt für die Konzipierung einer auf die vorliegende Klassifikationsaufgabe zugeschnittenen Architektur wurde die VGG16-Architektur von Simonyan und Zisserman [18] gewählt. Bei dem VGG16 handelt es sich um ein weithin verwendetes Feedforward-CNN zur Klassifikation der ImageNet-Datensammlung. Diese Art der Architektur ist für erste Studien besonders geeignet, da sich der Informationsfluss innerhalb des Netzwerkes gut nachvollziehen lässt und Abwandlungen der Architektur schnell implementiert werden können. Die ursprüngliche VGG16-Architektur verfügt über 16 trainierbare Schichten (davon 13 Faltungsschichten und drei vollständig verbundene Schichten) sowie fünf Max-Pooling-Schichten; insgesamt beinhaltet das Netz 138 Mio. trainierbare Parameter. In Anbetracht der stark limitierten Menge verfügbarer Trainingsdaten war das Lernen von Millionen von Parametern für den vorliegenden Anwendungsfall aber keine Option [11]. Daher wurde die bestehende VGG16-Architekur so angepasst, dass die wesentlichen Elemente der Architektur bestehen bleiben, die Parameteranzahl dabei aber möglichst klein gehalten wird.

Da Vorkommen von *L. conchilega* fleckenhaft und/oder kleinskalig auftreten [6], gehen die resultierenden Sonartexturen durch die Verwendung mehrerer MaxPooling-Layer u. U. verloren, weshalb eine nur geringe Anzahl von Pooling-Schichten angebracht erscheint. Demgegenüber können die Strukturen von *L. conchilega* je nach äußeren Einflussfaktoren überrepräsentiert in den Mosaiken erscheinen [10] oder sich durch das Downsampling der Daten übergeordnete Bodenstrukturen herauskristallisieren, die die Ansiedlung von *L. conchilega* begünstigen und damit ebenso einen Beitrag zur erfolgreichen Klassifizierung liefern könnten wie die Strukturen selbst. Als Kompromiss dieser entgegenstehenden Annahmen wurden drei MaxPooling-Layer mit einem Downsampling-Faktor von 2 in das modifizierte CNN implementiert. Vor den MaxPooling-Layern befinden sich jeweils Faltungsschichten mit einer Kernelgröße von 7×7 px mit acht Faltungskernel in der ersten, 16 in der zweiten und 32 in der dritten Faltungsschicht. Als Aktivierungsfunktion der Faltungsschichten dient die für CNN gebräuchliche ReLU-Funktion (Rectified Linear Unit) [17].

Das originale VGG16-Netz verfügt im Anschluss an die Faltungsbasis (engl. Convolutional Base) über drei vollständig verbundene Schichten, bei denen die ersten beiden Dense-Layer 4096 Output-Einheiten beinhalten [18]. Da in dieser Arbeit lediglich ein binäres Klassifikationsproblem (*L. conchilega* vorhanden oder *L. conchilega* nicht vorhanden) vorliegt, wurde die Zahl der Output-Einheiten der ersten beiden Dense-Layer auf 16 reduziert. Die abschließende vollständig verbundene Schicht enthält wegen der Binärklassifikation nur eine einzige Einheit. Die resultierende Ausgabe ist ein Skalar zwischen 0 und 1 für jeden Input-Tensor, der die Wahrscheinlichkeit des Vorkommens von *L. conchilega* im betrachteten Bildausschnitt repräsentiert. Die Aktivierungsfunktion der abschließenden Netzwerkschicht wurde für die Durchführung der binären Klassifikationsaufgabe mit der sigmoid-Funktion festgelegt [17].

Optimierung der Netz-Architektur. Insbesondere bei einer geringen Menge von Trainingsdaten kann es zu einer Überanpassung (engl. Overfitting) des Modells kommen. Das CNN erlernt in diesem Fall die Unterscheidung von Strukturen, die so spezifisch für die Trainingsdaten sind, dass die Übertragung auf unbekannte Daten nicht gewährleistet ist [11]. Neben der Verringerung der Architektur-Komplexität sind die Batch-Normalisierung nach Ioffe und Szegedy [19] und die Dropout-Regularisierung nach Srivastava et al. [20] gängige Verfahren zur Abschwächung eines Overfittings.

Batch-Normalisierung und Dropout-Regularisierung sollten jedoch nicht unmittelbar hintereinander angewendet werden, da dies einen Einbruch der Leistungsfähigkeit des CNN zur Folge haben könnte [19, 21]. Stattdessen sollte die Dropout-Regularisierung erst nach Anwendung aller Batch-Normalisierungen unmittelbar vor der Klassifizierung erfolgen [21]. Die Schichten der Batch-Normalisierung wurden daher nur innerhalb der Faltungsbasis vor der Aktivierungsfunktion der jeweiligen Faltungsschicht eingepflegt

[19]. Im Klassifikator (engl. Dense-Head), d. h. im Bereich der Dense-Layer, kommt die Dropout-Regularisierung zum Einsatz. Untersuchungen von Ioffe und Szegedy [21] ergaben für verschiedene Architekturen beständige Leistungssteigerungen bei einer Dropout-Rate von 0,2 bzw. 20 %, weshalb dieser Wert für die vorliegende Architektur übernommen wurde.

Nach der Einarbeitung der Batch-Normalisierungs- und Dropout-Schichten liegt die vollständige Architektur des CNN zur prädiktiven Modellierung von *L. conchilega* vor (Abb. 2). Das Faltungsnetz beinhaltet insgesamt knapp 120.000 trainierbare Parameter und damit nur einen Bruchteil des ursprünglichen VGG16-Netzes.

Trainings- und Validierungsdaten des CNN. Damit das Faltungsnetz die trainierbaren Parameter optimal der Klassifizierungsaufgabe anpassen kann, ist eine große Menge, gewöhnlich Hunderte oder Tausende [11] von Trainingsdaten mit bekannten Zielwerten erforderlich; es lagen jedoch nur wenige Dutzend Greiferproben je Untersuchungsgebiet

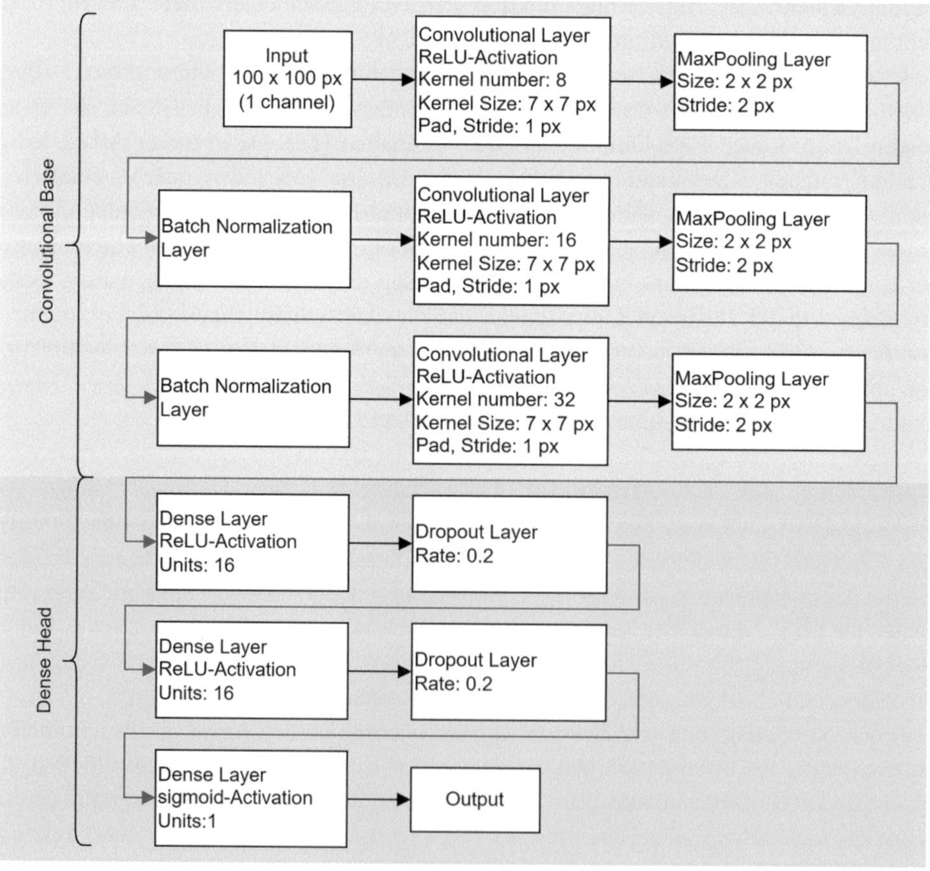

Abb. 2 CNN-Architektur für die prädiktive Modellierung von *L. conchilega*-Gemeinschaften. (Eigene Darstellung; gestaltet nach einer Abb. von Song et al. [22])

vor. Um die Menge der Trainingsdaten künstlich zu erhöhen, wurde das Verfahren der Datenaugmentation genutzt. Hierbei werden die Bilder des Trainingsdatensatzes mit zufälligen Werten zugeschnitten, gedreht, gespiegelt, geschert, verschoben oder radiometrisch verändert, während die zugehörigen Labels, d. h. die tatsächlichen Zielwerte, unverändert bleiben [11, 23].

Zur Augmentation der Bildausschnitte aus den Seitensichtsonar-Mosaiken wurden die geometrischen Transformationen der Spiegelung, Rotation und Scherung angewendet. Um eine zu starke Verfremdung durch die Transformationen zu vermeiden, wurden Rotations- und Scherwinkel auf $\pm\pi/8$, also 22,5°, begrenzt. Auf eine radiometrische Anpassung wurde verzichtet, da die Grauwerte die Rückstreu-Intensität des Sonarechos widerspiegeln und nicht künstlich verändert werden sollten. Die Auswirkungen der eingeführten Transformationsvorschriften auf einen Bildausschnitt mit Nachweis von *L. conchilega* sind in Abb. 3 beispielhaft dargestellt.

Die augmentierten Bilder wurden anschließend als Trainingsdaten in die Netz-Architektur eingespeist; die unveränderten Originalbilder dienten als Validierungsdaten. Ein nach Goodfellow et al. [16] übliches Verhältnis von Trainings- zu Validierungsdaten liegt bei 4:1, sodass jeder Bildausschnitt vierfach augmentiert wurde.

Training des CNN. Das Training des CNN erfolgte mit den augmentierten 100×100 px großen Mosaik-Ausschnitten an den Koordinaten der Greiferproben. Der Trainingsprozess erforderte die Angabe einer Verlustfunktion, eines Optimierers und einer zu überwachenden Kennzahl. Standardmäßig wurde für binäre Klassifikationsaufgaben

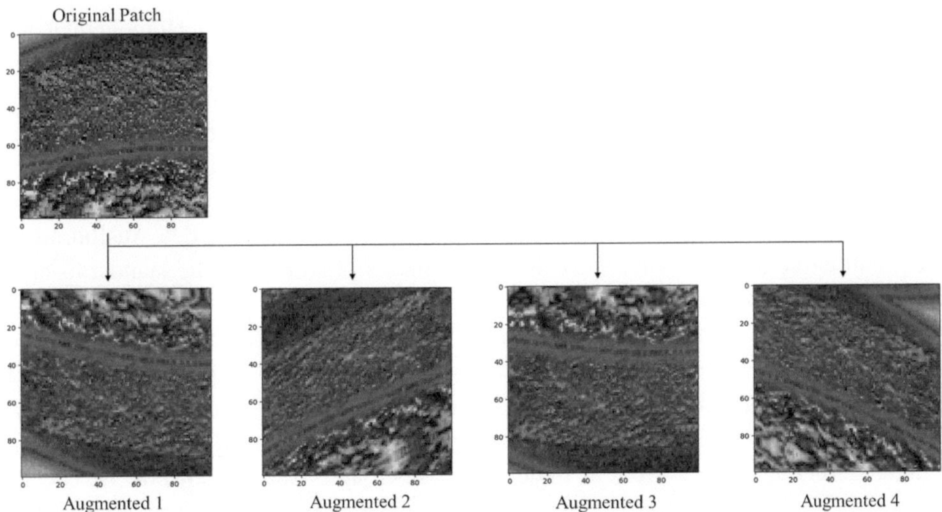

Abb. 3 Datenaugmentation an einem Bildausschnitt eines Rückstreu-Mosaiks für eine Koordinate mit Nachweis von *L. conchilega* im Untersuchungsgebiet Rummelloch. (Eigene Darstellung)

die binäre Kreuzentropie als Verlustfunktion verwendet [11]. Für die zu wählende Optimierungsmethode existieren verschiedene Ansätze. Aufgrund der Einschätzungen von Goodfellow et al. [16] sowie Chollet und Allaire [11] wurde das Gradientenabstiegsverfahren RMSProp mit Momentum gewählt. Bei der Wahl einer geeigneten Kennzahl zur Einschätzung der Modell-Qualität war zu berücksichtigen, dass in der Mehrheit der Greiferproben in den Untersuchungsgebieten keine *L. conchilega*-Individuen nachgewiesen wurden. Dieses kategoriale Ungleichgewicht kann durch Verwendung der Precision/Recall-Metrik abgefangen werden [16].

Mit gegebener Verlustfunktion und Optimierungsmethode erfolgte im Trainingsprozess die epochenweise Anpassung der zunächst zufällig festgelegten Gewichte [11]. Zur Erzielung einer effektiven Gewichtsanpassung ist die Lernrate, typischerweise ein Wert zwischen 0,000001 und 1, von hoher Bedeutung [24]. Sie ist so festzulegen, dass die Verlustfunktion sowohl der Trainings- als auch der Validierungsdaten während des Trainings beständig abnimmt und nicht fluktuiert. Bahnt sich beim Training mit geeigneter Lernrate durch anhaltende Vergrößerung des Verlustscores der Validierungsdaten ein Overfitting an, ist das Training des Netzes abgeschlossen.

2.3　Modellierung mittels Texturmaßen

Um die Modellierungsergebnisse des konzipierten neuronalen Netzes mit den bisher veröffentlichten Algorithmen zur automatischen Klassifizierung von *L. conchilega*-Vorkommen vergleichen zu können, wurden die von Heinrich et al. [4] vorgestellten Methoden in einer eigenen Implementierung adaptiert.

Im Wesentlichen fußt die Modellierung auf den Texturmaßen der Homogenität und Entropie, die für einen betrachteten Bildausschnitt die Nachbarschaftsverhältnisse der Grauwerte (hier der Rückstreu-Intensitäten) abbilden. Aufgrund des Erscheinungsbildes von *L. conchilega*-Vorkommen in den Sonardaten liegen Bereiche mit nachgewiesenen *L. conchilega*-Individuen im Merkmalsraum im Allgemeinen bei hoher Entropie und gleichzeitig niedriger Homogenität [4], sodass sich die biogenen Strukturen im Idealfall im Merkmalsraum von anderen Bodentypen absetzen. Anders als in den Ausführungen von Heinrich et al. [4] wurden anstelle der originären Texturmaße die standardisierten Merkmale verwendet, um Skalenspreizungen entgegenzuwirken.

Die berechneten Texturmaße sind von der Größe des Bildausschnittes, der Anzahl der Graustufen und der Distanz der betrachteten Nachbarschaft abhängig. Daher ist für die prädiktive Modellierung die Auswahl solcher Parameter-Kombinationen notwendig, die zu einer signifikanten Trennung von *L. conchilega*-Vorkommen gegenüber anderen Bodenstrukturen führen. Hierzu wurden mittels des Welch-Tests die Mittelwerte der beiden Texturmaße für alle Sedimentproben mit und ohne Nachweis von *L. conchilega* auf Verschiedenheit geprüft. Wurde der Hypothesentest mit einem Signifikanzniveau von $\alpha = 0{,}05$ für die Mittelwerte beider Texturmaße abgelehnt, galten die Texturmaße als signifikant unterschiedlich. Die getestete Parameterkombination ermöglichte in diesem Fall die geeignete Unterscheidung von Sedimentproben mit und ohne Auftreten von *L. conchilega*.

Für eine ausführliche Beschreibung der Texturmaße und der beschriebenen Methoden wird auf die Originalpublikation von Heinrich et al. [4] verwiesen. Die dort beschriebenen Umsetzungen können allerdings im Detail von den im Rahmen dieser Arbeit entwickelten Implementierungen abweichen.

3 Ergebnisse

Abb. 4 zeigt die Ergebnisse der prädiktiven Modellierung auf Grundlage der Texturmaße der Homogenität und Entropie nach den Methoden von Heinrich et al. [4]. Prädiktionswerte um 1 signalisieren Areale, in denen das Vorliegen dichter *L. conchilega*-Ansammlungen vom Modell prädiziert wird, wohingegen in Bereichen mit

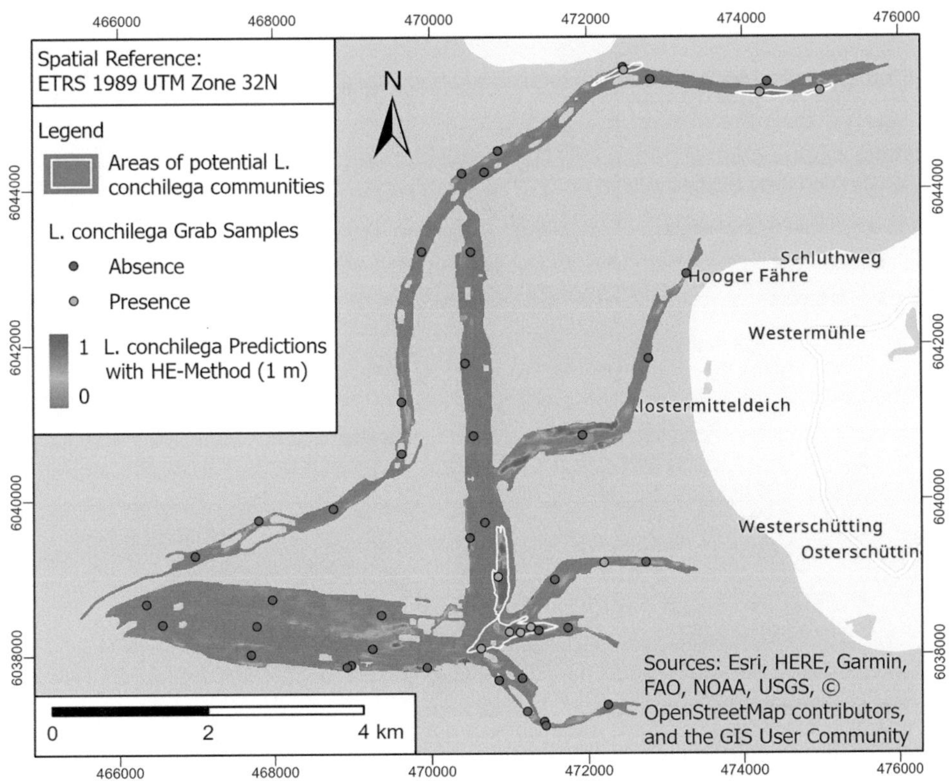

Abb. 4 Prädiktionskarte von *L. conchilega*-Strukturen unter Anwendung von Texturmaßen im Untersuchungsgebiet Rummelloch mit 1 m Auflösung; Fenstergröße: 80 px, Nachbarschaftsdistanz: 1 px, Bittiefe: 8 Bit. (Eigene Darstellung aus ArcGIS Pro)

Prädiktionswerten um 0 kein *L. conchilega* erwartet wird. Die Polygone kennzeichnen die im Zuge des STopP-Projektes erstellten *L. conchilega*-Referenzflächen.

Es fällt auf, dass die große Verdachtsfläche im südöstlichen Teil des Untersuchungsgebietes vom Modell zum großen Teil, jedoch nicht vollständig erfasst wurde. Die kleineren Verdachtsflächen im äußersten Norden des Gebietes weisen hingegen keine hohen Prädiktionswerte auf und wurden demnach nicht erkannt.

Die Prädiktionen für das Gebiet Rummelloch unter Verwendung des vorgestellten CNN sind in Abb. 5 dargestellt.

Das südlich gelegene Vorkommen wurde durch das CNN komplett erfasst. Auch an den zuvor nicht detektierten, kleineren Verdachtsflächen im nördlichen Teil des Untersuchungsgebietes sind erhöhte Prädiktionswerte vorzufinden. Dies ist ebenso in einem Priel westlich von Westerschütting der Fall. Die dortigen Texturen des Mosaiks ähneln denen an den *L. conchilega*-Verdachtsflächen optisch stark. Dass in diesem Bereich zusätzlich eine Greiferprobe mit Nachweis von *L. conchilega* verortet ist, stützt die vom

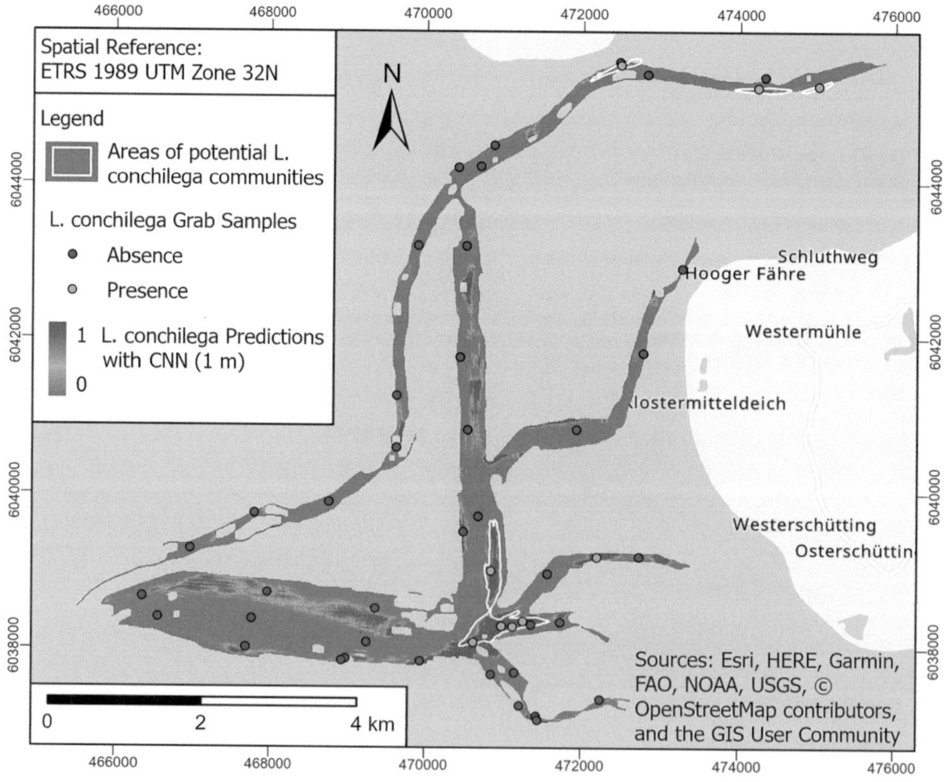

Abb. 5 Prädiktionskarte von *L. conchilega*-Strukturen unter Anwendung eines Faltungsnetzes im Untersuchungsgebiet Rummelloch mit 1 m Auflösung; Lernrate: 0,00005. (Eigene Darstellung aus ArcGIS Pro)

Modell getätigte Prädiktion der Anwesenheit von *L. conchilega*, auch wenn dort im Rahmen des STopP-Projektes keine Verdachtsfläche identifiziert wurde. Ein bedeutender Unterschied zwischen den Prädiktionskarten aus Abb. 4 und 5 liegt im südwestlichen Teil des Untersuchungsgebietes, in dem ausgehend von der Modellierung des Faltungsnetzes *L. conchilega*-Strukturen vermutet werden. Bei genauerer, manueller Betrachtung der betroffenen Areale wird allerdings ersichtlich, dass an den entsprechenden Stellen keine biogenen Strukturen, sondern kleinskalige Transportkörper mit hoher Rückstreu-Intensität vorliegen. Damit handelt es sich hier um eine Fehlklassifikation des CNN.

Die den Klassifizierungen zugehörigen Konfusionsmatrizen zur Gegenüberstellung der Sollwerte aus den Greiferproben mit den Prädiktionen der Modellierung sind in Tab. 1 einzusehen. Aus den Matrizen ergibt sich, dass im Gebiet Rummelloch das CNN numerisch besser in der Lage ist, die Trainingsdaten der korrekten Zielklasse zuzuordnen. Insbesondere bei der Klassifikation der Greiferproben mit *L. conchilega*-Nachweis schneidet das neuronale Netz im Vergleich deutlich besser ab.

Die Prädiktionskarten und Konfusionsmatrizen für das Untersuchungsgebiet Norderaue sind nicht dargestellt. Beide Verfahren waren hier in gleichem Maße nicht in der Lage, die manuell ausgeschriebenen Verdachtsflächen nachzubilden.

4 Diskussion

Die Ursache für die fehlgeschlagene Modellierung der biogenen Strukturen im Untersuchungsgebiet Norderaue wird bei detaillierter Betrachtung der ausgewerteten Seitensichtsonar-Mosaike ersichtlich: An der Mehrheit der Koordinaten der Greiferproben mit Nachweis von *L. conchilega* sind auch nach ausgiebiger manueller Untersuchung der umliegenden Bereiche keine biogenen Strukturen im Mosaik zu erkennen. In Abb. 6 wird dieser Umstand anhand ausgewählter Verdachtsflächen innerhalb der beiden Untersuchungsgebiete hervorgehoben.

Die Bereiche inner- und außerhalb der Verdachtsflächen im Gebiet Norderaue (Abb. 6a) sind – auch bei sehr starker Vergrößerung – nicht voneinander zu unterscheiden und zeigen im Allgemeinen keine auffälligen Strukturen. Die Verdachts-

Tab. 1 Konfusionsmatrizen im Untersuchungsgebiet Rummelloch mit 1 m Auflösung für die prädiktive Modellierung mittels Texturmaßen und mittels CNN (Eigene Tabelle)

	Texturmaße		CNN	
	Soll *L. conchilega*	Soll kein *L. conchilega*	Soll *L. conchilega*	Soll kein *L. conchilega*
Prädiktion *L. conchilega*	4 (50 %)	2 (5 %)	8 (100 %)	2 (6 %)
Prädiktion kein *L. conchilega*	4 (50 %)	36 (95 %)	0 (0 %)	33 (94 %)

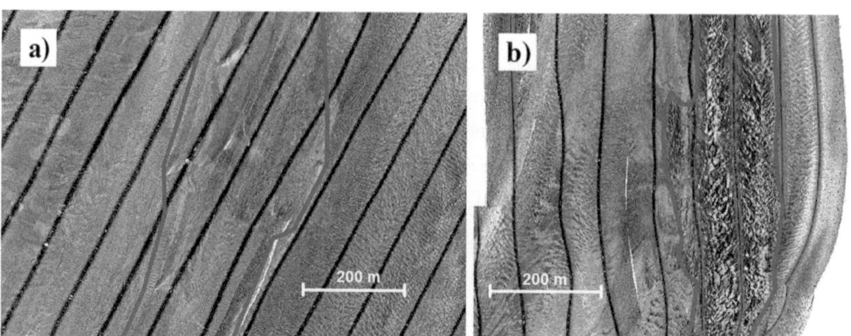

Abb. 6 Verdachtsflächen von *L. conchilega* (innerhalb des Polygons) im Untersuchungsgebiet a) Norderaue und b) Rummelloch. (Eigene Darstellung mit Daten des LKN.SH und des STopP-Projektes)

flächen sind daher vermutlich ausschließlich auf Grundlage der Sedimentproben kartiert worden. Es liegt die Vermutung nahe, dass an den Koordinaten der betroffenen Greifer-proben *L. conchilega*-Individuen nur in geringer Anzahl vorhanden oder die äußeren Bedingungen der Sonaraufnahme (z. B. Einfallswinkel und Frequenz des Sonarstrahls) suboptimal für die Erfassung feiner biogener Strukturen waren. In diesen Fällen ist die zuverlässige Modellierung von *L. conchilega* mit den vorgestellten Algorithmen unmög-lich.

Dass die Methoden bei Vorliegen geeigneter Trainingsdaten und ausgeprägten Sonar-texturen (siehe Abb. 6b)) dennoch in der Lage sind, Verdachtsflächen von *L. conchilega* in sehr guter Näherung zu prädizieren, zeigte sich bei der Auswertung der Mosaike im Untersuchungsgebiet Rummelloch. Hinsichtlich der Korrekt-Klassifikationsrate der Trainingsdaten (siehe Tab. 1) erreichte das Faltungsnetz im Gebiet Rummelloch hohe Genauigkeiten von mehr als 90 %. Dem unabhängigen Vergleich mit den Verdachts-flächen kann dieses Resultat jedoch nicht uneingeschränkt standhalten. Zwar stimmten die vom CNN prädizierten Areale von *L. conchilega*-Vorkommen zu großen Teilen mit den Sollflächen überein und identifizierten sogar dort plausible Gemeinschaften im Rückstreu-Mosaik, wo trotz entsprechender Greiferproben keine Verdachtsflächen aus-geschrieben worden waren, vereinzelt waren allerdings auch fehlklassifizierte Bereiche auszumachen.

Somit konnte das künstliche neuronale Netz die vorhandenen Trainingsdaten nahezu optimal klassifizieren, dabei allerdings nicht erlernen, zwischen biogenen Strukturen und optisch ähnlichen, kleinskaligen Transportkörpern zu unterscheiden. Es ist denkbar, dass zusätzliche Trainingsdaten oder eine Verfeinerung der Netz-Architektur diese Unter-scheidung in kommenden Analysen ermöglichen. Auch die Verwendung von Trainings-daten mit zusätzlicher Angabe zur Abundanz könnte die Modellierung weiter verbessern. Insbesondere vor dem Hintergrund, dass das neuronale Netz alle Merkmale selbstständig erlernen musste und der Umfang der Trainingsdaten mit nur wenigen Dutzend Datenpunkten sehr gering war, sind die Ergebnisse dennoch schon jetzt überzeugend und lassen das große Potenzial von Deep Learning-Verfahren im Zusammenhang mit der Modellierung von benthischen Lebensgemeinschaften erahnen.

5 Schlussfolgerung

Das im Rahmen dieser Arbeit entwickelte neuronale Netz ist als vielversprechendes Instrument für weiterführende Studien anzusehen. Die zusätzlich implementierte Benutzeroberfläche begünstigt dabei die Verwendung der entwickelten Algorithmen für künftige Auswertungen auch durch ungeübte Anwender*innen. Bestätigen sich hierbei die vorgestellten positiven Eindrücke, könnten *L. conchilega*-Strukturen mithilfe eines CNN in Zukunft präzise aus Rückstreu-Mosaiken identifiziert werden. Dann ließe sich durch regelmäßiges Monitoring großflächiger Untersuchungsgebiete ein besseres Verständnis der Verteilung und Beständigkeit der Vorkommen von *L. conchilega* erlangen. Damit wäre der Grundstein für die mögliche zukünftige Einordnung dieser Strukturen als biogene Riffe [5] und die Beurteilung des Zustandes benthischer Lebensräume im Schleswig-Holsteinischen Wattenmeer und der deutschen Nordsee gelegt.

Literatur

1. Halpern, B. S., Frazier, M., Potapenko, J., Casey, K. S., Koenig, K., Longo, C., et al. (2015). Spatial and temporal changes in cumulative human impacts on the world's ocean. *Nature Communications, 6,* Artikel 7615. https://doi.org/10.1038/ncomms8615.
2. Kappel, C. V. (2005). Losing pieces of the puzzle: Threats to marine, estuarine, and diadromous species. *Frontiers in Ecology and the Environment, 3*(5), 275–282. https://doi.org/10.1890/1540-9295(2005)003[0275:LPOTPT]2.0.CO;2.
3. Bundesamt für Naturschutz. (o. J.). *Grundschleppnetz-Fischerei.* https://www.bfn.de/themen/meeresnaturschutz/belastungen-im-meer/fischerei/grundschleppnetz-fischerei.html.
4. Heinrich, C., Feldens, P., & Schwarzer, K. (2017). Highly dynamic biological seabed alterations revealed by side scan sonar tracking of Lanice conchilega beds offshore the island of Sylt (German Bight). *Geo-Marine Letters, 37*(3), 289–303. https://doi.org/10.1007/s00367-016-0477-z.
5. Rabaut, M., Vincx, M., & Degraer, S. (2009). Do Lanice conchilega (sandmason) aggregations classify as reefs? Quantifying habitat modifying effects. *Helgoland Marine Research, 63*(1), 37–46. https://doi.org/10.1007/s10152-008-0137-4.
6. Degraer, S., Moerkerke, G., Rabaut, M., van Hoey, G., Du Four, I., Vincx, M., et al. (2008). Very-high resolution side-scan sonar mapping of biogenic reefs of the tube-worm Lanice conchilega. *Remote Sensing of Environment, 112*(8), 3323–3328. https://doi.org/10.1016/j.rse.2007.12.012.
7. Braeckman, U., Rabaut, M., Vanaverbeke, J., Degraer, S., & Vincx, M. (2014). Protecting the commons: The use of subtidal ecosystem engineers in marine management. *Aquatic Conservation: Marine and Freshwater Ecosystems, 24*(2), 275–286. https://doi.org/10.1002/aqc.2448.

8. Van Hoey, G. (2007). The effect of the presence of Lanice conchilega on the soft-bottom benthic ecosystem in the North Sea. In H. L. Rees, J. Eggleton, E. Rachor, & E. Vanden Berghe (Hrsg.), *Structure and dynamics of the North Sea benthos* (S. 188–199). ICES Cooperative Research Report, No. 288, Copenhagen: ICES, ISBN: 87-7482-058-3, https://www.vliz.be/en/imis?module=ref&refid=114913.

9. Zühlke, R., Blome, D., van Bernem, K. H., & Dittmann, S. (1998). Effects of the tube-building polychaeteLanice conchilega (Pallas) on benthic macrofauna and nematodes in an intertidal sandflat. *Senckenbergiana maritima, 29*(1–6), 131–138. https://doi.org/10.1007/BF03043951.

10. Ricklefs, K., & Trampe, A. (2020). *Abschlussbericht Identifizierung mariner Lebensraumtypen nach FFH im Schleswig-Holsteinischen Wattenmeer.* (Nordsylter Wattenmeer). Forschungs- und Technologiezentrum Westküste; Christian-Albrecht-Universität zu Kiel.

11. Chollet, F., & Allaire, J. J. (2018). *Deep Learning mit R und Keras. Das Praxis-Handbuch.* MITP.

12. Schwemmer, P., Eskildsen, K., Enners, L., Horn, S., Wittbrodt, K., Stage, M., et al. (2016). *Vom Sediment zum Top-Prädator.* Abschlussbericht. Küstenforschung Nordsee-Ostsee-Verbund. https://www.nationalpark-wattenmeer.de/wp-content/uploads/2020/04/stopp-abschluss-bericht_online_version.pdf.

13. Propp, C., Papenmeier, S., Bartholomä, A., Richter, P., Hass, C., Schwarzer, K., et al. (2016). *Guideline for Seafloor Mapping in German Marine Waters. Using High-Resolution Sonars.* Bundesamt für Seeschifffahrt und Hydrographie. https://www.bsh.de/download/Guideline-for-Seafloor-Mapping.pdf.

14. Schückel, U., Schwemmer, P., Eskildsen, K., Enners, L., Horn, S., Wittbrodt, K., Stage, M., Kottsieper, J., Binder, K., Büttger, H., Stelzer, K., Asmus, H., Asmus, R., Garthe, S., Kohlus, J., Reimers, H.-C., Ricklefs, K., & Schwarzer, K. (2019). *Joint Research Project STopP-Synthesis.* Abschlussbericht. https://www.nationalpark-wattenmeer.de/wp-content/uploads/2020/04/STopP-Synthese_Gesamtschlussbericht_final.pdf.

15. Kleesiek, J., Murray, J. M., Strack, C., Kaissis, G., & Braren, R. (2020). Wie funktioniert maschinelles Lernen? *Der Radiologe [A primer on machine learning], 60*(1), 24–31. https://doi.org/10.1007/s00117-019-00616-x.

16. Goodfellow, I., Bengio, Y., & Courville, A. (2016). *Deep learning* (Adaptive Computation and Machine Learning Series). MIT Press Ltd. http://www.deeplearningbook.org/.

17. Yamashita, R., Nishio, M., Do, R. K. G., & Togashi, K. (2018). Convolutional neural networks: An overview and application in radiology. *Insights into Imaging, 9*(4), 611–629. https://doi.org/10.1007/s13244-018-0639-9.

18. Simonyan, K., & Zisserman, A. (2015). *Very deep convolutional networks for Large-scale image recognition.* http://arxiv.org/pdf/1409.1556v6.

19. Ioffe, S., & Szegedy, C. (2015). Batch normalization: accelerating deep network training by reducing internal covariate shift. In F. Bach & D. Blei (Hrsg.), *Proceedings of the 32nd International Conference on Machine Learning* (Proceedings of Machine Learning Research, Bd. 37, S. 448–456). PMLR. http://proceedings.mlr.press/v37/ioffe15.html.

20. Srivastava, N., Hinton, G., Krizhevsky, A., Sutskever, I., & Salakhutdinov, R. (2014). Dropout: A simple way to prevent neural networks from overfitting. *Journal of Machine Learning Research, 15*(56), 1929–1958.

21. Li, X., Chen, S., Hu, X., & Yang, J. (2019). Understanding the disharmony between dropout and batch normalization by variance shift. In *IEEE/CVF Conference on Computer Vision and Pattern Recognition (CVPR)* (S. 2677–2685). IEEE. https://doi.org/10.1109/CVPR.2019.00279.

22. Song, Y., Zhu, Y., Li, G., Feng, C., He, B., & Yan, T. (2017). Side scan sonar segmentation using deep convolutional neural network. In *OCEANS 2017* (S. 1–4). IEEE.
23. Shorten, C., & Khoshgoftaar, T. M. (2019). A survey on image data augmentation for deep learning. *Journal of Big Data*, 6(1). https://doi.org/10.1186/s40537-019-0197-0.
24. Bengio, Y. (2012). Practical recommendations for Gradient-based training of deep architectures. In G. Montavon, G. B. Orr & K.-R. Müller (Hrsg.), *Neural Networks: Tricks of the Trade*, Lecture Notes in Computer Science, (Bd. 7700, S. 437–478). Springer. https://doi.org/10.1007/978-3-642-35289-8_26.

Anforderungsanalyse für ein System zur automatisierten Ereignisdetektion in marinen Umgebungen

Iring Paulenz, Daniel Lukats⬤, Janina Schneider, Elmar Berghöfer, Frederic Theodor Stahl⬤, Lars Nolle und Oliver Zielinski⬤

Zusammenfassung

Eine Vielzahl von Multisensor-Systemen, unter anderem Drifter, Bojen und auf Schiffen mitgeführte Messsysteme, aber auch in-situ Sensorsysteme, überwachen Meere und Küstengebiete [1, 2] (Baschek et al. in Ocean Science 13:379–410, 2017; Reuter et al. in Ocean Dynamics 59:195–211, April 2009). Zwar können etwaige

I. Paulenz (✉) · L. Nolle
Fachbereich Ingenieurwissenschaften, Jade Hochschule, Wilhelmshaven, Deutschland
E-Mail: iring.paulenz@jade-hs.de

L. Nolle
E-Mail: lars.nolle@jade-hs.de

D. Lukats · J. Schneider · E. Berghöfer · F. T. Stahl · O. Zielinski
Marine Perception, Deutsches Forschungszentrum für Künstliche Intelligenz GmbH, Oldenburg, Deutschland
E-Mail: daniel.lukats@dfki.de

J. Schneider
E-Mail: janina.schneider@dfki.de

E. Berghöfer
E-Mail: elmar.berghoefer@dfki.de

F. T. Stahl
E-Mail: frederic_theodor.stahl@dfki.de

O. Zielinski
E-Mail: oliver.zielinski@uol.de

O. Zielinski
Zentrum für Marine Sensorik, Universität Oldenburg, Wilhelmshaven, Deutschland

© Der/die Autor(en), exklusiv lizenziert an Springer Fachmedien Wiesbaden GmbH, ein Teil von Springer Nature 2022
F. Fuchs-Kittowski et al. (Hrsg.), *Umweltinformationssysteme – Vielfalt, Offenheit, Komplexität,* https://doi.org/10.1007/978-3-658-39796-8_10

Umweltparameter in Echtzeit aufgenommen werden, allerdings ist eine ununterbrochene Überwachung dieser Parameter durch den Menschen unrealistisch. Zudem kann die Übertragung der Daten aufgrund hoher finanzieller Kosten oder hohen Energiebedarfs womöglich nicht in Echtzeit erfolgen, sodass interessante Ereignisse möglicherweise erst verspätet wahrgenommen werden. Infolgedessen ist es in manchen Fällen nicht möglich auf ein Ereignis zu reagieren, zum Beispiel durch Entnahme einer Probe zur späteren Laboruntersuchung. Diese Problemstellung wird innerhalb des Forschungsprojektes ChESS (englisch *Change Event based Sensor Sampling*) adressiert. ChESS überwacht Datenströme aus Multisensor-Systemen in Echtzeit und wendet Methoden der Künstlichen Intelligenz an, um Ereignisse frühzeitig zu erkennen und vordefinierte Aktionen auszulösen. Im Anwendungsfall des Küstenobservatoriums Spiekeroog etwa kann ChESS eine automatisierte Entnahme einer Wasserprobe veranlassen. ChESS ist nicht auf den Einsatz auf Spiekeroog beschränkt, sondern soll ebenso in anderen Umgebungen und Forschungsgebieten unterstützen. Ein erster Schritt zur Integration von ChESS in bestehende Multisensor-Systeme ist eine Anforderungsanalyse. Zur Erstellung dieser wurden Interviews mit identifizierten Stakeholdern geführt und anschließend ausgewertet.

Schlüsselwörter

Ereignisdetektion · Anforderungsanalyse · Küstenobservatorium · Künstliche Intelligenz · Multisensor-Systeme · Datenstromverarbeitung

1   Einleitung

An unserer Lebensqualität tragen Ozeane und Küstengebiete einen erheblichen Anteil. Sie versorgen uns mit Lebensmitteln, sind für die Regulierung unseres Klimas verantwortlich und dienen der Energieerzeugung. Außerdem sind sie Lebensraum für eine Vielzahl verschiedener Tier- und Pflanzenarten. Diese biologische Diversität ist durch die anthropogenen Veränderungen der Ökosysteme bedroht [3, 4]. Der Schutz der Meere ist daher essenziell wichtig. Neben der Erhaltung von Leben, kann durch den Schutz der Ozeane auch eine nachhaltige Nutzung ihrer Ressourcen erreicht werden [5]. Um die Gesundheit der Ökosysteme und potenzielle Gefahren angemessen zu überwachen, sind Echtzeitmessungen von biologischen, chemischen und geologischen Parametern, sowie Meeresschadstoffen in verschiedenen räumlichen Maßstäben erforderlich. Zur Überwachung und Zustandserfassung werden Multisensor-Systeme genutzt. Diese umfassen unter anderem Drifter, Bojen und auf Schiffen mitgeführte Messsysteme, aber auch in-situ Sensorsysteme [1, 2]. Der Fokus bei der Weiterentwicklung solcher Systeme liegt unter anderem darauf, adäquate Abtastraten zu erreichen und neue Sensoren nahtlos in bestehende Systeme zu integrieren [6]. Analog dazu werden Kosten, Leistungsaufnahme und bauliche Größe der Sensoren stetig gesenkt, während die Sensorempfindlichkeit erhöht wird. Autonom und autark arbeitende Systeme sind auf Künstliche Intelligenz (KI) oder adaptive Modelle, basierend auf den gemessenen Daten, angewiesen [7–9]. In [10] wird ein solches System in Form eines autonomen Unterwasserfahrzeuges verwendet, um eine Wasserzone in einem Küstengewässer zu verfolgen. Dazu werden Differenzen von Wassertemperaturen in verschiedenen Wassertiefen in Echtzeit ausgewertet. Die Differenzen innerhalb der Wasserzone unterscheiden sich stark zu denen in angrenzenden Zonen. Das Ergebnis der Auswertung bestimmt den Kurs des Unterwasserfahrzeuges.

Wie bereits erwähnt, ermöglichen die genannten Sensor-Systeme Echtzeitmessungen. Die Echtzeitüberwachung der gemessenen Parameter durch den Menschen kommt allerdings nur selten vor, zum Beispiel, wenn eine bestimmte Messstandort anhand von Parametern gesucht wird. Der Prozess der Informationsgewinnung anhand von Messdaten lässt sich grob in zwei Schritte unterteilen: (1) Tätigung der Messung, zum Beispiel während einer Messkampagne zur See, (2) Auswertung der gewonnenen Daten zu einem späteren Zeitpunkt, zum Beispiel an Land in einer Forschungseinrichtung. Dieses Vorgehen birgt den Nachteil, dass interessante und wissenschaftlich relevante Ereignisse erst relativ spät erkannt werden.

In den Küstengebieten der Nordsee könnte die einsetzende Algenblüte beispielsweise ein relevantes Ereignis darstellen. Es kann von wissenschaftlichem Interesse sein, unmittelbar vor dem Eintreten eines solchen Ereignisses die Abtastraten von Sensoren zu erhöhen und die Gewässer am Messstandort häufiger zu beproben. Die Detektion eines Ereignisses ist häufig abhängig von mehreren Parametern unterschiedlicher Sensoren. Bezogen auf die einsetzende Algenblüte könnten unter anderem die Parameter Chlorophyllgehalt, Nähr- und Sauerstoffgehalt, sowie die Wassertemperatur entscheidend sein, um den Zeitpunkt zu bestimmen.

Die Ereignisdetektion in Abhängigkeit zu verschiedenen Umweltparametern wird durch das ChESS-System adressiert. ChESS ist ein Akronym für „**Ch**ange **E**vent based **S**ensor **S**ampling". Die Softwarearchitektur des Systems befindet sich zurzeit in der Planungsphase. Einige Softwaremodule sind bereits als Prototypen implementiert. Als konkretes Anwendungsbeispiel dient ein Multisensor-System des Küstenobservatoriums Spiekeroog [11]. Hier soll ChESS im Echtzeitbetrieb Ereignisse anhand verschiedener Umweltparameter erkennen. Bestimmte Ereignisse, zum Beispiel eine bevorstehende Algenblüte oder Stürme, sollen am Messpfahl vor der Insel zeitnah einen Wasserprobensammler auslösen, sodass die Beprobung während des Ereignisses erfolgt. Zur Detektion der Ereignisse soll ChESS unüberwachte Verfahren des maschinellen Lernens nutzen; insbesondere Algorithmen der Ausreißererkennung für kürzere und Algorithmen zur Detektion von Konzeptänderungen für länger andauernde Ereignisse, siehe Abschn. 2. Lediglich die Relevanz der detektierten Ereignisse muss von wissenschaftlicher Seite aus bewertet werden. Sie ist also abhängig von Expertenwissen. Das geplante System ist nicht auf den Einsatz auf Spiekeroog beschränkt, sondern soll auch in anderen Umgebungen und Forschungsgebieten Unterstützung bieten. Zu diesem Zweck wurde eine Anforderungsanalyse erstellt, die weitere Forschungsumgebungen berücksichtigt.

Dieser Beitrag ist wie folgt aufgebaut: Abschn. 2 geht auf die geplante Softwarearchitektur des Systems und einzelne Funktionalitäten sowie einige für ChESS relevante Algorithmen des maschinellen Lernens ein. Der Anforderungsanalyse gehen wichtige Schritte voraus, die bei ihrer Erstellung helfen. Diese werden in Abschn. 3 betrachtet. Die wichtigsten Erkenntnisse der Anforderungsanalyse werden in Abschn. 4 beschrieben. Der Beitrag endet mit einem Fazit und einem kurzen Ausblick.

2 Das geplante ChESS-System

Abb. 1 zeigt die geplante Architektur des Systems.

Die Funktionsblöcke werden jeweils in einem Unterabschnitt beschrieben. Unterabschnitt 2.3 beschreibt in aller Kürze die Ausgänge des Systems, welche die Ergebnisse der Funktionsblöcke retournieren. Teilaspekte der Softwarearchitektur werden in Unterabschn. 2.4 behandelt.

2.1 Datenvorverarbeitung

Ganz links in Abb. 1 fließen die Daten von den Quellen aus in das System. Im ersten Funktionsblock, links in Abb. 1, findet eine Vorverarbeitung der Daten statt, beginnend mit einer Plausibilitätsprüfung. Diese Prüfung bezieht sich nur auf die Wertebereiche der einfließenden Messwerte. Es wird festgestellt, ob ein Sensor einen fehlerhaften Wert in Abhängigkeit zu seiner Wertespezifikation liefert. Fehlerhafte Werte werden aussortiert. Zusätzlich kann es passieren, dass einzelne Sensoren ausfallen und gar keinen Wert liefern. Fehlende Werte werden durch das Modul „Missing Value Imputation" ersetzt. Bisher wird ein fehlender Wert durch den zuletzt gesehenen Wert ersetzt. Dieses Verfahren ist jedoch für länger anhaltende Lücken im Datenstrom ungeeignet. Diese ergeben

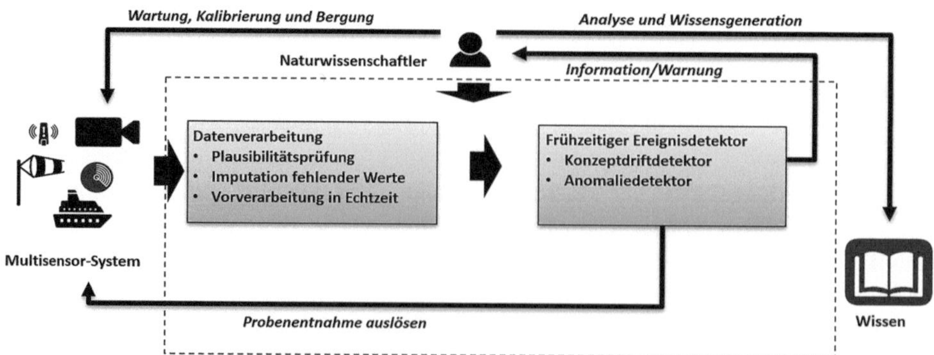

Abb. 1 Initialer Entwurf der Systemarchitektur von ChESS

sich, wenn Sensoren an schwer zugänglichen Standorten ausfallen. Statt den fehlenden Wert durch den zuletzt gesehenen zu ersetzen, müsste er in Abhängigkeit von weiteren Umweltparametern rekonstruiert werden. Vorstellbar sind Regressionsmethoden, die das Framework „River" anbietet [12], oder multivariate Imputationsalgorithmen wie kNN-dtw [13]. Eventuell sind weitere Vorverarbeitungsschritte notwendig. Beispielsweise benötigen Modelle, welche durch maschinelle Lernverfahren erstellt wurden, häufig normalisierte Daten.

Die im ChESS-System eingesetzten maschinellen Lernmodelle benötigen mehrere Parameter aus unterschiedlichen Quellen, um eine Vorhersage treffen zu können. Dieser Umstand wurde bereits in Abschn. 1 angesprochen. Mehrere Werte unterschiedlicher Sensoren werden in einer Dateninstanz zusammengefasst. Messungen verschiedener Umweltparameter an einem Standort machen nur Sinn, wenn die Messzeiten der einzelnen Sensoren synchronisiert sind. Andernfalls ist es schwierig, wenn nicht gar unmöglich, exakte Zusammenhänge innerhalb der Daten abzuleiten. Im einfachsten Falle lassen sich die Messzeitpunkte aller Sensoren synchronisieren und die Daten in fester Reihenfolge in das System übertragen. Im schlechtesten Falle sind die Messzeitpunkte verschiedener Sensoren asynchron und die Daten lassen sich nicht in Messreihenfolge in ein System überführen, zum Beispiel wenn die Sensoren räumlich weit auseinander liegen und es Übertragungsverzögerungen gibt [14]. Die beschriebenen Zusammenhänge sind in Abb. 2 dargestellt.

Die Probleme, die die Bildung von Instanzen innerhalb eines nicht endenden Datenflusses mit sich bringt, werden von sogenannten „Data Processing" Frameworks gelöst [15–17]. Das Verfahren zur zeitlichen Erfassung von Verzögerungen beruht dabei auf heuristischen Funktionen. Die einzelnen Knoten des Systems, die abgerundeten Rechtecke innerhalb des ChESS-Systems in Abb. 2 (stark vereinfacht), werden von sogenannten „Watermarks" periodisch über Zeitpunkte im Datenfluss informiert [18]. Der Zeitstempel im „Watermark" impliziert dabei die Annahme, dass in dem auf ihn folgenden Datenfluss keine kleineren Zeitstempel vorhanden sind. In Abb. 2 werden „Watermarks" in dem

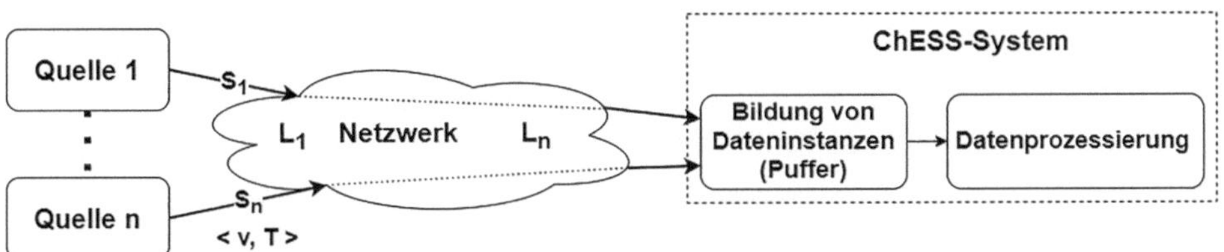

Abb. 2 ChESS-System mit Netzwerkanbindung nach [14]. Die Quellen 1 … n liefern die Datenströme S_1 … S_n. Diese enthalten Datenwerte (**value**) und Zeitpunkte (**Timestamp**) der Aufnahmen <v, T>. Die Übertragung wird durch die Latenzen des Netzwerkes L_1 … L_n verzögert. Anhand der Zeitpunkte des Eintreffens im System und der Zeitstempel in den Daten lassen sich Dateninstanzen bilden, dafür müssen Daten gepuffert werden. Anschließend erfolgt die Prozessierung durch die Algorithmen des Systems

Knoten am Eingang des Systems (Puffer) erzeugt und an den nächsten Knoten weitergeleitet [14, 17]. Die Betrachtung der zeitlichen Komponente macht es dem System überhaupt erst möglich, fehlende Werte zu detektieren und sie anschließend zu ersetzen [17]. Neben der zeitlichen Komponente können auch andere Parameter, wie etwa unterschiedliche Sensortypen, zur Bildung von Instanzen herangezogen werden. Auch eine Verknüpfung von Parametern und zeitlicher Komponente ist möglich. Je nach verwendetem Framework variiert die Unterstützungstiefe zur Fensterung der Daten in Hinblick auf die Benutzerfreundlichkeit [16]. Das zu implementierende „Data Processing" Framework muss den Anforderungen dieser Analyse genügen.

2.2   Ereignisdetektor

Im zweiten Funktionsblock – in Abb. 1 auf der rechten Seite – detektieren Algorithmen des maschinellen Lernens Konzeptänderungen und Anomalien in den Daten. Im Gegensatz zu Anomalien und Ausreißern, die lediglich wenige Zeitpunkte andauern, bezeichnen Konzeptänderungen langfristige Veränderungen in den Mustern des Datenstroms [19]. Das ChESS-System beruht auf der Idee, dass die Erkennung von Konzeptänderungen (1) einen allgemein gültigen Ansatz im Bereich des maschinellen Lernens darstellt und (2) maschinelle Lernmodelle eine gesteigerte Performance (Genauigkeit) aufweisen, wenn sie nur einem bestimmten Konzept entsprechen. Das Küstenobservatorium Spiekeroog stellt Daten aus Langzeitmessungen zur Verfügung, in welchen Konzeptänderungen und Anomalien in einem hohen Maße auftreten, dies konnte in zwei Studien empirisch evaluiert werden [20, 21]. Beide Autorengruppen zeigten das Vorhandensein und die Möglichkeit der Detektion von Anomalien auf. Erstere anhand von Wetterberichten des Deutschen Wetterdienstes für die Nordsee [20], letztere auf Basis von Expertenwissen [21]. Zudem demonstrierten Lukats et al., dass Konzeptänderungen in den Daten präsent sind, indem sie die Genauigkeit eines Regressionsmodells mit und ohne Zuhilfenahme eines Algorithmus zur Detektion von Konzeptänderungen verglichen [20]. Da die Genauigkeit bei Anpassungen des Modells stieg, ist die Anwesenheit von Konzeptänderungen naheliegend. Der Vorteil von maschinellen Lernmethoden besteht darin, dass die generellen Charakteristika von Ereignissen von einem Modell ermittelt werden. Somit müssen die Ereignisse nicht zuvor von einem Experten durch manuell aufgestellte Regeln definiert werden.

Kurzfristig auftretende Veränderungen in den Daten werden durch Algorithmen zur Erkennung von Anomalien und Ausreißern adressiert. Für die Echtzeitanalyse können Online-Algorithmen zur Erkennung von Ausreißern verwendet werden. Diese passen sich implizit an die aktuellen Daten an. Im ChESS-System werden solche Algorithmen, wie etwa Robust Random Cut Forest [22] oder Half-Space Trees [23], durch das Framework „Python Streaming Anomaly Detection (PySAD)" [24] bereitgestellt.

Konzeptänderungen hingegen lassen sich als langfristige oder periodisch auftretende Veränderungen beschreiben. Bezogen auf die Meeresforschung ergeben sich diese Ver-

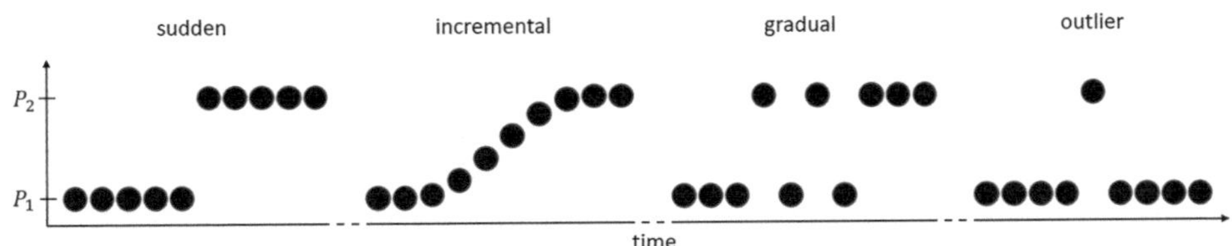

Abb. 3 Schematische Beispiele für verschiedene Typen von Konzeptabweichungen („sudden", „incremental" sowie „gradual") und eines Ausreißers, basierend auf einer Abbildung in [19]

änderungen, unter anderem, aus den kosmologischen Eigenschaften unseres Planetensystems, also dem Rhythmus der Jahres- und Tageszeiten, sowie den Gezeiten des Meeres. Diese bedingen eine Veränderung der gemessenen Werte, wie zum Beispiele Temperaturen und Wasserpegelstand. Die Veränderungen können auch abhängig von meteorologischen und biochemischen Vorgängen sein, Beispiele dafür sind Stürme oder eine einsetzende Algenblüte. Nicht zu vernachlässigen ist auch die Umgebung, in welcher Sensoren angebracht sind. Lagern sich in Messvorrichtungen Sedimente ab oder tritt Salzwasser ein, führt dies zu einer Veränderung der gemessenen Werte. Grundsätzlich lassen sich drei Typen von Konzeptänderungen unterscheiden [19]. Diese und das Auftreten eines Ausreißers sind in Abb. 3 dargestellt.

Abb. 3 zeigt zwei Konzepte P1 und P2, welchen Daten angehören können. Die Konzeptänderung kann plötzlich eintreten und zu einer sofortigen Änderung der Muster im Datenstrom führen. Aus inkrementellen Veränderungen ergibt sich ein fließender Übergang von einem zum anderen Konzept. Die Veränderungen können auch allmählich auftreten, was bedeutet, dass die Daten für eine bestimmte Zeit von einem der beiden Konzepte stammen. Im Gegensatz dazu ist ein Ausreißer definiert als ein einzelner oder sehr wenige Datenpunkte, die nicht dem allgemeinen Muster des Datenstroms entsprechen.

Ein Prototyp zur Konzeptänderungsdetektion ist mittels des KI-Frameworks „River" implementiert [12]. Für den Prototyp wurde eine Auswahl von Algorithmen zur unüberwachten Erkennung von Konzeptabweichungen implementiert. Einige der für das ChESS-System in Betracht gezogenen Algorithmen sind: „Discriminative Drift Detector" [25], „Ensemble Drift Detection With Feature Subspaces" [26] und „Image-based Drift Detector" [27] – der auch auf Daten operieren kann, die keine Bilder sind.

Die in diesem Abschnitt genannten Prototypen werden im weiteren Verlauf des Projektes im Detail evaluiert.

2.3　Ausgänge

Die Ausgänge des ChESS-Systems sind in Abb. 1 als schmale schwarze Pfeile dargestellt. Sie dienen dazu, Informationen aus dem System, in Abb. 1 begrenzt durch das gestrichelte Rechteck, zu führen. Sie informieren über das Auftreten relevanter Ereignisse und sind Auslöser für weitere Systeme, wie zum Beispiel eines Wasserproben-sammlers. Die Ausgänge sollen aber auch die Abtastraten verschiedener Sensoren einstellen. Eine Visualisierung der einfließenden Daten ist geplant, wobei relevante Ereignisse markiert werden. Die gewonnenen Informationen sollen dabei helfen, neues Wissen zu generieren, Messsysteme zu warten und die Konfiguration des ChESS-Systems anzupassen, sowie auf Ereignisse rechtzeitig zu reagieren.

2.4　Angestrebte Softwarearchitektur

Die Softwarearchitektur befindet sich in der Planungsphase und ist letztlich stark abhängig von der Anforderungsanalyse, daher werden in diesem Unterabschnitt nur die grundsätzlichen Überlegungen präsentiert.

Die Prozessierung der Daten in Echtzeit hat höchste Priorität im System: Um zu gewährleisten, dass ChESS alle vom Sensorsystem erhobenen Daten analysieren kann, muss jede Dateninstanz vor dem Eintreffen der nächsten verarbeitet werden.

Insbesondere autark und autonom arbeitende Mess- und Robotersysteme, wie etwa das in Abschn. 1 genannte autonome Unterwasserfahrzeug, sollen von ChESS profitieren. Sowohl der räumliche Platz als auch die Stromversorgung sind bei solchen Systemen häufig stark limitiert. Gleichzeitig erfolgt die Datenauswertung oft lokal, innerhalb des Systems in Echtzeit [10]. Dadurch können die Kosten der Datenüber-tragung eingespart werden, welche je nach Einsatzgebiet unterschiedlich hoch ausfallen. Genannte Limitierungen verhindern den Einsatz von Rechnerclustern. Im schlimmsten Fall ist das System sogar auf rechenleistungsarme Einplatinencomputer angewiesen. Die nachträgliche Betrachtung von Daten oder eine nachträgliche zeitlich verzögerte Korrektur des Ergebnisses ist nicht vorgesehen. Stattdessen fließen die Daten durch das System, werden durch diverse Verarbeitungsschritte verzögert und liefern ein Ergeb-nis. Diesbezüglich lassen sich zwei Softwarearchitekturen unterscheiden: Lambda und Kappa [28].

Innerhalb der Lambda-Architektur wird die Prozessierung des Datenstroms von zwei getrennten und voneinander unabhängigen Systemen übernommen. Die Daten werden zunächst in Echtzeit ausgewertet. Dabei lässt sich einstellen, wie genau das System arbeitet, wodurch letztlich die zeitliche Performance bestimmt wird. Das zweite System liefert zu einem oft sehr viel späteren Zeitpunkt ein genaueres Ergebnis [15, 28]. Die neuere Kappa-Architektur setzt auf ein einziges echtzeitfähiges System. Eine spätere Korrektur der Ergebnisse entfällt oder ist auf kurze zeitliche Verzögerungen des Daten-flusses begrenzt. Im Idealfall entfällt die Speicherung der einzelnen Sensorwerte auf einer Festplatte. Verarbeitete Daten können gelöscht werden [16, 28]. Das geplante ChESS-System setzt auf die Kappa-Architektur, da die nachträgliche Korrektur von Ergebnissen keinen Mehrwert für Systeme hat, die in Echtzeit ausgelöst werden müssen. Daraus folgt, dass die Erstellung einer Datenbank in die Zuständigkeit des Anwenders fällt und nicht durch das ChESS-System durchgeführt wird.

Neben der angesprochenen äußeren Struktur der Softwarearchitektur gibt es auch Komponenten innerhalb des Systems. Sie verbinden die in Abb. 1 gezeigten Softwaremodule und lassen sich erst nach einer Anforderungsanalyse betrachten. Aufgrund der frühen Planungsphase des Systems wird auf sie nicht weiter eingegangen.

3   Methodik

ChESS muss in bestehende Sensorsysteme und Arbeitsflüsse, wie etwa beim Küstenobservatorium Spiekeroog, möglichst reibungslos integriert werden. Dazu wurden bisher fünf Stakeholder identifiziert. Jeweils zwei Stakeholder gehören den Bereichen Meeresforschung und Fernerkundung an. Hierin enthalten ist auch ein Team des Küstenobservatoriums Spiekeroog. Für eine erste Implementierung des ChESS-Systems sind die Visionen und Vorgaben dieses Teams von besonderer Relevanz. Der Projektantrag sieht vor, dass ChESS-System in die bestehenden Systeme dieses Teams zu integrieren. Ein weiterer Stakeholder stammt aus dem Bereich Maschinenbau.

Für die Anforderungsanalyse wurde mit jedem Stakeholder ein Interview durchgeführt. Die Interviews wurden für eine spätere Auswertung aufgezeichnet. Als Vorbereitung auf die Interviews erhielten die Stakeholder eine Zusammenfassung des Projektes ChESS, sowie einen Fragekatalog, welcher als Gesprächsleitfaden diente. Der Fragenkatalog enthält 20 Fragen aus den folgenden Themenfeldern:

- Identifizierung der zu verarbeitenden Daten
- Hardwareanbindung, Computersysteme und Systeme zur Datenübertragung
- Bereits genutzte Software, mit der ChESS interagieren muss
- Detektion von relevanten Ereignissen und Verhalten, zum Beispiel Auslösen von Aktuatoren innerhalb eines festen zeitlichen Rahmens

Ein besonderes Augenmerk lag darauf zu erfahren, ob die in Abschn. 2 beschriebenen Funktionsblöcke von den Stakeholdern benötigt werden. Etwaige Fehler im Datenstrom, sowie das Vorhandensein von Anomalien und Konzeptänderungen würden den initialen Entwurf des Systems, Abb. 1, bestätigen.

Für die Softwareentwicklung des ChESS-Systems wird ein iterativ-inkrementelles Modell genutzt [29]. Es ist daher nicht zwingend notwendig ein Pflichten- und Lastenheft anzulegen [30]. Einzelne geforderte Funktionen werden nach und nach evaluiert. Dazu wird in regelmäßigen Abständen Rücksprache mit den Stakeholdern gehalten. Die Anforderungen werden schriftlich festgehalten, zusätzlich werden Grafiken mit Anwendungsbeispielen erstellt. Abb. 4 zeigt das Vorgehen mit einem iterativ-inkrementellen Entwicklungsmodell. Die Softwareentwicklung erfolgt unter Einsatz des Versionsverwaltungstools „Git".

Abb. 4 Iterativ-Inkrementelle Entwicklung nach Kleuker [29]. Zu jedem Zeitpunkt existiert eine funktionsfähige Version des Produkts, welches in jedem Bearbeitungsdurchlauf innerhalb der dargestellten Schritte um neue Funktionalitäten erweitert wird

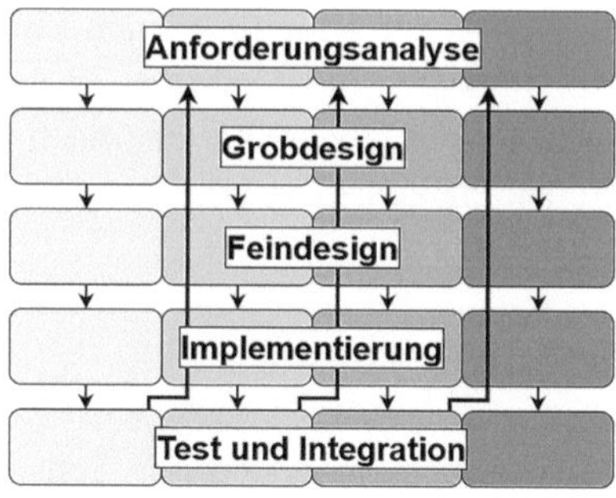

4   Anforderungsanalyse

Die identifizierten Anforderungen lassen sich in funktionale und nicht-funktionale Anforderungen unterteilen. Dabei spezifizieren die funktionalen Anforderungen „was" das System leisten soll, bezogen auf die einzelnen Verarbeitungsschritte. Nicht-funktionale Anforderungen beschreiben zum einen Qualitätsanforderungen, beispielsweise Zuverlässigkeit, Sicherheit, Verfügbarkeit, Wartbarkeit und Portabilität, und zum anderen technische Anforderungen wie Interoperabilität, Reaktionszeit und Verhalten, welches alle funktionalen Anforderungen betrifft [30].

Es folgen zwei Unterabschnitte, welche jeweils die gefundenen funktionalen und nicht-funktionalen Anforderungen beschreiben. Auch das Projektteam selbst stellt einen Stakeholder dar, daher sind Ideen und Thesen, welche sich in internen Sitzungen ergaben, ebenfalls in die Auswertung eingeflossen.

4.1   Funktionale Anforderungen

Die Stakeholder bestätigten unisono den initialen Entwurf des ChESS-Systems. Deutlich fiel dabei die Notwendigkeit einer Erkennung von Konzeptänderungen, als essenzieller Bestandteil der Datenverarbeitung, aus. Bestätigt wurde ebenfalls, dass relevante Ereignisse von mehreren Messgrößen abhängig sind. Außerdem äußerten die Stakeholder den Wunsch nach einer Visualisierung der Daten, inklusive der Markierung von Anomalien, Ausreißern und fehlenden bzw. fehlerhaften Werten, welche ersetzt wurden. Ferner forderte ein Stakeholder, dass die auf Künstlicher Intelligenz basierenden Ergebnisse erklärbar sein müssen.

Es ergaben sich größere Diskrepanzen bezüglich der Vorverarbeitung. Die Stakeholder aus den Bereichen Fernerkundung und Maschinenbau gaben an, dass ihr Datenfluss frei von fehlerhaften und fehlenden Werten sei. Dies wird durch den Einsatz von industriellen Systemen, wie zum Beispiel „Industrial Edge" (https://www.siemens.com/

global/en/products/automation/topic-areas/industrial-edge.html) der Firma „Siemens", erreicht. Daneben wird für die verlustfreie Datenübertragung auch die freie Software „Kafka" [31] der „Apache Software Foundation" eingesetzt. Einen Spezialfall stellt die Simulation von Werkzeugmaschinen dar, hier ist der Datenfluss ebenfalls fehlerfrei. In solchen Fällen wird das Modul „Missing Value Imputation" nicht benötigt. Einzelne Parameter kommen bereits zusammengefasst bei den Modulen zur Auswertung an, sodass es nicht notwendig ist eine Dateninstanz zu bilden. Die Parameter sind domänen-spezifisch. Je nach Forschungsgebiet werden also vollkommen unterschiedliche Vorver-arbeitungsschritte benötigt. Im Bereich Maschinenbau soll zum Beispiel die Abnutzung von Werkzeugmaschinen mithilfe von Audiodaten in Echtzeit erkannt werden. Dazu werden die Audiodaten in einem ersten Schritt einer Fast-Fourier-Transformation unter-zogen, um die Amplituden und Phasen eines Frequenzspektrums zu bestimmen [32]. Änderungen im Frequenzspektrum lassen Rückschlüsse über den Grad der Abnutzung zu. Die Möglichkeit zur benutzerfreundlichen Implementierung verschiedener Verfahren muss also durch das eingesetzte „Data Processing" Framework gegeben sein.

Es stellte sich heraus, dass neben der Vorverarbeitung am Eingang des ChESS-Systems auch eine Nachprüfung am Ausgang notwendig ist. Dies betrifft die Ausgänge zum Auslösen weiterer Systeme. Diese können durch diverse physikalische Gegeben-heiten limitiert sein. Als Beispiel sei hier die Ausrichtung eines Elektrooptischen/ Infrarot-Systems, kurz EO/IR, in dem Bereich der Fernerkundung erwähnt. Diese ist abhängig von verschiedenen Parametern, wie gegenwärtige Position des Sensors, Flug-höhe und Geschwindigkeit des Fluggerätes. Soll die Position des Sensors per Künstlicher Intelligenz angesteuert werden, müssen mehrere mögliche Positionen zurückgegeben und anschließend die genannten physikalischen Größen betrachtet werden, um zu einem sinnvollen Ergebnis zu gelangen. Ein etwas einfacheres Beispiel ist der Wasserproben-sammler, dessen Probenvorrat begrenzt ist. Er darf also nur angesteuert werden, wenn noch eine freie Probe vorhanden ist. Ist das Auslösen zeitkritisch oder ein Teil der auf Künstlicher Intelligenz basierender Algorithmen zu ungenau, gilt es weitere Spezialfälle zu beachten. Nicht jedes relevante Ereignis muss die Probeentnahme auslösen. Vorstell-bar ist auch, dass es mehrere Systeme gibt, die in Abhängigkeit unterschiedlicher Ereig-nisse ausgelöst werden.

Ein weiterer wichtiger Punkt ergibt sich aus der Notwendigkeit auf Basis der Proben-auswertung gegebenenfalls Anpassungen an der Systemkonfiguration vornehmen zu müssen. Dazu müssen die Softwaremodule des Systems anpassbar sein. Hierzu ist es notwendig, das System für kurze Zeit zu pausieren und nach der Änderung weiter laufen zu lassen. Der anfallende Datenstrom muss dabei gepuffert werden, um den Verlust von Messdaten zu verhindern. Bezogen auf die Konzeptänderungen können zum Bei-spiel maschinelle Lernmodelle eingesetzt werden, welche nur einem saisonalen Konzept entsprechen. Eine Änderung des Konzeptes führt zum automatischen Austausch des Modells. Dies soll die Genauigkeit der Vorhersage verbessern.

In marinen Umgebungen müssen Daten oft manuell aus isolierten Aufzeichnungsgeräten geborgen werden. In diesem Fall müssen Daten auch nachträglich ins ChESS-System eingebunden werden können.

4.2 Nicht-funktionale Anforderungen

Die nicht-funktionalen Anforderungen beschreiben eine Reihe von kritischen Bereichen des zu entwickelnden Systems, die in direkter Abhängigkeit zum eingesetzten „Data Processing" Framework stehen. Hierzu zählen, unter anderem, Zuverlässigkeit, Sicherheit, Wartbarkeit und Portabilität, sowie technische Anforderungen wie Interoperabilität und Verhalten, welches von allen Softwaremodulen unterstützt werden muss [30].

Die beschriebenen Anforderungen umfassen etwaige Softwareschnittstellen der Stakeholder, die benötigte Reaktionszeit des Systems, unterstützte Betriebssysteme und Mikroprozessor-Architekturen, sowie die Ausfall- und Übertragungssicherheit des Systems.

Bisher nutzen die Stakeholder mannigfaltige Softwareschnittstellen, um die Messdaten in ihr System zu überführen. Diese basieren zum Teil auf Open-Source-Software, viele haben aber auch proprietären Charakter. Ein Hauptaugenmerk des ChESS-Systems liegt deswegen darauf, mit diesen Schnittstellen zu interagieren. Dieses Problem wird direkt durch die Transportebene des „Data Processing" Frameworks adressiert. Es interagiert als Schnittstelle zu verschiedenen Systemen, wie zum Beispiel Datenbanken aber auch Transportprotokollen. Bei den Stakeholdern kommen neben lokalen kabelgebundenen Datennetzen auch kabellose Systeme zum Einsatz. In letzteren kann es, aufgrund der Eigenschaften solcher Netzwerke, zu einer größeren Verzögerungszeit bei der Datenübertragung kommen. Diesbezüglich muss das Framework geeignete Verfahren besitzen, um Verzögerungszeiten zu berücksichtigen und Dateninstanzen aus den einzelnen übertragenen Sensorwerten zu bilden [14, 16, 17], siehe auch Abschn. 2.1.

Weitere Probleme, welche ebenfalls durch das Framework adressiert werden, sind die Ausfallsicherheit und die Übertragungsgarantie. Einzelne Prozesse müssen überwacht und bei Ausfall automatisch neu gestartet werden. Sollten einzelne Softwaremodule Zustands-Maschinen darstellen, also zum Beispiel nach der x-ten Überschreitung eines Schwellwertes einen Alarm auslösen, muss auch der Zustand, den ein Modul vor dem Neustart besaß, wiederhergestellt werden. Messdaten müssen das System garantiert genau einmal komplett durchlaufen. Beide Probleme machen das periodische Speichern des Datenflusses und der Zustände der einzelnen Softwaremodule auf einer Festplatte notwendig [16, 33].

Die Stakeholder verwenden auf ihren Computersystemen sowohl Windows als auch Linux als Betriebssystem. ChESS soll daher nach Möglichkeit mit beiden Systemen interagieren können. Auch Einplatinencomputer mit der Mikroprozessor-Architektur ARM, unter Verwendung des Betriebssystem Linux, kommen zum Einsatz. Die bisher implementierten Prototypen des ChESS-Systems setzen auf Linux als Betriebssystem. Es ist sehr wahrscheinlich, dass sich nicht alle Funktionalitäten unter Windows implementieren lassen. Die Systeme können aber im jeweils anderen als virtuelle Maschinen aufgesetzt werden oder es wird ein Computercluster, bestehend aus unterschiedlichen Maschinen, genutzt. Die Transportschicht des einzusetzenden Frameworks sollte auf beiden Betriebssystemen lauffähig sein. Ein hohes Abstraktionslevel ist gewünscht, um dem Anwender Programmieraufwand zu ersparen.

Die Mehrheit der Stakeholder bewertet die Reaktionszeit, die das ChESS-System einhalten muss, als unkritisch. Daher wird für eine erste Implementierung davon ausgegangen, dass die Reaktionszeit direkt von der Frequenz abhängt, mit der Daten in das System fließen. In der Meeresforschung werden Sensorwerte oft über mehrere Minuten gemittelt. Kritischer ist die Verarbeitung von Audio- und Bilddaten. Im Audiobereich wurde eine Abtastrate von 16 kHz angegeben. Ein Stakeholder aus dem Bereich der Fernerkundung nutzt zur Detektion von Umweltverschmutzungen, wie etwa Plastikmüll oder Ölteppichen, ein eigens entwickeltes KI-Verfahren zur Bildinterpretation. Aufgrund der frühen Phase des Projektes konnten noch keine Angaben über die Bildauflösung gemacht werden. Die Bilder würden aber etwa alle ein bis zwei Sekunden in das System fließen. Bei VGA Auflösung ergeben sich daraus bereits 307.200 Pixel pro Sekunde. Der Stakeholder ist sich der entstehenden Datenmenge bewusst und möchte sein System über die Bildauflösung skalieren. Diesbezüglich ist die Möglichkeit zur horizontalen Skalierung ein weiterer wichtiger Punkt, welchem jedoch für eine erste Implementierung des ChESS-Systems keine hohe Priorität eingeräumt wird.

5   Fazit & Ausblick

Wie vorgesehen konnten durch den Prozess der Anforderungsanalyse weitere Anwendungsbeispiele für das ChESS-System gefunden werden. Funktionale Anforderungen umfassen dabei etwaige Systeme, welche am Ausgang des ChESS-Systems ausgelöst werden sollen. Diesbezüglich wurde im initialen Entwurf des Systems nicht davon ausgegangen, dass neben den Methoden das maschinellen Lernens auch einfache Rechen- und Vergleichsoperationen benötigt werden, um die angeschlossenen Systeme sinnvoll anzusteuern. Hier, aber auch in weiteren Verarbeitungsschritten, liegt die Hauptverantwortung für die Implementierung bei den Stakeholdern. Das ChESS-System soll nur Module beinhalten, welche eine allgemeine Gültigkeit aufweisen. Auch die Systemkonfiguration spielt eine wichtige Rolle. Maschinelle Lernmodelle und Softwaremodule müssen während des Betriebes austauschbar sein. Außerdem benötigt nicht jeder Stakeholder den vollen Funktionsumfang. Daher ist es umso wichtiger den Stakeholdern ein benutzerfreundliches „Data Processing" Framework zur Verfügung zu stellen.

Bezogen auf die Softwarearchitektur entspricht die Forderung der nachträglichen Betrachtung von Messdaten nicht dem initialen Entwurf des ChESS-Systems, da dieses lediglich die Echtzeitauswertung adressiert. Sofern die Stakeholder selbst Datenbanken zur Speicherung vorhalten und sich diese als Eingänge für das ChESS-System nutzen lassen, ergeben sich in Hinblick auf die in Abschn. 2.4 vorgestellten Softwarearchitekturen keine Unterschiede. Die Kappa-Architektur ist auch in der Lage Dateninstanzen zu prozessieren [16].

Die Stakeholder bestätigten die Notwendigkeit der Funktionalitäten des initialen Systementwurfs. Die auf Künstlicher Intelligenz basierten Module und die adaptive Fähigkeit des Systems fanden aufgrund der allgemeinen Gültigkeit Zuspruch.

An die Reaktionszeit des geplanten Systems gibt es noch keine konkrete Anforderung. Allerdings bedingt die Echtzeitfähigkeit des geplanten Systems den Einsatz maschineller Lernmethoden, die komplexe physikalische Modelle in ihrer Performance übertreffen.

Abb. 5 zeigt den Entwurf der Systemarchitektur nach der Anforderungsanalyse. Hinzugekommen ist eine Schnittstelle zur Visualisierung der Daten. Die darzustellenden Daten können aus einem beliebigen Funktionsblock, beziehungsweise Verarbeitungsschritt, stammen. Es kann auch angezeigt werden, welche Daten momentan in das System fließen. Ein weiterer Funktionsblock stellt die in Abschn. 4.1 genannte Prüfung vor dem Auslösen weiterer Systeme dar.

Zurzeit wird die Anforderungsanalyse mit den in Abschn. 3 erwähnten Methoden komplettiert. Hohe Priorität hat das zu implementierende „Data Processing" Framework. Die bisherigen Ergebnisse der Anforderungsanalyse haben viele wichtige Punkte, wie die Anforderungen an Ausfall- und Übertragungssicherheit, aufgezeigt. Die definierten Anforderungen sollten die Findung eines zum System passenden Frameworks ermöglichen. Neben den technischen Funktionalitäten, steht bei der Suche vor allem die Benutzerfreundlichkeit und die Popularität im Fokus. Mögliche Kandidaten für das Framework sind unter anderem: „Flink" [33], „Storm" (https://storm.apache.org), „StreamBox" [34], das weniger bekannte „Odysseus" (https://odysseus.informatik.uni-oldenburg.de) der Universität Oldenburg und das „Robot Operating System 2" (ROS2)

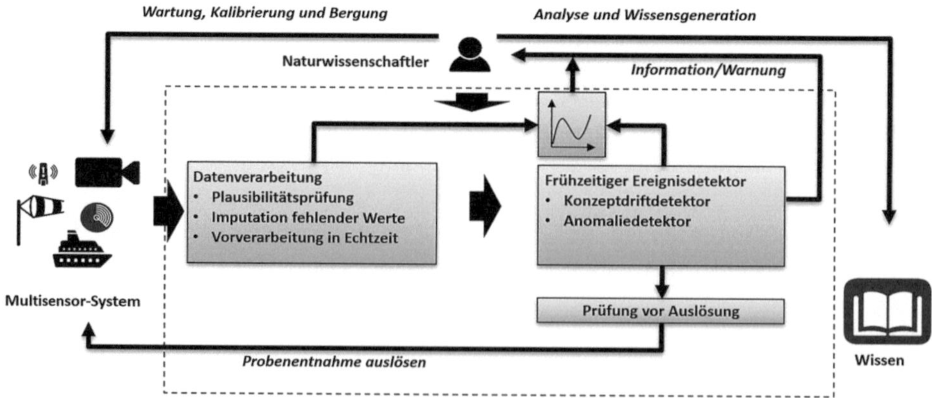

Abb. 5 Erweiterter Entwurf der Systemarchitektur von ChESS

(https://docs.ros.org) – streng genommen kein „Data Processing" Framework, aber auch auf Echtzeitdatenverarbeitung ausgelegt. Im Anschluss an diesen Prozess ist ein Framework zu implementieren und zu testen. Für die Tests sollen Netzwerksimulatoren eingesetzt werden. Parallel dazu werden die bisherigen Prototypen des ChESS-Systems weiterentwickelt und evaluiert. Dies soll den Einsatz von Unit-Tests ermöglichen.

Danksagung Diese Arbeit wurde über das Projekt ChESS vom Ministerium für Wissenschaft und Kultur Niedersachsen aus dem Niedersächsischen Vorab der Volkswagen-Stiftung gefördert (ZN3683). Darüber hinaus danken wir den Stakeholdern für die Bereitschaft an den Interviews teilzunehmen.

Literatur

1. Baschek, B., Schroeder, F., Brix, H., Riethmüller, R., Badewien, T. H., Breitbach, G., et al. (2017). The Coastal Observing System for Northern and Arctic Seas (COSYNA). *Ocean Science, 13*, 379–410.
2. Reuter, R., Badewien, T. H., Bartholomä, A., Braun, A., Lübben, A., & Rullkötter, J. (April 2009). A hydrographic time series station in the Wadden Sea (southern North Sea). *Ocean Dynamics, 59*, 195–211.
3. Hillebrand, H., & Matthiessen, B. (2009). Biodiversity in a complex world: Consolidation and progress in functional biodiversity research. *Ecology Letters, 12*, 1405–1419.
4. Rockström, J., Steffen, W., Noone, K., Persson, Å., Chapin, F. S., Lambin, E. F., et al. (2009). A safe operating space for humanity. *Nature, 461*, 472–475.
5. Ryabinin V, Barbière J, Haugan P, Kullenberg G, Smith N, McLean C, Troisi A, Fischer A, Aricò S, Aarup T, Pissierssens P, Visbeck M, Enevoldsen HO and Rigaud J. (2019). *The UN Decade of Ocean Science for Sustainable Development.* Front. Mar. Sci. 6:470. https://doi.org/10.3389/fmars.2019.00470.
6. JPI OCEANS. (2015). Strategic research and innovation agenda 2015–2020. *Strategic Research and Innovation Agenda 2015–2020.* JPI Oceans. https://www.jpi-oceans.eu/sites/jpi-oceans.eu/files/managed/Publications%20files/strategic-research-and-innovation-agenda-2015-2020.pdf. Zugegriffen: 17. Mai 2022.
7. Malde, K., Handegard, N. O., Eikvil, L., & Salberg, A.-B. (2020). Machine intelligence and the data-driven future of marine science. *ICES Journal of Marine Science, 77*, 1274–1285.
8. Monterey Bay Aquarium Research Institute. (2014). *Technologie Roadmap 2014.* Monterey Bay Aquarium Research Institute (MBARI), https://www.mbari.org/wp-content/uploads/2015/04/TechnologyRoadmap.pdf.
9. OECD. (2016). *The ocean economy in 2030.* Organisation for Economic Co-operation and Development. https://www.oecd-ilibrary.org/economics/the-ocean-economy-in-2030_9789264251724-en. Zugegriffen: 17. Mai 2022.
10. Zhang, Y., Godin, M., Bellingham, J., & Ryan, J. (2012). Using an autonomous underwater vehicle to track a coastal upwelling front. *Oceanic Engineering, IEEE Journal of, 37*, 338–347. https://doi.org/10.1109/JOE.2012.2197272.
11. Zielinski, O., Pieck, D., Schulz, J., Thölen, C., Wollschläger, J., Albinus, M. et al. (2022). The spiekeroog coastal observatory: A scientific infrastructure at the Land-sea transition zone (Southern North Sea). *Frontiers in Marine Science, 8*, 754905:1–754905:28.

12. Montiel, J., Halford, M., Mastelini, S. M., Bolmier, G., Sourty, R., Vaysse, R., et al. (2021). River: Machine learning for streaming data in Python. *Journal of Machine Learning Research, 22*, 1–8.

13. Oehmcke, S., Zielinski, O., & Kramer, O. (2016). kNN ensembles with penalized DTW for multivariate time series imputation (S. 2774–2781). *2016 International Joint Conference on Neural Networks (IJCNN).*

14. Srivastava, U., & Widom, J. (2004). Flexible time management in data stream systems. *Proceedings of the twenty-third ACM SIGMOD-SIGACT-SIGART symposium on Principles of database systems* (S. 263–274). Association for Computing Machinery.

15. Akidau, T., Bradshaw, R., Chambers, C., Chernyak, S., Fernández-Moctezuma, R. J., Lax, R., et al. (2015). The dataflow model: A practical approach to balancing correctness, latency, and cost in massive-scale, unbounded, out-of-order data processing. *Proceedings of the VLDB Endowment, 8*, 1792–1803.

16. Akidau, T., Chernyak, S., & Lax, R. (2018). *Streaming systems: The what, where, when, and how of Large-scale data processing.* O'Reilly.

17. Akidau, T., Begoli, E., Chernyak, S., Hueske, F., Knight, K., Knowles, K. et al. (2021). Watermarks in stream processing systems: Semantics and comparative analysis of apache flink and google cloud dataflow. *Proceedings of the VLDB Endowment, 14*, 3135–3147.

18. Awad, A., Traub, J., & Sakr, S. (2019). Adaptive Watermarks: A Concept Drift-based Approach for Predicting Event-Time Progress in Data Streams. In: Advances in Database Technology – 22. Internationale Konferenz über „Extending Database Technology (EDBT 2019)", Lissabon, Portugal, 26–29. März 2019, OpenProceedings.org, S. 622–625. https://doi.org/10.5441/002/edbt.2019.71.

19. Gama, J., Žliobaitė, I., Bifet, A., Pechenizkiy, M., & Bouchachia, A. (2014). A survey on concept drift adaptation. *ACM Computing Surveys, 46*, 44:1–44:37.

20. Lukats, D., Berghöfer, E., Stahl, F., Schneider, J., Pieck, D., Idrees, M. M., et al. (2022). *Towards concept change detection in marine ecosystems. IEEE Journal of Oceanic Engineering.* IEEE.

21. Oehmcke, S., Zielinski, O., & Kramer, O. (2015). Event detection in marine time series data. In S. Hölldobler, R. Peñaloza, & S. Rudolph (Hrsg.), *KI 2015: Advances in Artificial Intelligence* (S. 279–286). Springer International Publishing.

22. Guha, S., Mishra, N., Roy, G., & Schrijvers, O. (2016). Robust random cut forest based anomaly detection on streams. *Proceedings of The 33rd International Conference on Machine Learning* (S. 2712–2721). PMLR.

23. Tan, S. C., Ting, K. M., & Liu, T. F. (2011). Fast anomaly detection for streaming data. *Proceedings of the 22nd International Joint Conference on Artificial Intelligence*

24. Yilmaz, S. F., & Kozat, S. S. (2020). *PySAD: A streaming anomaly detection framework in python.* Tech. rep., arXiv.

25. Gözüaçık, Ö., Büyükçakır, A., Bonab, H., & Can, F. (2019). Unsupervised Concept Drift Detection with a Discriminative Classifier. *Proceedings of the 28th ACM International Conference on Information and Knowledge Management* (S. 2365–2368). Association for Computing Machinery.

26. Korycki, L., & Krawczyk, B. (2019). Unsupervised drift detector ensembles for data stream mining. *2019 IEEE International Conference on Data Science and Advanced Analytics (DSAA),* (S. 317–325).

27. Souza, V. M., Chowdhury, F. A., & Mueen, A. (2020). Unsupervised drift detection on high-speed data streams (S. 102–111). *2020 IEEE International Conference on Big Data (Big Data).*

28. Feick, M., Kleer, N., & Kohn, M. (2018). *Fundamentals of Real-time data processing architectures lambda and kappa.* Gesellschaft für Informatik e.V.

29. Kleuker, S. (2011). *Grundkurs Software-Engineering mit UML: Der pragmatische Weg zu erfolgreichen Softwareprojekten.* Vieweg+Teubner.

30. Balzert, H. (2009). *Lehrbuch der Softwaretechnik: Basiskonzepte und Requirements Engineering.* Spektrum Akademischer Verlag.

31. Kreps, J. (2011). Kafka : A distributed messaging system for log processing. https://www.semanticscholar.org/paper/Kafka-%3A-a-Distributed-Messaging-System-for-Log-Kreps/ea97f112c165e4da1062c30812a41afca4dab628.

32. Nussbaumer, H. J. (1981). The fast fourier transform. In H. J. Nussbaumer (Hrsg.), *Fast fourier transform and convolution algorithms* (S. 80–111). Springer.

33. Carbone, P., Katsifodimos, A., Ewen, S., Markl, V., Haridi, S., & Tzoumas, K. (2015). Apache Flink™: Stream and Batch Processing in a Single Engine. *IEEE Data Engineering Bulletin, 38.*

34. Miao, H., Park, H., Jeon, M., Pekhimenko, G., McKinley, K. S., & Lin, F. X. (2017). StreamBox – Modern stream processing on a multicore machine. *Proceedings of the USENIX Annual Technical Conference (USENIX ATC 17),* (S. 617–629) USENIX Association. https://www.usenix.org/conference/atc17/technical-sessions/presentation/miao.

Moderne Anwendungen für Behörden und zur Entscheidungsunterstützung

Konzeption eines Entscheidungshilfesystems für Niedrigwasser und Trockenheit

Ruben Müller und Bernd Pfützner

Zusammenfassung

Trockenheit und Niedrigwasser stellen zunehmend Probleme für Deutschland und Europa dar. Dieser Beitrag stellt die Konzeption eines räumlichen Entscheidungshilfesystems (Decision Support System, DSS) NieTro vor, das Akteure aus unterschiedlichen Sektoren durch aktuelle und einheitliche Informationen über Gewässer und ihre Einzugsgebiete unterstützen soll. Hierfür werden Anforderungen beschrieben, die mit Vertretern der relevanten Zielgruppen erarbeitet wurden. Wichtigste Funktionen des DSS NieTro umfassen die räumlich hochaufgelöste Bereitstellung tagesaktueller Informationen über vorherrschende Trockenheit und daraus resultierendes Niedrigwasser, die Berechnung kurz- und mittelfristiger Vorhersagen und Trends sowie die Berechnung von Szenerien durch Nutzer. Weiterhin geht der Beitrag auf das prototypisch erstellte hydrologische Backend, wesentliche Aspekte des technischen Konzepts und Entwürfe der grafischen Benutzeroberflächen ein.

Schlüsselwörter

Entscheidungshilfe · Trockenheit · Niedrigwasser · Hydrologie

R. Müller · B. Pfützner (✉)
Büro für Angewandte Hydrologie GmbH, Berlin, Deutschland
E-Mail: bernd.pfuetzner@bah-berlin.de

R. Müller
E-Mail: ruben.mueller@bah-berlin.de

© Der/die Autor(en), exklusiv lizenziert an Springer Fachmedien Wiesbaden GmbH, ein Teil von Springer Nature 2022
F. Fuchs-Kittowski et al. (Hrsg.), *Umweltinformationssysteme – Vielfalt, Offenheit, Komplexität,* https://doi.org/10.1007/978-3-658-39796-8_11

1   Einleitung

Trockenheit und damit verbundenes Niedrigwasser sorgt zunehmend für große Probleme in Deutschland und Europa. Die Jahre 2003, 2014–2015 und 2018–2021 waren von heißen und trockenen Sommern geprägt [1]. Mit einer erreichten Austrocknung des Bodens in der Trockenperiode von 2014–2018, die nur alle 253 Jahre zu erwarten ist [2], sind diese Ereignisse jedoch immer noch deutlich schwächer als historische langjährige Trockenperioden, die im Rahmen der natürlichen Variabilität [1] liegen.

Trockenheit ist ein Problem, das die unterschiedlichsten Sektoren, wie Wasserversorger, Landwirtschaft, Forstwirtschaft, industrielle Großverbraucher oder Schifffahrt im operationellen Betrieb und der Planung direkt betrifft [3]. Behörden, Ministerien und Ämter benötigen verlässliche Datengrundlagen für den Erlass von Verfügungen und die Planung von Maßnahmen. Zur Kommunikation mit Gremien und der Öffentlichkeit müssen diese Daten allgemeinverständlich aufgearbeitet sein. In letzterer können diese die Akzeptanz von behördlichen Verfügungen und Maßnahmen erhöhen.

Betroffene Akteure definieren Trockenheit hinsichtlich ihrer Betroffenheit entweder aus meteorologischer, hydrologischer, landwirtschaftlicher oder sozioökonomischer Sicht [3]. Die Resilienz gegenüber Trockenheit ist je nach räumlicher und zeitlicher Ausdehnung höchst unterschiedlich. Im Sinne einer Entscheidungsunterstützung sind daher keine allgemeinen Handlungsempfehlungen aussprechbar. Stattdessen benötigen Akteure breit gefächerte und belastbare Informationen über den Zustand von Gewässern und ihrer Einzugsgebiete als Basis für differenzierte Handlungsempfehlungen.

Bisher existieren kaum Entscheidungshilfesysteme mit Fokus auf Trockenheit und Niedrigwasser, die eine breite Datenbasis für unterschiedliche Akteure bereitstellen und somit eine einheitliche Entscheidungsgrundlage über Behördengrenzen und unterschiedliche Sektoren bieten.

In diesem Beitrag wird die Konzeption eines solchen räumlichen Entscheidungshilfesystems für Niedrigwasser und Trockenheit (DSS NieTro) für das Land Brandenburg aus der Machbarkeitsstudie NieTro [8] vorgestellt. Hierfür werden zunächst die Anforderungen erläutert, die aus der Diskussion mit Vertretern der relevanten Zielgruppen erarbeitet wurden. Anschließend wird das für eine Machbarkeitsstudie prototypisch umgesetzte hydrologische Backend als Kernkomponente des DSS vorgestellt. Darauf aufbauend werden das technische Konzept und Entwürfe für die Nutzeroberfläche des DSS NieTro präsentiert.

2   Wissenschaftlicher und technischer Stand

Das Ziel von Entscheidungshilfesystemen (DSS) ist die teilweise oder komplette Unterstützung von Nutzern bei ihren möglicherweise unstrukturierten Entscheidungsfindungsprozessen. Hierzu stehen Werkzeuge wie analytische Modelle und Datenverarbeitungstechniken bereit, die über eine benutzerfreundliche Oberfläche zugänglich sind [4]. Räumliche Entscheidungsunterstützungssysteme zur Lösung raumbezogener Planungs- und Entscheidungsfragen kombinieren zumeist Geo-Datenbanken, GIS-Auswertungen und klassische DSS- und Optimierungsansätze [6].

Für die integrierte Bewirtschaftung von Wasserressourcen und im Hochwasser- oder Wassermanagementbereich mit nationalem und internationalem Fokus haben sich DSS bereits bewährt [4, 5]. DSS speziell für den Umgang mit Trockenheit und Niedrigwasser sind in Deutschland bisher wenig verbreitet.

Der Niedrigwasser-Informationsdienst (NID) Bayern stellt in einem Lagebericht für ganz Bayern Informationen über aktuelle Niedrigwasserstände in Oberflächen- und Grundgewässern sowie Dürrezustände bereit. Der NID bietet damit die Grundlage für frühzeitige Reaktionen der Entscheidungsträger in der Wasserwirtschaft in Bayern [7]. Der Dienst bietet allerdings keine Vorhersagen.

Das Wasserhaushaltsportal Sachsen erlaubt nutzerseitige und standortspezifische hydrologische Berechnungen zur Klimafolgenanalyse über ein Internetportal, verzichtet dabei aber auf eigene Visualisierungstechniken [11] . Genutzt wird hierfür ein automatisierter Betrieb des Wasserhaushaltsmodells ArcEGMO. Die Möglichkeit der Berechnung von Szenarien zur Mittelfristvorhersage ausgehend vom aktuellen Zustand besteht nicht.

Der Dürremonitor [12] des Helmholtz-Zentrum für Umweltforschung bietet täglich flächendeckende Informationen zum Bodenfeuchtezustand in Deutschland, dargestellt als Bodenfeuchteindex SMI.

3   Anforderungsanalyse

Identifizierte Nutzergruppen aus dem öffentlichen Bereich für ein DSS umfassen Ministerien und Landesämter in den Bereichen Landwirtschaft, Umwelt- und Klimaschutz, Wasser- und Bodenverbände und untere Wasserbehörden. Für eine umfassende Erhebung der Anforderungen an ein Entscheidungshilfesystem für Niedrigwasser und Trockenheit stand ein breites Spektrum potenzieller Nutzer aus der Praxis bereit (Landesamt für Umwelt Brandenburg; Landkreis Dahme-Spreewald; Senatsverwaltung für Umwelt, Verkehr und Klimaschutz, Berlin; Wasser- und Bodenverband „Finowfließ"; Wasser- und Bodenverband „Welse"; Wasserstraßen- und Schifffahrtsamt Eberswalde).

Aus dem wirtschaftlichen Bereich entstammen Nutzer u. a. den Sektoren Landwirtschaft, Energie- und Wasserversorger. Weiterhin ist die breite Öffentlichkeit durch interessierte Bürger angesprochen. Diese Anforderungen dieser Akteure konnten in dieser Arbeit noch nicht detailliert eruiert werden und sind in einem Nachfolgeprojekt zu erheben.

Als die vorrangigen Anwendungsfälle eines DSS wurden identifiziert:

- **Bürger** informieren sich über die gerade vorherrschende Trockenheit mittels einfach verständlicher Diagramme und Karten. Sie lernen die gerade vorliegende Situation im historischen Kontext einzuordnen und werden hinsichtlich der Probleme durch Trockenheit sensibilisiert.

- **Fachnutzer** verwenden das DSS für eine detaillierte Übersicht über den tages-aktuellen Zustand sowie für kurz- und mittelfristige Vorhersagen (5–10 Tage) und mittelfristig möglicher Trends (2–3 Monate). Hierbei ist eine Vielzahl an relevanten meteorologischen und hydrologischen Größen und Indikatoren aufrufbar. Die Aus-wertungen sind interaktiv manipulierbar und lassen sich zur Kommunikation mit anderen Ämtern und Behörden nutzen. Maßnahmen, Erlässe und Allgemeinver-fügungen lassen sich durch leicht zu erstellende Auswertungen gegenüber der Öffentlichkeit und Wirtschaft objektiv und bildlich instruktiv begründen. Für die Maßnahmenplanung sind Szenarienrechnungen durch den Nutzer durchführbar. Dabei sind ausgehend vom derzeitigen hydrologischen Zustand „was-wäre-wenn" Rechnungen durch eine Variation der kurz- und mittelfristig eintretenden meteoro-logischen Lage möglich. Darauf aufbauend sind durch Variationen von wasserwirt-schaftlichen Steuerungsmaßnahmen kurz- und mittelfristige Adaptionsstrategien im Sinne von Planspielen evaluierbar. Weiterhin dient die Berechnung von quasi-natür-lichen Abflüssen, also ohne Bewirtschaftungseinflüsse, als Grundlage für einen Ver-gleich mit einem unbeeinflussten und natürlichen Abflussregime.
  Für Fachnutzer aus Ämtern oder der Wirtschaft stehen die Modellausgaben zum Download bereit. Zum Beispiel können Wasserversorger die Grundwasserneubildung als Randbedingung für Grundwassermodelle beziehen.

Eine strukturierte Übersicht zu den Anforderungsfällen, die sich aus Workshops und Befragungen ergaben, ist in Tab. 1 dargestellt.

Der Durchfluss ist nach Einschätzung der befragten Praxispartner die wichtigste hydrologische Größe und soll sowohl an offiziellen Pegelquerschnitten als auch für das Gesamtgewässersystem als realer Durchfluss und auch als quasi-natürlicher Durchfluss abrufbar sein. Weitere wichtige Größen sind die Abflussspende, die tiefendifferenzierte Bodenfeuchte und die Grundwasserneubildung. Wichtigste Indizes sind Dürre- und Trockenheitsindex sowie relative Speicherfüllungen der Grund-, Boden- und Ober-flächenwasserspeicher. Bei den meteorologischen Größen wurden vor allem Nieder-schlag, Lufttemperatur in 2 m Höhe, reale und potenzielle Evapotranspiration (ETR und ETP) sowie reale Wasserbilanz (P-ETR) genannt.

Das DSS muss die Darstellung dieser Informationen als Karten und als Zeitreihen-diagramme leisten. Verschiedene Datenmanipulationen wie räumliche und zeitliche Aggregation, Bildung von Differenzen und Summenlinien sind wichtig. Berechnete Durchflüsse sind gegenüber Pegelmesswerten abzugleichen und die Simulationsgüte ist als Abweichung zwischen Simulation und Messwert anzugeben. Ebenso soll ein Ver-gleich von gemessenen und simulierten Durchflusstendenzen durch Pfeilvisualisierungen (Neigung) möglich sein.

Eine deutliche Mehrheit der Befragten sprach sich für ein Entscheidungshilfesystem auf Basis einer Webapplikation aus. Alternative Präferenzen waren Erweiterungen für GIS-Systeme wie QGIS [9], oder eine Delft-FEWS [10].

Tab. 1 Anforderungen an das Entscheidungshilfesystem NieTro

	Webanwendung: allgemein
AR1	Rechtemanagement für Funktionen nach Nutzergruppen
AR2	Download von Daten
AR3	Administration
	Webanwendung: Visualisierung
AR4	Visualisierung von Zeitreihen an POIs
AR5	Visualisierung von räumlich verteilten Informationen in Karten
AR6	Auswahl verschiedener Kartenhintergründe/Themen
AR7	Aufbereitung der Ein- und Ausgangsdaten durch räumliche Aggregation, Mittelwertbildung, laufende Summenbildung, etc.
AR8	Interaktive Anpassung der Diagramme und Karten durch den Nutzer
	Webanwendung: nutzerseitige Simulationsrechnungen
AR9	Auswahl meteorologischer Daten zur Szenarienberechnung
AR10	Modifikation der Steuerung wasserwirtschaftlicher Anlagen
AR11	Start einer Simulationsrechnung mit anschließender Rückmeldung
AR12	Auswertungen und Visualisierung je nach Art der Simulationsrechnung
	Hydrologische Modelltechnik
AR13	Automatischer Bezug von meteorologischen (Vorhersage-)Daten
AR14	Automatischer Bezug von hydrologischen Messdaten
AR15	Automatische tägliche Modellrechnung
AR16	Nachbereitung der Ergebnisse und Berechnung von Indikatoren
AR17	Konfiguration von Steuerungsregeln anpassen
AR18	An-/Ausschalten der anthropogenen Beeinflussungen

4   Prototypische Umsetzung des hydrologischen Kernsystems

In einer Machbarkeitsanalyse wurde die praktische Umsetzbarkeit einer täglich automatisierten Berechnung des aktuellen Gebietszustands (Aktualisierungslauf) und von Vorhersagen (Kurzfristvorhersage und mittelfristige Trends) mit einem Wasserhaushaltsmodell untersucht. In diesem Abschnitt werden das zugrunde liegende hydrologische Modell kurz charakterisiert und die benötigten meteorologischen Mess- und Vorhersagedaten vorgestellt. Es folgt eine Beschreibung der programmtechnischen Umsetzung eines prototypischen Frameworks für das hydrologische Backend, welches noch nicht die Funktionen für die Szenarienberechnung durch Nutzer beinhaltet.

Die mit dem Prototyp erzielten Ergebnisse sind Grundlage für die Bewertung durch die Projektpartner, die die operationelle Modellgüte und Auswertungsmethodik im Projekt evaluieren.

4.1   Hydrologische Modellierung

Die Modellierung des Wasserhaushalts im Land Brandenburg basiert auf dem öko-hydrologischen Modellierungssystem ArcEGMO [13, 14]. Das hier verwendete Landesmodell Brandenburg (mit Berlin) existiert bereits seit 2004. Es entstand im Auftrag des Landesamtes für Umwelt Brandenburg und wird seitdem regelmäßig aktualisiert und funktional erweitert. Insgesamt bildet es eine Fläche von ca. 44.000 km^2 ab, siehe Abb. 1. Für die Wasserhaushaltsmodellierung werden die 1.6 Mio. Elementarflächen nach Ähnlichkeitskriterien zu 37.000 Hydrotopen zusammengefasst. Eine Ausgabe flächenbezogener Größen wie Bodenfeuchte oder Grundwasserneubildung erfolgt auf über 7000 Teileinzugsgebieten. Eine Ausgabe der berechneten Abflüsse im rund 30.000 km langen Fließgewässersystem ist für über 36.000 Gewässerabschnitte möglich und ein Vergleich mit Messdaten an über 100 Pegeln.

Insbesondere im Niedrigwasserbereich haben anthropogene Maßnahmen wie Entnahmen, Einleitungen in Oberflächen- oder Grundwässer oder (gesteuerte) Eingriffe in

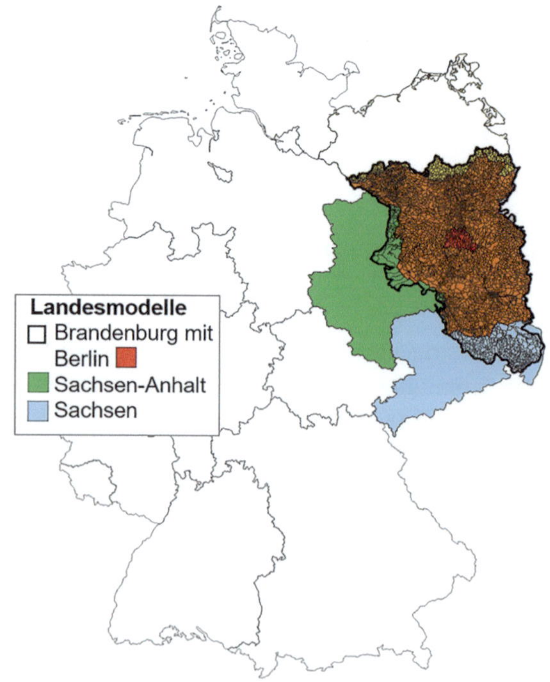

Abb. 1 Darstellung der Modellfläche des Landesmodell Brandenburg (mit Berlin) mit seinen über 7000 Teileinzugsgebieten.

Gewässer durch wasserwirtschaftliche Bauwerke einen signifikanten Einfluss auf das Abflussgeschehen. Vor diesem Hintergrund kommt den über 100 im Modell integrierten wasserwirtschaftlichen Bauwerken wie Talsperren, Becken, Seen, Durchflussaufteilungen und Überleitungen sowie über 1800 Ein- und Ausleitungen aus Grund- und Oberflächengewässern eine besondere Bedeutung zu.

Aus Berechnungen einer Langzeitsimulation mit dem Modell stehen Daten aus einem Gesamtzeitraum von 1951 bis 2022 bereit. Dieser Datensatz ist Grundlage für statistische Auswertungen und der historischen Einordnung aktuell durchgeführter Berechnungen und wird durch die täglichen Aktualisierungsläufe fortlaufend weitergeführt.

Für eine kontinuierlich korrekte Modellierung des Gebietszustands erfolgt das Abspeichern eines Abbildes des Modellzustands für den letzten Zeitschritt. Mit diesem Abbild kann das Modell am nächsten Tag mit neuen meteorologischen Messwerten nahtlos die Berechnung fortführen. Auch für die täglichen Vorhersage- und Trendrechnungen sind die Abbilder für den Modellstart erforderlich.

4.2　Datengrundlagen

Die Modelleingangsdaten für den täglichen Aktualisierungslauf sind meteorologische Messdaten. Für 22 Klimastationen aus dem Messnetz der Bodenstationen des Deutschen Wetterdienstes (DWD) [15] werden die meteorologischen Größen zur Bestimmung der potenziellen Evapotranspiration bezogen (mittlere Lufttemperatur in 2 m Höhe, Windgeschwindigkeit im 2 m Höhe (berechnet), Sonnenscheindauer, relative Luftfeuchte). Eine räumliche Interpolation der Eingangsgrößen auf die Modellgeometrien erfolgt programmintern mit ArcEGMO. Bereits räumlich interpoliert liegen die REGNIE-Daten (Regionalisierte Niederschlagshöhen) [16] des DWD vor. Für eine räumliche Abdeckung des Modellgebiets werden 43.100 Gitterpunkte genutzt.

Die Kurzfristvorhersage basiert auf meteorologischen Vorhersagen des Wettervorhersagemodells ICON-EU [17] des DWD. Folgende Parameter spielen dabei eine wesentliche Rolle:

- relative Luftfeuchte in 2m Höhe,
- mittlere Lufttemperatur in 2m Höhe,
- Vektor des Windes in Ost-West-Richtung und Vektor des Windes in Nord-Süd-Richtung,
- abwärts gerichtete diffuse Solarstrahlung am Boden,
- abwärts gerichtete direkte Solarstrahlung am Boden
- Gesamtniederschlag.

Alle genutzten meteorologischen Daten stehen über die https-Server der OpenData-Initiative des DWD zum direkten Download bereit.

Die Berechnung mittelfristig möglicher Trends wird ausschließlich mittels historischer meteorologischer Beobachtungsdaten durchgeführt. Hierzu wird ein Verfahren genutzt, das den Gebietszustand der letzten 30 Tage mit Zuständen aus gleichen Zeiträumen in den Jahren der Vergangenheit vergleicht. Zielgrößen sind dabei die Zeitreihen der Speicherinhalte von Grundwasser, Boden und Oberflächengewässer im Modell. Das Jahr mit dem ähnlichsten Zustand innerhalb des Zeitraums (die größte Übereinstimmung der drei Zeitreihen, ausgedrückt durch ein Gütekriterium) liefert dann die meteorologischen Daten zur Berechnung der möglichen Zustände für die mittelfristige Zukunft.

Hydrologische Messdaten umfassen Pegeldaten, die vom Internetauftritt des LfU Brandenburg bereitgestellt werden.

4.3   Prototypische Umsetzung des hydrologischen Backend

Das hydrologische Backend stellt sämtliche Funktionen für den automatischen Ablauf des täglichen Aktualisierungslaufs sowie der täglichen Vorhersageläufe bereit. Diese umfassen: 1) Bezug der hydrologischen und meteorologischen Messdaten und Vorhersagen von Drittanbietern und deren Aufarbeitung in modellkonforme Dateiformate, 2) Konfiguration und Ausführen der Simulationsläufe, 3) Auslesen der Simulationsergebnisse, 4) die Aufarbeitung dieser Daten und anschließende Speicherung. Der Prototyp umfasst ebenso Funktionen zu 5) weitergehenden Auswertungen und zur Generierung von Abbildungen als Bilddateien.

Abb. 2 skizziert die Architektur des in Python umgesetzten hydrologischen Backends. Der Fokus bei der Konzeption liegt auf einem flexiblen Ausbau der Funktionalität. Separate Arbeitsschritte sind in einzelnen Klassen (Arbeitern) umgesetzt.

Die tägliche Veröffentlichung der meteorologischen Messdaten und Vorhersageprodukte geschieht durch die Anbieter innerhalb bestimmter Zeitfenster (Slots). Ziel ist es, die Daten so früh wie möglich zu beziehen und weiter zu verarbeiten. Im Backend lassen sich daher analoge Slots definieren, die ein bestimmtes Zeitfenster repräsentieren. Einzelne Arbeiter lassen sich über eine zentrale Registrierung (Registry) Slots zuordnen. Sind mehrere Arbeiter einem Slot zugeordnet, können Abhängigkeiten entstehen z. B. muss beim Start der Datenaufarbeitung der Datenbezug bereits abgeschlossen sein, die ebenfalls über die Registry vorzugeben sind.

Im Kern prüft der Runner in einer Dauerschleife, ob der derzeitige Zeitpunkt innerhalb eines Slots liegt. Ist dies der Fall, werden alle dem Slot zugeordneten Arbeiter unter Beachtung der Abhängigkeiten der Reihe nach abgearbeitet. Lassen sich einzelne Arbeiter in einem Slot nicht abarbeiten, weil z. B. externe Daten momentan noch nicht bezogen werden konnten, dann pausiert der Runner für einen kurzen Zeitraum, z. B. 3 min, bevor eine nächste Prüfung bevorsteht. Sind Arbeiter für einen Slot abgearbeitet, wird für längere Zeit pausiert, z. B. 10 min, und auf den Eintritt in den nächsten Slot geprüft.

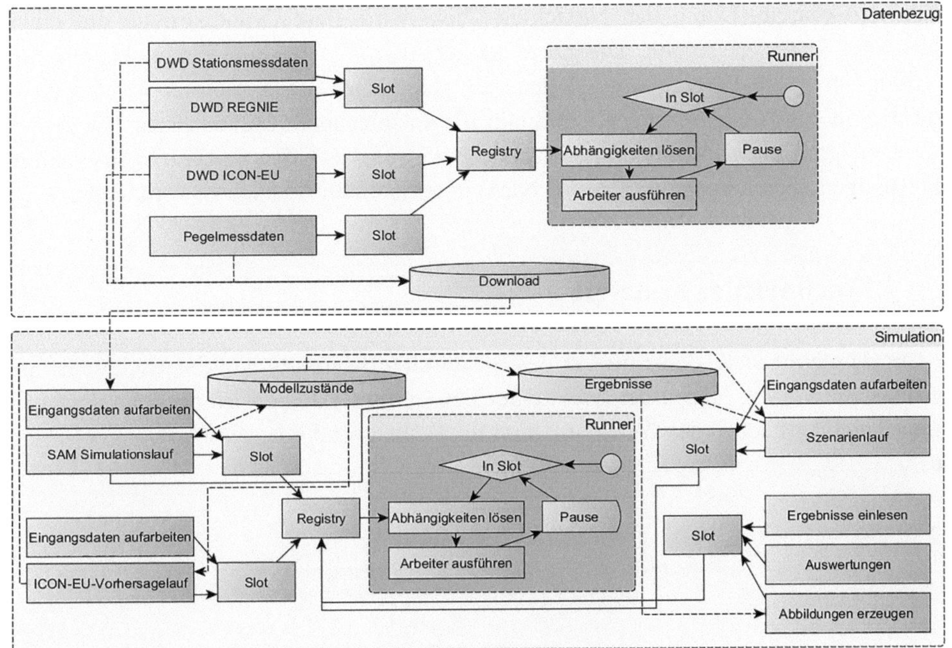

Abb. 2 Architektur der ersten prototypischen Umsetzung des hydrologischen Backends

Der Prototyp sieht zunächst keine Datenbanken für die aufgearbeiteten Ergebnisse und Modellzustandsdaten der Simulationsläufe vor. Stattdessen erfolgt die Datenhaltung für einzelne Größen in DataFrames der Bibliothek Pandas [18] im Arbeitsspeicher.

Die Auswertungen zu Hydrologie und Meteorologie geschieht im Prototyp durch das Zeichnen von Karten und Diagrammen mittels matplotlib [19] unter direktem Zugriff auf die DataFrames. In einer produktionsnahen Umsetzung sind diese Auswertungen dann interaktiv über die Web-App bereitzustellen, mit dem Prototyp geschieht dies stark vereinfacht über ein QGIS-Plugin, das im nächsten Abschnitt beschrieben wird.

4.4   Kontinuierlicher Einbezug der Praxispartner

Als stark vereinfachte Version des DSS NieTro wurde ein QGIS-Plugin „NieTro-viewer" entwickelt, der den Projektpartnern die täglichen Auswertungen verfügbar macht. Mit der Möglichkeit, sofort auf die neuesten Ergebnisse und Entwicklungsstände bei der visuellen Aufarbeitung zuzugreifen und Rückmeldung geben zu können, werden die Praxispartner bereits früh eng in das Projekt eingebunden.

Das für die Machbarkeitsanalyse aufgebaute System generiert täglich Abbildungen für unterschiedliche Auswertungen im PNG-Dateiformat und legt diese in einer

Ordnerstruktur ab. Durch den Nextcloud-Client wird diese Ordnerstruktur auf einem Nextcloud-Server gespiegelt. Die nutzerseitige Auswahl von Ort, Zeitpunkt und Auswertung im QGIS-Plugin (Abb. 3) generiert dann über die Nextcloud-API [20] eine Anfrage an den Nextcloud Server und lädt die entsprechende Bilddatei zur Darstellung in der geografischen Informationssoftware QGIS auf den Client-PC. Eine Auswahl zur langfristigen Speicherung auf dem PC oder zur temporären Anzeige ist vorhanden.

5 Technisches Konzept

Dieser Abschnitt stellt den Entwurf des technischen Konzepts des Entscheidungshilfesystems NieTro vor. Neben der Architektur des Gesamtsystems wird die Interaktion mit grafischen Oberflächen der Webapplikation für Fachanwender beschrieben.

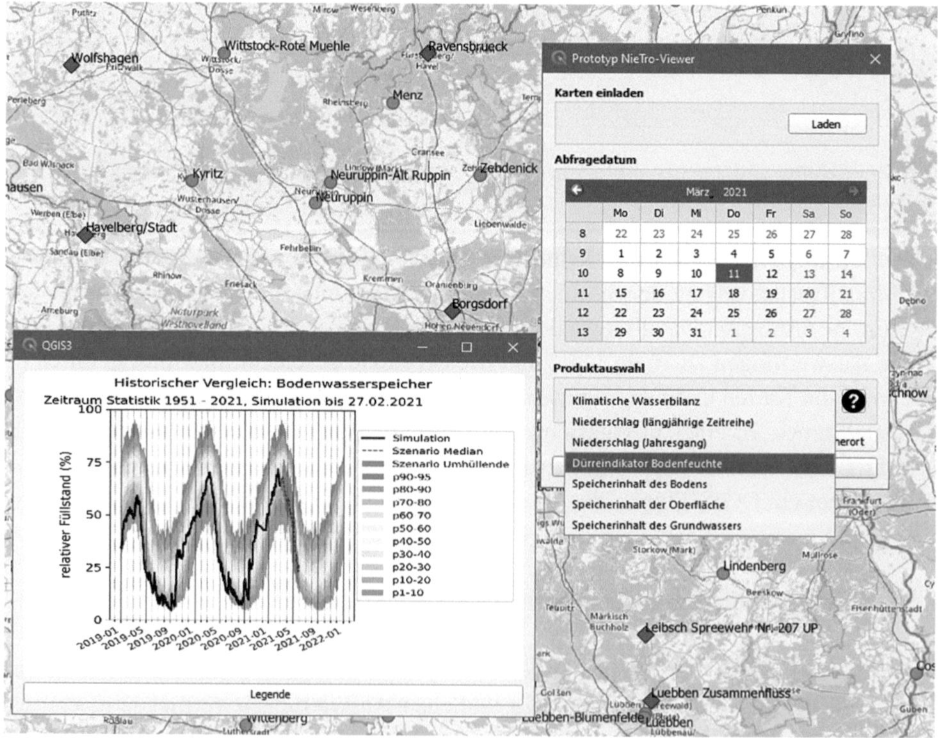

Abb. 3 Mit dem QGIS-Plugin NieTro-viewer können assoziierte Projektpartner während der Projektlaufzeit von NieTro die aktuellen Ergebnisse und Weiterentwicklungen der Auswertungen mitverfolgen

5.1   Architektur

Die Architektur des Gesamtsystems ist in Abb. 4 skizziert. Die Architektur umfasst die folgenden Haupt-Komponenten:

- **Webapp:** Die Anwendung für Webbrowser dient als primäre Schnittstelle zu Fachanwendern und Bürgern. Die UI-Funktionalitäten ermöglichen Auswahl, Ansicht und Download von räumlich verteilten Daten in einer Kartenansicht oder zeitabhängigen Daten als Zeitreihen im Betrachtungsmodus. Individuell angepasste Darstellungsarten sind für die nutzerseitig angestoßenen Szenarienrechnungen für die Wasserbewirtschaftung im Szenarienmodus vorgesehen.
- **Core:** Diese anwendungsspezifische Komponente stellt das Interface zur Webapp dar. Das Rechtemanagement erlaubt Nutzern, nach ihrer Zugehörigkeit zu Nutzergruppen, über das Rechtemanagement Zugriff auf Funktionalitäten. Das Jobmanagement nimmt nutzerseitig konfigurierte Szenarienrechnungen an und startet entsprechende Simulationsläufe mit den Modellen. Der Abschluss von Berechnungen wird dem Nutzer signalisiert, und ein Zugriff auf die Ergebnisse gestattet. Das Datenmanagement stellt Daten aus der Datenbank entsprechend den Nutzeranfragen bereit und legt die Simulationsergebnisse der Modelle in dieser ab.
- **DB:** Über eine PostgreSQL-Datenbank erfolgt die Speicherung aller Simulationsergebnisse und Modellzustände.
- **Modelle.** Auf leistungsfähigen Mehrkern-Rechnern befinden sich täglich aktualisierte Landesmodelle für die Kurzfrist- und Mittelfristvorhersagen, mittelfristige Trendermittlungen sowie nutzerseitige Szenarienrechnungen. Tägliche Simulationsrechnungen und der Bezug von Datengrundlagen sind Bestandteil dieser Komponente.

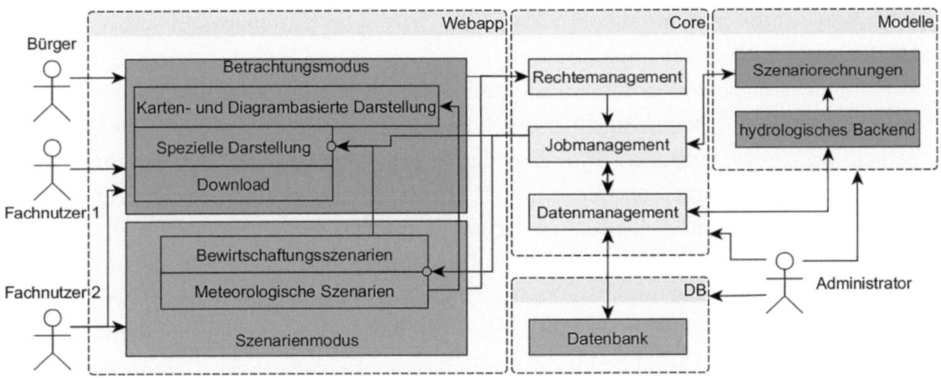

Abb. 4 Konzeptionelle Architektur des DSS NieTro mit funktionalen Komponenten und beteiligten Akteuren

Der Administrator ist, neben den standardmäßigen Aufgaben, für die in unregelmäßigen Abständen erforderlichen Aktualisierungen für das hydrologische Modell, wie z. B. geänderte Regelwerke für wasserwirtschaftliche Bauwerke, verantwortlich.

Die Oberfläche des DSS NieTro als Webapp

Die Webanwendung soll einen speziellen Zugang für Bürger bieten. Über diesen ist ein Zugriff auf eine stark vereinfachte Oberfläche des Betrachtungsmodus möglich. Die hierin abrufbaren Auswertungen sind verständlich und einfach zu interpretieren.

Über einen Login-Bereich können Fachnutzer in den vollen Betrachtungsmodus und, zusätzlich den Szenarienmodus wechseln.

Ein Zugriff über die verschiedenen Grundfunktionen des DSS NieTro, Betrachtung von punktbezogenen Daten und flächenbezogenen Daten, meteorologischen Szenarienrechnungen und wasserwirtschaftlichen Szenarienrechnungen sowie Download von Daten, ist über eine Optionsleiste möglich. Komplexere Funktionen wie Berechnung von wasserwirtschaftlichen Szenarien unterteilen die einzelnen Arbeitsschritte in Reiter.

- **Betrachtung von punktbezogenen Daten:** Eine Auswahl von Standorten wie Pegel oder meteorologische Messstationen, für die Zeitreihen verfügbar sind, ist über eine interaktive Karte als auch über Listenansichten möglich (Abb. 5, oben). Der Nutzer kann Auswertungen zurückliegender Zeitpunkte über eine Kalenderansicht auswählen. Abbildungen sind interaktiv und lassen sich den Bedürfnissen des Nutzers anpassen.
- **Betrachtung von flächenbezogenen Daten:** Durch einen Klick auf eine Fläche oder eine Fließstrecke in der Kartenansicht (Abb. 5, unten) sind nähere Informationen durch ein Pop-Up-Fenster einsehbar. Die in der Karte darzustellende hydrologische oder meteorologische Größe ist vom Nutzer durch Listenansichten wählbar. Die Kalenderansicht lässt auch eine Auswahl von Zeitpunkten in der Zukunft zu, die von Vorhersage- oder Szenarienläufen abgedeckt wird. Die Kartenansicht selbst ist an die Bedürfnisse des Nutzers anpassbar.
- **Download:** Der Downloadmodus ist ähnlich dem Betrachtungsmodus aufgebaut. Eine Auswahl größerer Datenmengen ist durch eine Mehrauswahl bei räumlichen (z. B. Teilgebiete oder Pegel) möglich. Eine Festlegung des zeitlichen Umfangs geschieht durch Festlegen eines Anfangs- und Endzeitpunkt eines Zeitabschnitts in der Kalenderansicht. Eine Auswahl von unterschiedlichen Ausgabeformaten steht als Option bereit.
- **Meteorologische Szenarienrechnung:** Der Nutzer gibt nach Abb. 6 zunächst die Länge der Szenerienrechnung in Tagen (5–90 Tage) vor. Eine Auswahl der meteorologischen Zustände erfolgt entweder über die Auswahl an konkreten Jahren, wobei eine Hilfe die Wahl erleichtert oder durch Wertebereiche von extrem trocken bis extrem feucht. Da die Berechnung auf externen Servern geschieht, bekommt der Nutzer eine eindeutige Job-ID zugewiesen und wird mittels einer Rückmeldung informiert, wenn die Berechnungen abgeschlossen sind und die Ergebnisse im DSS einsehbar sind.

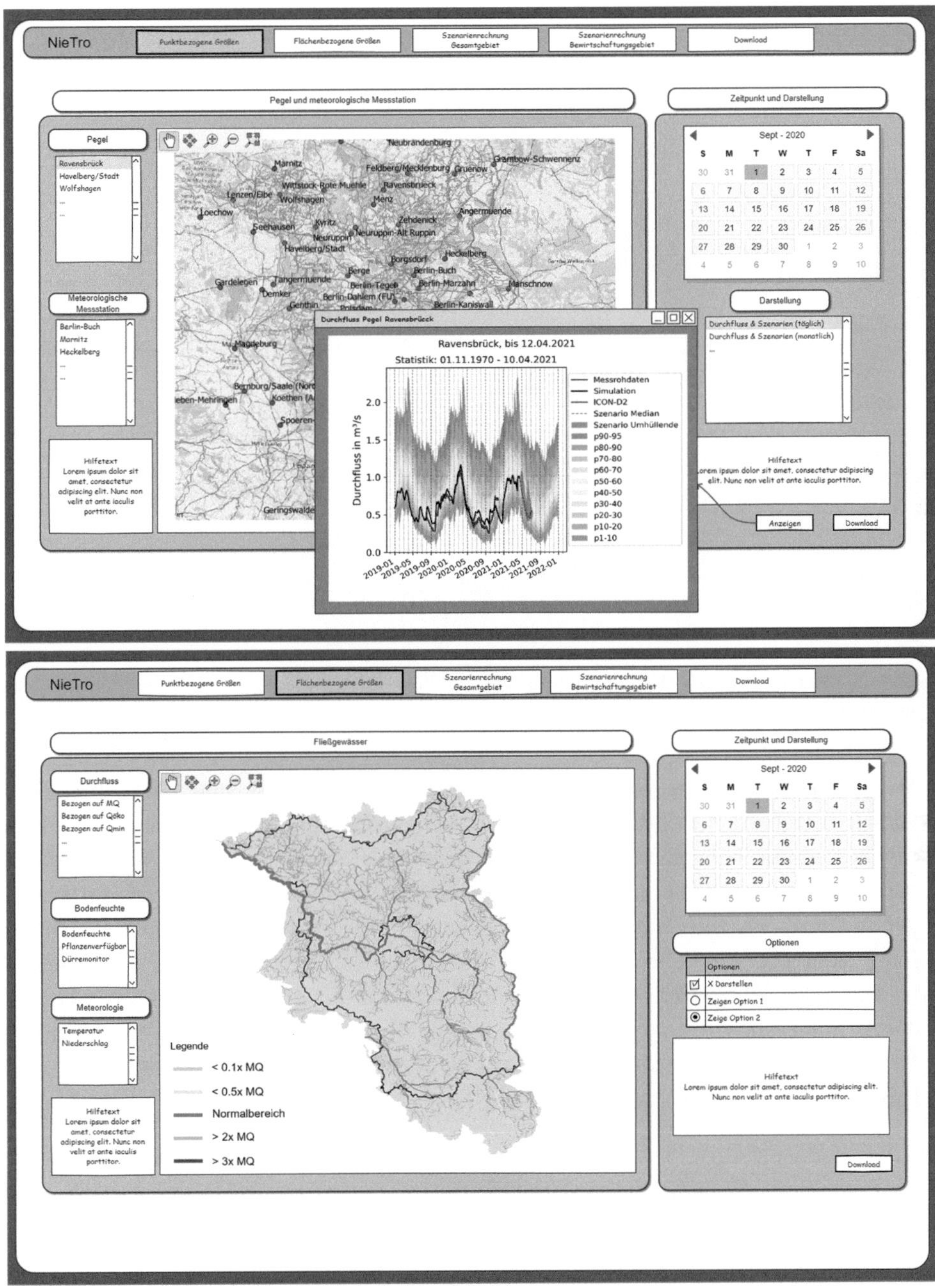

Abb. 5 UI-Entwurf für die Webapplikation DSS NieTro zur Ansicht von Zeitreihen (oben) und flächenbezogenen (unten) hydrologischen und meteorologischen Größen und Indikatoren

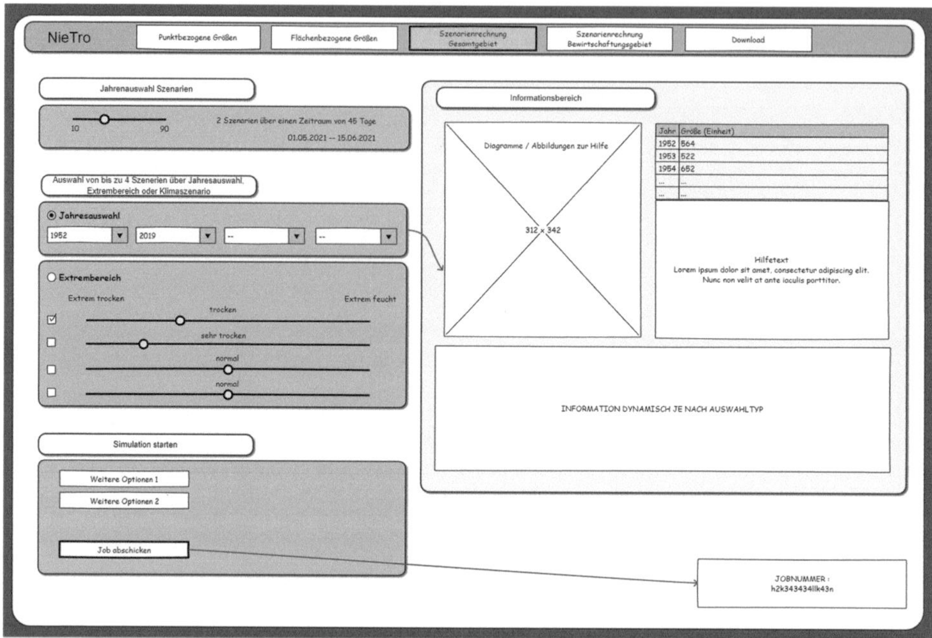

Abb. 6 UI-Entwurf für die Webapplikation DSS NieTro zur Konfiguration von meteorologischen Szenarienrechnungen

- **Wasserwirtschaftliche Szenarienrechnung:** Berechnungen sind für vordefinierte wasserwirtschaftliche Systeme (WWS) möglich und durch das Rechtemanagement für bestimmte Nutzer freigeschaltet. Für eine Rechnung und Auswertung sind mehrere Arbeitsschritte notwendig und durch Reiter strukturiert. Hat ein Nutzer auf mehrere Systeme Zugriff, erfolgt zunächst eine Auswahl des Systems. Darauf folgt dann die Auswahl einer meteorologischen Rahmenbedingung. Anschließend ist für jedes WWS individuell die Steuerung für einzelne Bauwerke direkt oder durch Steuerungsziele konfigurierbar (Abb. 7, oben). Nach dem Abschicken der Berechnungsanfrage erfolgt die Auswertung in einem individuell angepassten Kartenbereich (Abb. 7, unten).

6   Zusammenfassung und Ausblick

Dieser Beitrag stellt die Konzeption eines räumlichen Entscheidungshilfesystems für Niedrigwasser und Trockenheit (DSS NieTro) vor. Hierfür wurden die Anforderungen an das DSS in Workshops mit Vertretern der relevanten Zielgruppen gewonnen. Es wurde ein hydrologisches Backend prototypisch implementiert, das tagesaktuell vollautomatisiert die Berechnung des Gebietszustands erlaubt und kurz- und mittelfristige

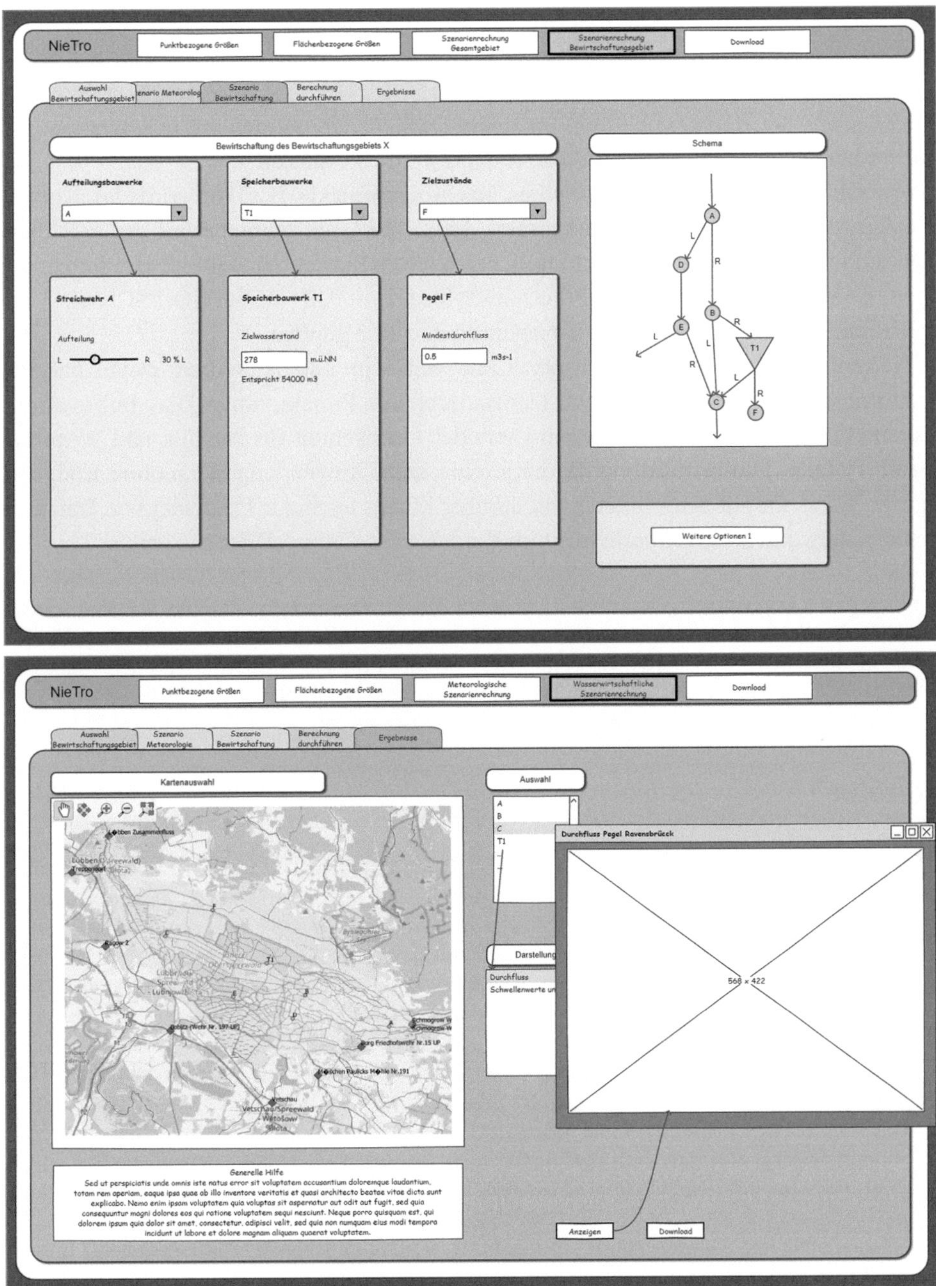

Abb. 7 UI-Entwurf für die Webapplikation DSS NieTro zur Konfiguration von wasserwirtschaftlichen Szenarienrechnungen. Zwei ausgewählte Arbeitsschritte sind die Anpassung der Bewirtschaftung eines Systems (oben) und die Auswertung der Ergebnisse in zugeschnittenen Kartenansicht (unten)

Vorhersagen und Trends ermittelt. Wesentliche Aspekte des technischen Konzepts und Entwürfe der grafischen Benutzeroberflächen wurden erarbeitet.

Das entwickelte Gesamtkonzept, die erzielte Modellierungsgüte im Niedrigwasserbereich sowie der Bedarf der Praxis an einem DSS NieTro wurden mit potenziellen Endnutzern in einem abschließenden Workshop erfolgreich evaluiert.

Mit der erfolgreichen Akquise eines Nachfolgeprojekts NieTro^2 wird das Konzept in einem praxisnahen Prototyp umgesetzt, breitenwirksam demonstriert und mit Fachexperten evaluiert. Weiterentwicklungen der hydrologischen Modelltechnik, Integration eines dynamischen Boden- und Pflanzenwachstumsmodell ArcEGMO-PSCN [21] und zusätzlicher meteorologischer Vorhersageprodukte sind geplant.

Eine interaktive, nutzergruppenspezifische Web-App und skalierbare Data Analytics-Plattform wird auf Basis von Disy Cadenza durch den Projektpartner Disy Informationssysteme GmbH entwickelt. Diese wird von der Hochschule für Technik und Wirtschaft Berlin, Bereich Umweltinformatik, durch eine neue Anwendung für mobile Endgeräte ergänzt. Diese mobile Anwendung soll darüber hinaus auch zur Erhebung von Daten zur Untersetzung durch die Öffentlichkeit im Rahmen von Citizen Science dienen.

Danksagung Die Autoren bedanken sich beim Bundesministerium für Digitales und Verkehr (BMDV) für die finanzielle Unterstützung im Rahmen der mFund-Machbarkeitsstudie „NieTro" (Förderkennzeichen VB18F1044A) und des mFund-Projekts NieTro^2 (Förderkennzeichen 19FS2018A-C) sowie allen assoziierten Projektpartnern und Beteiligten.

Literatur

1. Ionita, M, Dima, M., Nagavciuc, V., Scholz, P., & Lohmann, G. (2021). Past megadroughts in central Europe were longer, more severe and less warm than modern droughts. *Communications Earth & Environment, 2*(61), https://doi.org/10.1038/s43247-021-00130-w.
2. Moravec, V., Markonis, Y., Rakovec, O., Svoboda, M., Trnka, M., Kumar, R., & Hanel, M. (2021). Europe under multi-year droughts: How severe was the 2014–2018 drought period? *Environmental Research Letters, 16,* https://doi.org/10.1088/1748-9326/abe828.
3. Ding, Y., Hayes, M. J., & Widhalm, M. (2010). Measuring economic impacts of drought: A review and discussion. *Papers in Natural Resources, 196,* https://digitalcommons.unl.edu/natrespapers/196/.
4. Candido, L. A., Coêlho, G. A., de Moraes, M. M., & Florêncio, L. (2022). Review of decision support systems and allocation models for integrated water resources management focusing on joint water quantity-quality. *Journal of Water Resources. Planning and Management, 148*(2), https://doi.org/10.1061/(ASCE)WR.1943-5452.0001496.
5. Serrat-Capdevila, A.,Valdes, J. B., & Gupta, H. V. (2011). Decision support systems in water resources planning and management: Stakeholder participation and the sustainable path to science-based decision making. In C. Jao (Hrsg.), *Efficient decision support systems – Practice and challenges from current to future.* InTechOpen. https://doi.org/10.5772/16897.
6. Keenan, P. B., & Jankowski, P. (2019). Spatial decision support systems: Three decades on. *Decision Support Systems, 116,* 64–76. https://doi.org/10.1016/j.dss.2018.10.010.

7. Bayerisches Landesamt für Umwelt. (1. Mai 2022). *Niedrigwasser-Informationsdienst Bayern*. https://www.nid.bayern.de/wir.

8. Müller, R., & Pfützner, B. (4. Juli 2021). *Machbarkeitsstudie für ein datengestütztes Entscheidungshilfesystem bei Niedrigwasser und Trockenheit – NieTro*. https://www.bmvi.de/SharedDocs/DE/Artikel/DG/mfund-projekte/nietro.html.

9. QGIS Development Team. (1. Mai 2021). *QGIS Geographic Information System*. Open Source Geospatial Foundation. http://qgis.org.

10. Werner, M., Schellekens, J., Gijsbers, P., van Dijk, M., van den Akker, O., & Heynert, K. (2013). The Delft-FEWS flow forecasting system. *Environmental Modelling & Software, 40*, 65–77. https://doi.org/10.1016/j.envsoft.2012.07.010.

11. Müller, R., Gurova, A., Roehm, P., Winkler, P., Schwarze, R., Dröge, W., & Schütze, N. (2016). Das Wasserhaushaltsportal Sachsen – Ein Webportal zur Recherche und Visualisierung vorab berechneter Ergebnisse und zur interaktiven Berechnung des Wasserhaushalts. *Hydrologie und Wasserbewirtschaftung, 60*(1), https://doi.org/10.5675/HyWa_2016,1_5.

12. Marx, A., Samaniego, L., Kumar, R., Thober, S., Mai, J., & Zink, M. (2016). Der Dürremonitor – Aktuelle Information zur Bodenfeuchte in Deutschland. *Forum für Hydrologie und Wasserbewirtschaftung, 37*, 131–142.

13. Becker, A., Klöcking, B., Lahmer, W., & Pfützner, B. (2002). The Hydrological Modelling System ARC/EGMO. In V. P. Singh, & D. K. Frevert (Hrsg.), *Mathematical Models of Large Watershed Hydrology*. Water Resources Publications. ISBN 1-887201-34-3.

14. Pfützner, B. (2002). *Modelldokumentation ArcEGMO*. http://www.arcegmo.de. ISBN 3-00-011190-5.

15. DWD Climate Data Center. (1. Mai 2022). Aktuelle tägliche Stationsbeobachtungen (Temperatur, Druck, Niederschlag, Sonnenscheindauer, etc.) für Deutschland, Qualitätskontrolle noch nicht vollständig durchlaufen. https://opendata.dwd.de/climate_environment/CDC/observations_germany/climate/daily/kl/recent/BESCHREIBUNG_obsgermany_climate_daily_kl_recent_de.pdf.

16. DWD (2023). REGNIE - Regionalisierte Niederschläge Verfahrensbeschreibung und Nutzeranleitung. Offenbach, Deutscher Wetterdienst (DWD), https://opendata.dwd.de/climate_environment/CDC/help/REGNIE_Beschreibung_20170304.pdf.

17. Zängl, G., Reinert, D., Rípodas, P., & Baldauf, M. (2015). The ICON (ICOsahedral Nonhydrostatic) modelling framework of DWD and MPI-M: Description of the non-hydrostatic dynamical core. *In Quarterly Journal of the Royal Meteorological Society, 141*, 563–579. https://doi.org/10.1002/qj.2378.

18. The pandas development team. (2021). *Pandas-Dev/Pandas: Pandas 1.2.2*, Zenodo [code]. https://doi.org/10.5281/zenodo.4524629.

19. Hunter, D. (2007). Matplotlib: A 2D graphics environment. *Computing in Science & Engineering, 9*(3), 90–95. https://doi.org/10.1109/MCSE.2007.55.

20. Týč, M. (1. Mai 2022). *NextCloud OCS API for python*. https://github.com/matejak/nextcloud-API.

21. Klöcking, B. (2009). *Das ökohydrologische PSCN-Modul innerhalb des Flussgebietsmodells ArcEGMO*. http://www.doku.arcegmo.de/category/module/pscn/.

Web-Anwendung zum Datenmanagement von WRRL-Maßnahmen in Sachsen

Friedhelm Hosenfeld⑩, Roland Dimmer und Christoph Mattes

Zusammenfassung

Vorgestellt wird eine Web-Anwendung zur Unterstützung der zuständigen Behörden beim Management der Maßnahmen für die Europäische Wasserrahmenrichtlinie (WRRL) in Sachsen. Die Web-Anwendung ermöglicht die Pflege der Maßnahmendaten durch unterschiedliche fachlich Zuständige auf einem gemeinsamen Datenbestand. Mit der zentralen Datenhaltung werden die Aufgaben zur Umsetzung der WRRL des LfULG zur Erfüllung der EU-Berichtspflichten unterstützt. Umfassende Konsistenzprüfungen und Unterstützungsfunktionen zur Geometrieerfassung tragen zur Optimierung der Datenqualität bei. Zudem stehen Auswertungsfunktionalitäten und Kartendarstellungen nach unterschiedlichen fachlichen Kriterien zur Verfügung, die bei der bisherigen dezentralen Datenhaltung nur mit hohem manuellem Aufwand realisierbar waren. Im Rahmen der Implementierung wurde die bereits vom LfULG für das sächsische, öffentliche Datenportal iDA langjährig genutzte Auswertungs- und GIS-Plattform Disy Cadenza um eine auf das Maßnahmenmanagement zugeschnittene Fachanwendung ergänzt.

F. Hosenfeld (✉)
Institut für Digitale Systemanalyse & Landschaftsdiagnose (DigSyLand), Husby, Deutschland
E-Mail: hosenfeld@digsyland.de

R. Dimmer
Sächsisches Landesamt für Umwelt, Landwirtschaft und Geologie, Dresden, Deutschland
E-Mail: Roland.Dimmer@smekul.sachsen.de

C. Mattes
Disy Informationssysteme GmbH, Karlsruhe, Deutschland
E-Mail: christoph.mattes@disy.net

F. Fuchs-Kittowski et al. (Hrsg.), *Umweltinformationssysteme – Vielfalt, Offenheit, Komplexität,* https://doi.org/10.1007/978-3-658-39796-8_12

Schlüsselwörter

Europäische Wasserrahmenrichtlinie (WRRL) · WRRL-Maßnahmenmanagement · Disy Cadenza · Web-Fachanwendung · Datenqualität · Geodatenerfassung

1 Einleitung

Die Wasserrahmenrichtlinie (WRRL) der Europäischen Union [1], die im Jahr 2000 in Kraft trat, verfolgt eine integrierte Gewässerschutzpolitik in Europa, die auch über Staats- und Ländergrenzen hinweg eine koordinierte Bewirtschaftung der Gewässer innerhalb der Flusseinzugsgebiete bewirkt. Ein zentrales Ziel der Richtlinie ist der gute Zustand möglichst vieler Gewässer, der bis 2015 erreicht werden sollte, wofür 2009 ein Bewirtschaftungsplan aufgestellt wurde. Da der gute Zustand bis 2015 nicht in allen Wasserkörpern erreicht werden konnte, werden die Pläne und Maßnahmenprogramme in weiteren Bewirtschaftungszeiträumen fortgeschrieben, um die Umweltziele zu erreichen.

Im vorliegenden Beitrag wird eine vom Landesamt für Umwelt, Landwirtschaft und Geologie (LfULG) betriebene Web-Anwendung zum Management der im Rahmen der WRRL im Freistaat Sachsen geplanten und durchgeführten Maßnahmen und zur Unterstützung der Berichterstattung an die EU beschrieben. Die Anwendung wurde von den Unternehmen Disy und DigSyLand entwickelt und in das sächsische Datenportal iDA (interdisziplinäre Daten und Auswertungen) integriert, das fachübergreifend den Zugriff auf Umweltdaten und Kartenbestände im Web bereitstellt. iDA wurde mit der Standardsoftware Disy Cadenza realisiert und bietet einen einheitlichen Zugang zu Sach- und Geodaten der sächsischen Behörden. Details zu dem Portal sowie zu Cadenza werden in den Abschn. 4.2 ff. beschrieben.

Im nachfolgenden Abschn. 2 wird zunächst die Ausgangssituation des Maßnahmenmanagements in Sachsen dargestellt. Danach wird in Abschn. 3 auf die Anforderungen an die Anwendung eingegangen. Abschn. 4 behandelt die Konzeption der Anwendung und erläutert dabei die Komponenten der Softwarearchitektur. Der Umsetzung der Web-Anwendung widmet sich Abschn. 5, wobei die besonderen Herausforderungen aufgrund der fachlichen Anforderungen erwähnt werden. Der Beitrag schließt mit einer Zusammenfassung und einem Ausblick in Abschn. 6.

2 Ausgangssituation – WRRL-Maßnahmenmanagement in Sachsen

Das LfULG ist die zentrale Stelle in Sachsen zur Information der beteiligten Behörden und der Öffentlichkeit über die landesweiten Daten und Aktivitäten zur Umsetzung der Wasserrahmenrichtlinie. Daher führt das LfULG den größten landesweiten Datenbestand zur Umsetzung dieser Richtlinie und stellt viele dieser Daten bereits auf unterschiedlichste Weise (z. B. als Kartendienste, Steckbriefe und Downloads) zur Verfügung.

Zur Umsetzung der WRRL verwaltet das LfULG die vielfältigen Daten in Sachsen auf Ebene der Wasserkörper wie beispielsweise Belastungen, Auswirkungen, Zustand, Ziele und Messstellen.

Von besonderer Bedeutung sind die Maßnahmen zur Verbesserung des Gewässerzustands, zu denen die Daten von anderen Wasserbehörden und etwa 18 weiteren Stellen dezentral gepflegt werden.

Insbesondere für die Berichterstattung an die EU sind Informationen über die Aufstellung und Aktualisierung von Bewirtschaftungsplänen und über Maßnahmenprogramme sowie für Zwischenberichterstattungen über den Fortschritt der Maßnahmenumsetzung essenziell.

Die dezentral von anderen Wasserbehörden und den weiteren Stellen gepflegten Angaben zu WRRL-Maßnahmen wurden bisher von diesen in abgestimmten Excel-Tabellen gehalten, die zu bestimmten Zeitpunkten manuell zusammengeführt wurden. Das LfULG fasste die Daten zu Berichtszwecken auf Landesebene in einer Datenbank manuell zusammen. Daher gab es keinen zentralen Datenbestand, auf den webbasiert zur Editierung, Darstellung und Analyse zugegriffen werden könnte. Die Arbeit mit den Excel-Tabellen erwies sich als fehleranfällig, unflexibel und aufwendig.

Aus den Aufgaben zur Umsetzung der WRRL in Hinblick auf das Maßnahmenmanagement vor dem Hintergrund der nicht optimalen Datenhaltung entstand die Notwendigkeit, eine Web-Anwendung zu entwickeln, die sowohl den Arbeitsaufwand reduziert als auch die Optimierung der Datenqualität unterstützt.

3   Anforderungen

Ziel der Maßnahmenmanagement-Anwendung war die Schaffung einer Möglichkeit zur webbasierten Erstellung und Editierung von Maßnahmendaten durch die Nutzenden in den sächsischen Behörden, wobei alle relevanten Daten einem zentralen Datenbestand vorliegen sollten.

Seitens des LfULG wurde ein Fachkonzept erarbeitet, das die Grundlage für die Konzeption und Entwicklung der Web-Anwendung bildete.

Zu den dort genannten Anforderungen zählen unter anderem:

- Web-basierte Bearbeitung der Maßnahmendaten, sodass insbesondere das Anlegen, Editieren, Löschen, Darstellen, Recherchieren und Exportieren dieser Daten möglich ist.
- Um dezentrale Datenhaltungen weiterhin zu unterstützen, sollte zusätzlich zu der interaktiven Bearbeitung mit einer Importfunktion sowohl das Anlegen neuer

Maßnahmen als auch die Aktualisierung vorhandener Maßnahmen im zentralen Datenbestand angeboten werden.

- Mit einem geeigneten Nutzermanagement sollten die fachlichen und räumlichen Zuständigkeiten innerhalb der Anwendung geeignet abgebildet werden.
- Die Integrationsfähigkeit der Lösungen in die vorhandene IT-Infrastruktur musste gewährleistet werden. Dazu gehörte insbesondere die Integration in das Datenportal iDA, das auf der Auswertungs- und GIS-Plattform Disy Cadenza basiert.
- Zu den fachlichen Anforderungen zählten umfangreiche Konsistenzbedingungen, die durch das Datenmanagement sichergestellt werden sollen, sowie Bedingungen für die Analyse und Optimierung von Maßnahmengeometrien in Bezug auf die für die WRRL wichtigen Wasserkörper und deren Einzugsgebiete.

Neben der Verbesserung des Maßnahmenmanagements lag ein weiterer Schwerpunkt des Fachkonzepts auf der automatisierten Erzeugung von Wasserkörpersteckbriefen, in denen alle relevanten Angaben zu einem Wasserkörper einschließlich der Maßnahmen und einer Kartendarstellung in Steckbriefform als PDF-Datei sowohl für die beteiligten Behörden als auch für die Öffentlichkeit in übersichtlicher Form bereitgestellt werden.

Die Erstellung der Wasserkörpersteckbriefe auf Basis von Disy Cadenza wurde von Disy im Rahmen des Maßnahmenmanagementprojekts ebenfalls entwickelt. In diesem Beitrag wird darauf jedoch nicht näher darauf eingegangen, da der Fokus auf der Anwendung zum Maßnahmenmanagement liegt.

4   Konzeption der Anwendung

4.1   Softwarearchitektur

Die Softwarearchitektur der Web-Anwendung entspricht den Rahmenbedingungen des LfULG und nutzt die Komponenten, die sich in der Daten- und Auswertungsplattform iDA (siehe Abschn. 4.2) bereits im Einsatz befinden:

- Datenhaltung in der zentralen Oracle-Datenbank (Abschn. 4.3)
- Auswertungs-, Export- und GIS-Funktionalität in Cadenza Web (Abschn. 4.4)
- PHP zur Implementierung von Datenbearbeitungs- und Managementfunktionen (Abschn. 4.5)

Zudem stellen Apache Webserver die PHP-Anwendung im Web sowie das Load Balancing für erhöhte Ausfallsicherheit zur Verfügung. Für die Steuerung der Benutzerverwaltung wird die Cadenza Desktop Client-Komponente eingesetzt, da die Authentifizierung und Autorisierung bisher noch nicht in Cadenza Web administriert werden kann.

4.2   Datenportal iDA – interdisziplinäre Daten und Auswertungen

Das Web-Portal iDA (interdisziplinäre Daten und Auswertungen) bietet einen umfassenden Zugriff auf Umweltdaten und Kartenbestände, die aus Mess- und Untersuchungsprogrammen des Landesamtes für Umwelt, Landwirtschaft und Geologie (LfULG) und aus den verschiedenen Fachinformationssystemen des Freistaates Sachsen stammen (https://www.umwelt.sachsen.de/umwelt/infosysteme/ida/).

Die einheitliche Portaloberfläche (siehe Abb. 1) wird mit Cadenza Web umgesetzt und vereinigt den strukturierten Zugriff auf Datenangebote der verschiedenen Fachbereiche des Landes. Neben einem für die Öffentlichkeit verfügbaren Gastzugang werden weitere Zugangsmöglichkeiten für angemeldete Nutzende angeboten, die so auch auf nicht öffentliche Fachdaten aus ihrem Zuständigkeitsbereich zugreifen können.

4.3   Datenmodellierung im Oracle RDBMS

Die in iDA verfügbaren Fachdaten werden in dem Oracle RDBMS verwaltet, ergänzt durch Geodaten, die über Dienste wie z. B. ArcGIS-Server-REST-Dienste eingebunden werden.

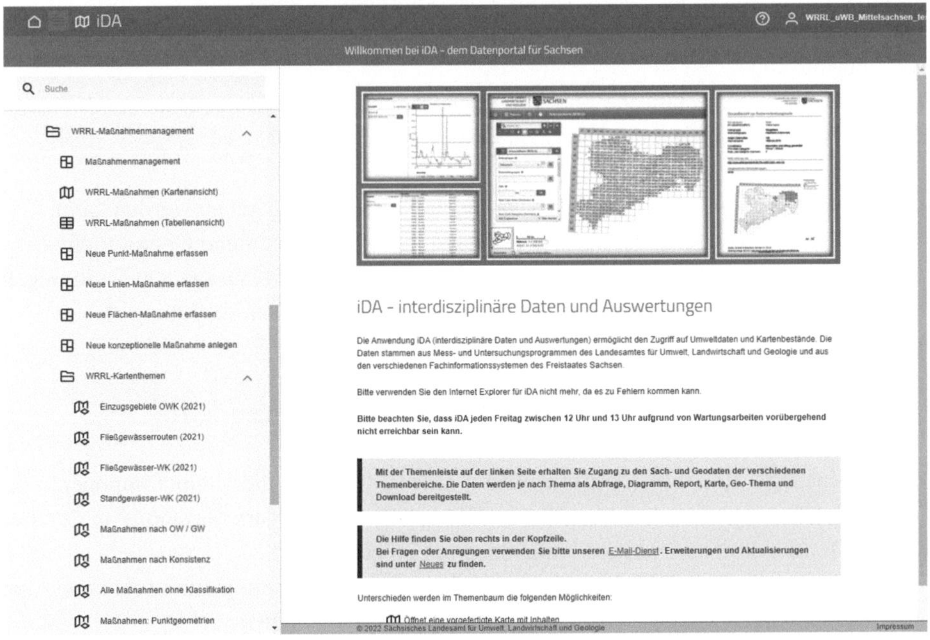

Abb. 1 Startseite des Umweltdaten- und Kartenportals iDA

Für das WRRL-Maßnahmenmanagement wurde eine Modellierung in der Oracle-Datenbank mit Nutzung des Datentyps SDO_Geometry zur Repräsentation von Geometrien für diejenigen Bereiche konzipiert, in denen das Maßnahmendatenmanagement eine Auswertung oder Verarbeitung (u. a. Verschneidung) von Geometrien erfordert. Damit sind die Geometrien von gängiger GIS-Software mit Oracle-Unterstützung direkt ohne Zusatzschnittstellen nutzbar, insbesondere von Cadenza, aber auch durch PHP-Anwendungen.

Das Datenmodell setzt voraus, dass die Maßnahmen ausschließlich mit der Fachanwendung bearbeitet werden, um die Konsistenz und Zugriffsmechanismen zu gewährleisten. Aufgrund der Komplexität und spezieller fachlicher Vorgaben sowie der besseren Konfigurierbarkeit wurden außer den referentiellen Integritätsbedingungen die meisten Konsistenzprüfungen in die Fachanwendung verlagert (Abschn. 5.2).

Standardmäßig hat jede Maßnahme genau eine Geometrie, außer konzeptionelle Maßnahmen, die keine konkrete Geometrie aufweisen.

Besondere Herausforderungen für die Datenmodellierung bestanden in der Abbildung von Mehrfachzuordnungen von Eigenschaften zu Maßnahmen, die sowohl inhaltliche als auch technische Konsequenzen verursachen. So können einer Maßnahme mehrere Wasserkörper und auch mehrere Einträge des bundesweit festgelegten LAWA-Maßnahmenkatalogs [2] zugeordnet werden. Dieser Katalog steuert die Zulässigkeit von Geometrietypen, aber auch von Wasserkörper-Kategorien. Zudem muss es für Auswertungen möglich sein, diese Mehrfachverknüpfungen eindeutig auszuwerten, um z. B. bei Berechnungen und Kartendarstellungen Maßnahmen nicht doppelt zu berücksichtigen.

Weitere wichtige technische und inhaltliche Aspekte, die bei der Datenmodellierung geeignet berücksichtigt werden mussten, umfassen:

- Besitz (Änderungsrecht) einer Maßnahme, der auch weitergegeben werden kann
- Flags für fachliche Korrektheit und Vollständigkeit (Sachdaten und Geometrien)
- Unterschiedliche Maßnahmenstände mit unterschiedlichen Konsistenzanforderungen, damit Altdaten auch in demselben System zur Auswertung zur Verfügung stehen

4.4   Cadenza Web als Auswertungs- und GIS-Komponente

Die Auswertungs- und GIS-Plattform Disy Cadenza [3] stellt die Hauptkomponente des iDA-Webportals dar, das den Zugriff auf Umweltdaten und Kartenbestände in Sachsen für die Öffentlichkeit und weitere Nutzungsgruppen bereitstellt.

Die Variante CadenzaWeb bietet neben zahlreichen Auswertungsfunktionalitäten von Sach- und Geodaten auch die Erfassung und Pflege von Geometrien.

Cadenza wird von dem Unternehmen Disy in enger Zusammenarbeit mit zahlreichen Landes- und Bundesbehörden, insbesondere aus dem Umweltbereich, stetig weiterentwickelt und daher an den jeweils aktuellen Anforderungen dieser Kooperationspartner ausgerichtet (Beispielanwendungen, auch für Anwendungen der WRRL siehe z. B. [4, 7, 8]).

Mithilfe des sogenannten Cadenza-Repository wird für die einzelnen Fachanwendungsbereiche jeweils eine Zwischenschicht als integrierende Sicht auf die zugrunde liegenden Datenquellen aufgebaut, die sowohl datenbankbasiert sein können als auch Dienste und Geodaten-Dateien umfassen können (Details siehe z. B. [7, S. 16 f.]).

Mit Filterformularen bietet Cadenza die kombinierte Abfrage von Sachdaten und Geodaten nach allen erforderlichen Kriterien mit Präsentation der Ergebnisse in exportierbaren Tabellen, aber auch als Reports und interaktiven Karten.

Während der Schwerpunkt der Cadenza-Komponente auf Datenanalysen, Reporting und GIS liegt, bietet sie für die Realisierung von Fachinformationssystemen, in denen Daten eingegeben und bearbeitet werden, die Integration von zusätzlichen Fachanwendungen über einen Fachanwendungsrahmen, mit dem z. B. Datenerfassungsfunktionen ergänzt werden können [5], die auf den jeweiligen Anwendungszweck zugeschnitten werden können. Damit können die generisch ausgelegten, konfigurierbaren Standardfunktionalitäten um maßgeschneiderte Erfassungs- und Datenmanagementfunktionalitäten ergänzt werden.

Von den Unternehmen Disy und DigSyLand wurden nicht nur in Sachsen im Auftrag der LfULG Fachinformationssysteme mit dieser Architektur entwickelt, sondern auch für die Landesumweltbehörden in Schleswig-Holstein [4, 7]. Eine erste Version einer WRRL-Maßnahmendatenbank wurde bereits 2007 von DigSyLand für das Land Schleswig-Holstein entwickelt, bei der ohne die Cadenza-Anbindung auf Geodatenerfassung und -darstellung sowie auf flexible Auswertungsfunktionen verzichtet werden musste [6], die aber für das LfULG Sachsen von großer Bedeutung sind.

Daher war es naheliegend, auch für die Realisierung des WRRL-Maßnahmenmanagements in Sachsen auf diese Kombination der Komponenten zurückzugreifen.

4.5 PHP-Managementanwendung zur Erfassung und Pflege von Daten

Für das Management der WRRL-Maßnahmen in Sachsen wurde eine spezielle Fachanwendung konzipiert, mit denen die Anforderungen des Fachkonzepts hinsichtlich der Erfassung und Pflege der Maßnahmen erfüllt werden.

Diese Komponente wurde mit der Skriptsprache PHP (https://www.php.net/) realisiert und nahtlos über den Fachanwendungsrahmen in die Cadenza Web-Umgebung integriert (siehe Abb. 2).

Der Cadenza Web-Fachanwendungsrahmen bietet über eine URL-Schnittstelle sowohl die Ansteuerung der Cadenza-Geodatenbearbeitung als auch den Zugriff auf ein gemeinsames Session-Handling und darüber auf die Cadenza-Benutzerverwaltung mit Zugriffsrechten. Daher wird für die Umsetzung von Zugriffsrechten und Rollen die einheitliche zentrale Cadenza-Benutzerverwaltung des LfULG genutzt.

Sowohl Cadenza Web als auch die PHP-Anwendung greifen direkt auf die Oracle-Datenbank zu, wobei Cadenza Web außer für die Bearbeitung von Geometrien der Maßnahmen lediglich lesende Zugriffe durchführt, während die Managementanwendung für die Bearbeitung der Sachdaten zuständig ist (siehe Abb. 2).

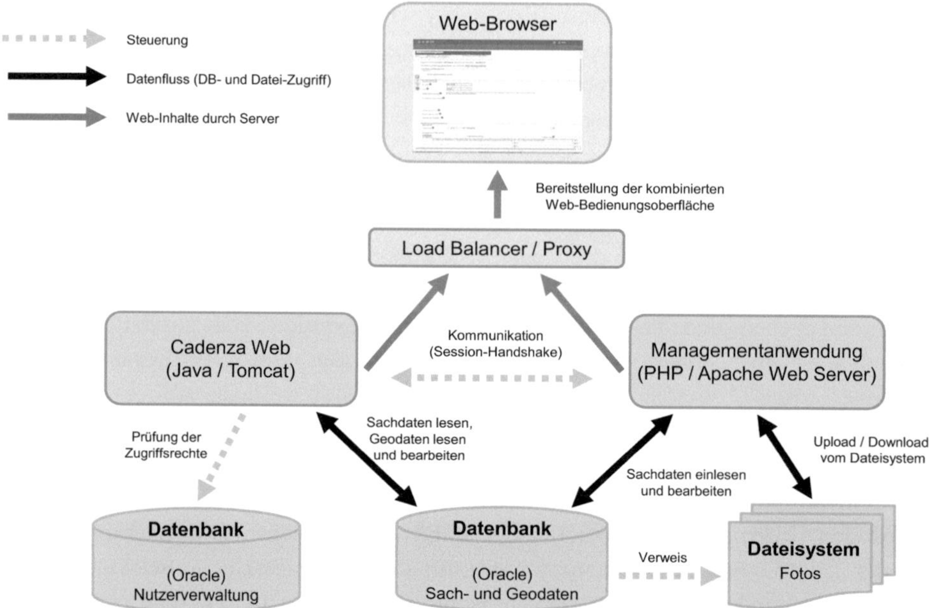

Abb. 2 Skizze zum Zusammenspiel von Datenquellen, Cadenza Web und über den Fachanwendungsrahmen integrierte PHP-Managementanwendung

5 Umsetzung der Web-Anwendung in iDA

Im iDA-Datenportal existierte bereits ein Themenzweig zur Europäischen Wasserrahmenrichtlinie, in den für angemeldete Nutzende mit den entsprechenden Zugriffsrechten sowohl die Auswertungen und Kartendarstellungen in Cadenza Web mit Bezug auf das Maßnahmenmanagement als auch die Fachanwendung zur Datenpflege integriert wurde (siehe Abb. 1).

5.1 PHP-Framework als Fachanwendungsbasis

Die Fachanwendung basiert auf einem von DigSyLand entwickelten PHP-Framework, das für die Integration in den Cadenza Web-Fachanwendungsrahmen optimiert wurde, sodass ein Mapping der anwendungsbezogenen Zugriffsfunktionen zu den Benutzergruppen der Cadenza Benutzerverwaltung möglich ist.

Sowohl die Verwaltung der Schlüssellisten als auch deren Einbindung in die Datenerfassung sowie eine universelle Datenbankschnittstelle und auch grundsätzliche Datenvalidierungen gehören zu den Standardmodulen des Frameworks.

5.2   Geometrieanpassung und Konsistenzprüfungen

Während die Maßnahmen-Eingabemaske (siehe Abb. 3) auf Basis des Frameworks größtenteils konfigurativ gestaltet werden konnte, mussten einige Spezialfunktionen, die insbesondere die komplexen Konsistenzprüfungen und auch die Prüfung, Anpassung und Verschneidung der Maßnahmengeometrien betreffen, gesondert für die Anwendungsfälle des WRRL-Maßnahmenmanagements programmiert werden..

Die wichtige fachliche Anforderung, dass linienförmige Maßnahmen an den tatsächlichen Gewässerverlauf angepasst werden sollten, wurde in PHP basierend auf Oracle-Geometriebearbeitungsfunktionen umgesetzt: Nachdem in der Cadenza-Geometrieerfassung eine Linie am Gewässer gezeichnet und an die Fachanwendung übergeben wird, bildet diese aus den Liniensegmenten des Fließgewässers vom Anfangs- bis zum eingezeichneten Endpunkt der Maßnahme eine neue Liniengeometrie, die genau auf der Gewässerlinie liegt.

Bei allen Maßnahmengeometrien wird unabhängig vom Geometrietyp (Punkt, Linie, Fläche) geprüft, in welchen Wasserkörpern bzw. Einzugsgebieten und in welchen Gemeinden sie liegen. Diese werden als Attribute in den Sachdaten für Auswertungen

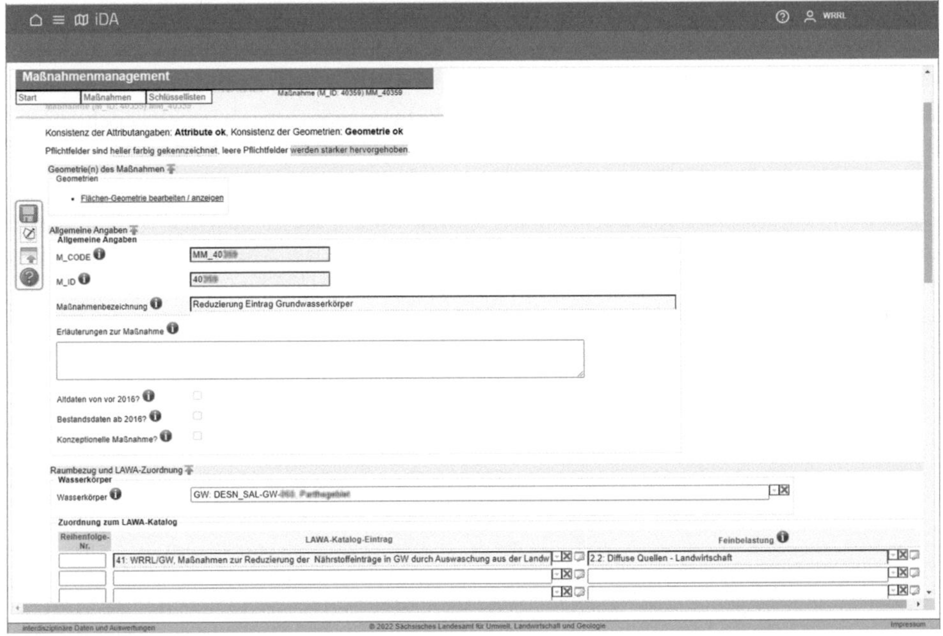

Abb. 3 Auszug der Maßnahmen-Eingabemaske mit Beispieldaten. Pflichtfelder sowie Bearbeitungshinweise werden farblich hervorgehoben

und Konsistenzprüfungen automatisch ergänzt. Zudem wird geprüft, ob die Maßnahme in dem Zuständigkeitsbereich der Nutzenden liegt. So können die unteren Wasserbehörden – mit einem gewissen Puffer – nur auf ihrem Landkreisgebiet Geometrien erfassen, während andere Zuständige landesweit Maßnahmen verorten können.

Ungültige Maßnahmengeometrien werden entsprechend gekennzeichnet, aber zunächst im System weiter vorgehalten, um nachträgliche Korrekturen zu ermöglichen, ohne die Geometrie komplett neu erfassen zu müssen.

Dies gilt ebenso für Maßnahmen, deren Sachdaten inkonsistent oder unvollständig erfasst wurden: Diese werden hinsichtlich der Sachattribute als fehlerhaft gekennzeichnet, sodass eine nachträgliche Vervollständigung und Korrektur vorgenommen werden kann (siehe Abb. 4).

Neben der verpflichtenden Füllung von Pflichtfeldern umfassen die Konsistenzprüfungen die Checks inhaltlicher Zusammenhänge, wie z. B. der zur Wasserkörperkategorie und zum Geometrietyp passenden LAWA-Katalogeintrag [2] mit Angabe der dazugehörigen Feinbelastung, aber auch die Angabe von Begründungen in Abhängigkeit vom angegebenen Maßnahmenstatus (siehe Abb. 3 und 4).

Soweit wie möglich werden die Daten bereits während der Eingabe geprüft bzw. durch die Einschränkung von Auswahloptionen gesteuert. Weiteres kann durch die Abhängigkeiten unterschiedlicher Attribute erst nach dem Speichern analysiert werden, sodass nach dem Abspeichern entsprechende Hinweise auf Basis der Konsistenzprüfungen angezeigt werden (siehe Abb. 4).

Für als Bestandsdaten gekennzeichnete Maßnahmen, die initial in die Oracle-Datenbank übernommen wurden und nicht erst mit der neuen Managementanwendung erfasst wurden, gelten etwas gelockerte Konsistenzbedingungen, um die Aufnahme in die Anwendung zu ermöglichen. Diese Datensätze können jedoch noch nachträglich vervollständigt werden, um auch die aktuellen Konsistenzanforderungen zu erfüllen.

Die Managementanwendung bietet die Möglichkeit, Fotodateien bis zu einer festgelegten Dateigröße auf den Server hochzuladen, wobei zu große Dateien automatisch auf die Maximalgröße verkleinert werden. Dabei werden die Abmaße der Bilddatei um den Faktor verringert, um den die Maximal-Dateigröße überschritten wurde, sodass die Dateigröße der in den verringerten Abmaßen gesampelten Bilddatei die Vorgaben erfüllt. In der Datenbank wird lediglich der Verweis auf die Fotodatei abgelegt (siehe Abb. 2).

Konsistenz der Attributangaben: **Attributfehler**, Konsistenz der Geometrien: **Geometrie ok**

Der Datensatz wurde gespeichert. Bitte beachten Sie folgende Hinweise:

- Das Feld 'Feinbelastung' ist ein Pflichtfeld. Bitte tragen Sie dort einen Wert ein!
- Das Feld 'Maßnahmenträger' ist ein Pflichtfeld. Bitte tragen Sie dort einen Wert ein!
- Das Feld 'Maßnahmenkosten in Euro, ohne Nachkommastellen' ist ein Pflichtfeld. Bitte tragen Sie dort einen Wert ein!
- Das Feld 'Kostenträger' ist ein Pflichtfeld. Bitte tragen Sie dort einen Wert ein!
- Für den Status *nicht umsetzbar* muss eine Begründung der Nicht-Umsetzbarkeit angegeben werden!
- Für den LAWA-Katalog-Eintrag 2 *Ausbau kommunaler Kläranlagen zur Reduzierung der Stickstoffeinträge* muss noch eine Feinbelastung angegebenen werden!
- Für den Wasserkörper DESN_VM-1-2-1 gibt es keine LAWA-Katalog-Zuordnung mit passender Gewässerkategorie!

Abb. 4 Nach dem Speichern werden Hinweise aus den umfangreichen Konsistenzprüfungen angezeigt

5.3   Importfunktion

Die für das Maßnahmenmanagement zuständigen Akteure und Akteurinnen unterliegen unterschiedlichen lokalen Rahmenbedingen. Während das zentrale Datenmanagement in der neu entwickelten Maßnahmenmanagement-Anwendung vom LfULG favorisiert wird, sind auch lokale Maßnahmenverwaltungslösungen weiterhin im Einsatz. Um auch die dort gepflegten Maßnahmen in den zentralen Datenbestand übernehmen zu können, wurde ein gemeinsames Importformat auf der Basis von Excel-Dateien spezifiziert, das auf dem ursprünglich verwendeten Excel-Austauschformat basiert.

Die Managementanwendung bietet eine Importfunktion zur Übernahme extern gepflegter Datenbestände. Die einheitliche Identifikation findet dabei anhand eindeutiger Maßnahmencodes statt, sodass sowohl neue Maßnahmen eingeführt als auch bereits vorhandene Maßnahmen aktualisiert werden können.

Während des Imports werden dieselben Konsistenzbedingungen wie bei der interaktiven Eingabe überprüft. Wenn eine automatische Korrektur möglich ist, wird diese durchgeführt, ansonsten werden fehlerhafte Datensätze beim Import zurückgewiesen. Nach dem Import wird ein ausführliches Protokoll mit Hinweisen auf Fehler und Korrekturen erzeugt. Punkt- und Liniengeometrien werden anhand der Angabe der Koordinaten der (End-)Punkte definiert. In der Entwicklung befindet sich zudem eine Importmöglichkeit für Flächengeometrien auf Basis von Shape-Dateien.

5.4   Auswertungen und Kartendarstellungen

Mit den Cadenza-Standardfunktionen wird die Recherche und Auswertung der verwalteten Maßnahmen angeboten, wobei die vielfältigen Maßnahmenattribute als Kriterien zur Definition der Recherche zur Verfügung stehen. Die Ergebnisse können als Liste angezeigt und exportiert, aber auch auf der Karte angezeigt werden.

Auf der Karte lassen sich die Maßnahmen ebenfalls nach allen Kriterien filtern und hinsichtlich verschiedener Aspekte symbolisieren. Aus der Abfrage auf der Karte kann direkt die Eingabemaske für die angeklickte Maßnahme aufgerufen werden (siehe Abb. 5).

In die Karte können sowohl spezielle Kartenthemen zur WRRL, aber auch aus allen in iDA repräsentierten Fachbereichen auf Wunsch dazugeladen und kombiniert werden. Cadenza bietet auch aus der Karte die Möglichkeit, Geometrien z. B. als Shape-Datei zu exportieren.

6   Zusammenfassung und Ausblick

Die Web-Anwendung zum zentralen Management der WRRL-Maßnahmendaten bietet allen zuständigen Akteurinnen und Akteuren in Sachsen einen Zugang zur interaktiven Bearbeitung und Auswertung des gemeinsamen Datenbestandes. Zusätzlich zur interaktiven Bearbeitung können externe Datenmanagementlösungen über eine Importschnittstelle angebunden werden.

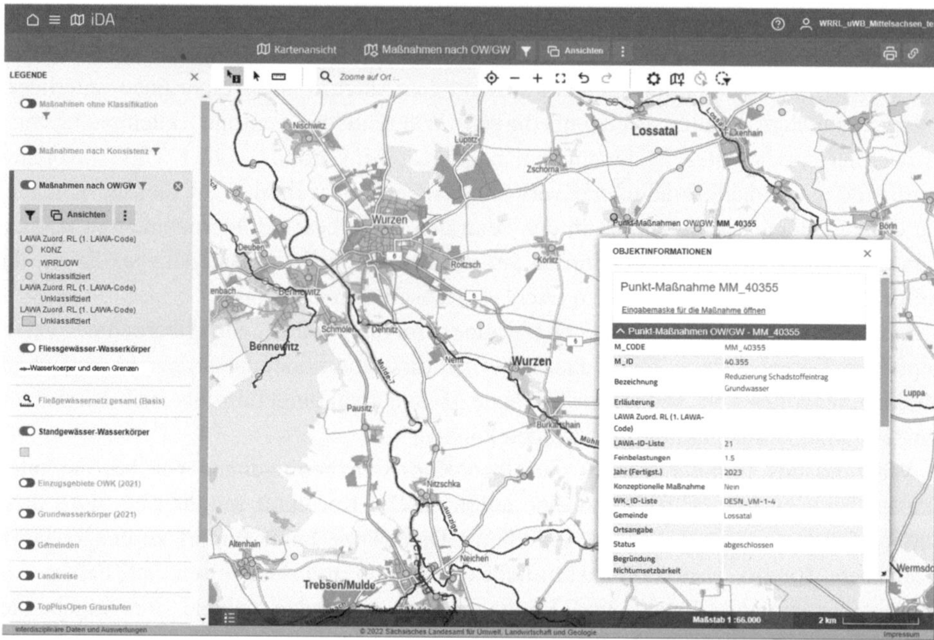

Abb. 5 Auf der interaktiven Karte in Cadenza Web können Maßnahmen nach verschiedenen Kriterien gefiltert werden, per Mausklick können Objektinformationen angezeigt und die Eingabemaske zur Maßnahme aufgerufen werden

Unterstützt wird damit die Sicherstellung einer hohen Datenqualität durch die Umsetzung umfassender Konsistenzanforderungen, insbesondere für die EU-Berichterstattung. Eine direkte Erzeugung von gefüllten Berichtsschablonen aus der Anwendung ist derzeit noch nicht möglich, Auswertungen sind aber in Cadenza realisierbar, die die Erzeugung geeignet erleichtern. In nachfolgenden Erweiterungsphasen soll eine weitgehend automatisierte Befüllung der Schablonen für die Berichterstattung konzipiert werden. In den bisherigen Entwicklungsphasen lag der Fokus zunächst auf der Erfassung und dem zentralen Management der Maßnahmen.

Ein wichtiger Aspekt bei der Entwicklung war die Verwaltung, Pflege und Visualisierung der Maßnahmengeometrien, die ebenfalls der Datenqualität zu Gute kommen, aber auch die allgemeine Nutzbarkeit der Maßnahmeninformationen verbessern.

Die besonderen Herausforderungen aus technischer Sicht bestanden darin, innerhalb der vorgegebenen Rahmenbedingungen sowohl die organisatorischen Zuständigkeiten beim Maßnahmenmanagement in Sachsen mit den entsprechenden Workflows als auch die fachlichen Anforderungen an die Maßnahmendaten, insbesondere an die Konsistenz, geeignet umzusetzen, und gleichzeitig die Anwendung bedienungsfreundlich zu gestalten, um die durchzuführenden Aufgaben bestmöglich zu unterstützen.

Als Ergebnis der im Januar 2022 beendeten Pilotphase wurden durch die Nutzenden weitere Anforderungen spezifiziert, die bis zum Herbst 2022 umgesetzt werden, bevor der Ende 2022 geplante Start in den Produktivbetrieb erfolgen kann.

Zu den Aspekten, die derzeit umgesetzt werden, zählen insbesondere:

- Erweiterung der Importfunktion, insbesondere für flächenhafte Maßnahmen, deren Geometrien aus Shape-Dateien übernommen werden sollen,
- Steigerung der Performance der Importfunktion,
- Archivierung von kompletten Maßnahmenständen zu bestimmten Zeitpunkten mit Ansichtsfunktion von archivierten Maßnahmendaten,
- Erweiterung der Funktionen zur Übergabe von Zuständigkeiten für einzelne Maßnahmen an andere Organisationen und die Freigabe von Maßnahmen, die im Auftrag von Dritten bearbeitet werden,
- Fachliche Auswertungen wie beispielsweise zum Abgleich von Belastungen von Wasserkörpern mit den Belastungen, für die bereits Maßnahmen geplant sind,
- Weitere Optimierungen der Bedienungsfreundlichkeit und der Datenqualität.

Literatur

1. Europäisches Parlament und Rat der Europäischen Union. (2000). *Richtlinie 2000/60/EG des Europäischen Parlaments und des Rates vom 23. Oktober 2000 zur Schaffung eines Ordnungsrahmens für Maßnahmen der Gemeinschaft im Bereich der Wasserpolitik.* In Amtsblatt der Europäischen Gemeinschaften vom 22/12/2000 S. 0001–0073. https://eur-lex.europa.eu/eli/dir/2000/60/oj?locale=de.
2. Bund/Länder-Arbeitsgemeinschaft Wasser – LAWA. (2020). *LAWA-BLANO Maßnahmenkatalog (WRRL, HWRMRL, MSRL).* https://www.lawa.de/documents/lawa-blano-massnahmenkatalog_1594133389.pdf.
3. Disy Informationssysteme GmbH. (2022). *Software für Datenanalyse und Business Intelligence.* https://www.disy.net/de/produkte/cadenza/datenanalyse-software/.
4. Hosenfeld, F., Kleinbub, J., Krüger, K., Kumer, D., Langner, K., & Rinker, A. (2012). Development of a database supporting the management of nature conservation measures in Schleswig-Holstein. In H.-K. Arndt, G. Knetsch, & W. Pillmann (Hrsg.), *Light up the ideas of environmental informatics*, (S. 623–629). Dessau. http://enviroinfo.eu/sites/default/files/pdfs/vol7793/0623.pdf.
5. Hofmann, C., Vogt, G., Lohaus, G., Kleinbub, J., Gerstner, H., Höll, N., Krüger, K., Bädjer, N., Henning, U., & Pickert, E. (2012). Cadenza – Raumbezogene Berichtssysteme und Fachanwendungen auf der Basis von Cadenza. In K. Weissenbach, R. Ebel, & R. Weidemann (Hrsg.), *UIS BW Umweltinformationssystem Baden-Württemberg, F+E-Vorhaben MAF-UIS, Phase I 2011/2012, Report-Nr.. KIT-SR 76616* (S. 81–92). Karlsruhe. https://pudi.lubw.de/detailseite/-/publication/38498-Cadenza_-_Raumbezogene_Berichtssysteme_und_Fachanwendungen_auf_der_Basis_von_Cadenza.pdf.
6. Hosenfeld, F., Behrens, D., Lempert, M., Rinker, A., Trepel, M., & Steingräber, A. (2009). Entwicklung einer Maßnahmendatenbank für die Aufstellung von Bewirtschaftungsplänen und Maßnahmenprogrammen zur Umsetzung der Wasserrahmenrichtlinie. In Umweltbundesamt (Hrsg.), *Umweltinformationssysteme Suchmaschinen und Wissensmanagement – Methoden und Instrumente.* UBA Texte 01/09 (S. 107–117).

7. Hosenfeld, F., Tiffert, J., Zunke, M., Krienke, K., & Willer, J. (2021). Neuentwicklung einer Intranet-Web-Anwendung für das Geotopkataster Schleswig-Holstein. In U. Freitag, F. Fuchs-Kittowski, A. Abecker, & F. Hosenfeld (Hrsg.), *Umweltinformationssysteme – Wie verändert die Digitalisierung unsere Gesellschaft?* Tagungsband des 27. Workshops „Umweltinformationssysteme (UIS2020)" des Arbeitskreises „Umweltinformationssysteme" der Fachgruppe „Informatik im Umweltschutz" der Gesellschaft für Informatik (GI) (S. 13–27). Springer Vieweg. https://doi.org/10.1007/978-3-658-30889-6_2.
8. Hosenfeld, F., Tiffert, J., & Trepel, M. (2016). Wasserkörper- und Nährstoffinformationssystem Schleswig-Holstein. In U. Freitag, F. Fuchs-Kittowski, F. Hosenfeld, A. Abecker, & T. Kudraß (Hrsg.), *Umweltinformationssysteme 2016 – Umweltbeobachtung: Nah und Fern.* Proceedings of the 23rd Workshop UIS2016, Leipzig, Germany, June 1–2, 2016 (S. 55–65). http://ceur-ws.org/Vol-1781/paper4.pdf.

Umweltinformationen digital 4.0

Analyse moderner Technologien für die Erfassung, Haltung und Weitergabe von Umweltdaten

Lisa Hahn-Woernle⬤, Wolfgang Schillinger, Thorsten Schlachter, Nicolas Doms, Mathias Trefzger, Thomas Schlegel, Andreas Wolf und Anja Preiß

Zusammenfassung

Im Rahmen der landesweiten Digitalisierungsstrategie digital@bw wurde die Landesanstalt für Umwelt Baden-Württemberg (LUBW) mit der Durchführung von drei Forschungsprojekten im Handlungsfeld „Nachhaltige Digitalisierung" beauftragt („Umweltdaten 4.0", „Umweltsuche 4.0", „Umwelt digital 4.0"). Ziel der Forschungsprojekte ist es, Methoden und Prototypen zu entwickeln, mit denen die Umweltinformationen des Landes umfassend, interaktiv und in einer modernen, innovativen Form der Öffentlichkeit, Fachöffentlichkeit und der Verwaltung

L. Hahn-Woernle (✉) · W. Schillinger
Landesanstalt für Umwelt Baden-Württemberg, Kompetenzzentrum Umweltinformatik, Karlsruhe, Deutschland
E-Mail: lisa.hahn-woernle@lubw.bwl.de

W. Schillinger
E-Mail: wolfgang.schillinger@lubw.bwl.de

T. Schlachter · N. Doms
Institut für Automation und angewandte Informatik, Karlsruher Institut für Technologie, Eggenstein-Leopoldshafen, Deutschland
E-Mail: thorsten.schlachter@kit.edu

N. Doms
E-Mail: nicolas.doms@kit.edu

M. Trefzger · T. Schlegel
Institut für Ubiquitäre Mobilitätssysteme, Hochschule Karlsruhe, Karlsruhe, Deutschland
E-Mail: mathias.trefzger@h-ka.de

© Der/die Autor(en), exklusiv lizenziert an Springer Fachmedien Wiesbaden GmbH, ein Teil von Springer Nature 2022
F. Fuchs-Kittowski et al. (Hrsg.), *Umweltinformationssysteme – Vielfalt, Offenheit, Komplexität*, https://doi.org/10.1007/978-3-658-39796-8_13

präsentiert und zur Verfügung gestellt werden können. Die Klammer um die drei Teilprojekte bildet der Projekttitel „Umweltinformationen digital 4.0“. In diesem Beitrag werden die Arbeitspakete der drei Forschungsprojekte vorgestellt und Einblicke in aktuelle Arbeiten gegeben. Im Fokus von „Umweltdaten 4.0“ stehen die Dateninfrastruktur, das Metadatenmanagement und die Vernetzung von Daten („Linked Data“) am Kompetenzzentrum für Umweltinformatik der LUBW (KUI). Aus den aktuellen Arbeiten werden der Aufbau der IT-Testumgebung in der Cloud und die Analyse der Datenwege vorgestellt. Ziel der Testumgebung ist es einerseits, den Betrieb von bereits jetzt verwendeten Softwarelösungen (z. B. Cadenza Web) in Kubernetes Containern zu erproben, und andererseits, neue Softwarelösungen (z. B. FROST-Server) für den Normalbetrieb zu testen. Ziel der Analyse der Datenwege ist es, die aktuell notwendigen Schritte vom Eingang der Umweltdaten zu deren Bereitstellung in internen und öffentlichen Portalen und Anwendungen zu dokumentieren und anschließend Verbesserungspotenziale für die meist intransparenten und komplexen Abläufe zu definieren. Im Fokus von „Umweltsuche 4.0“ stehen ein Umweltsuchdienst und dessen potentielle Nutzerschnittstelle, die Chatbot-Rangerin „KarlA“. Ziel des Umweltsuchdienstes ist es, die klassische Suche um georelevante Komponenten wie z. B. eine umweltthematische oder geographische Klassifizierung von Objekten zu erweitern und diese Dienste auch für andere Anwendungen, wie z. B. dem Chatbot, zur Verfügung zu stellen. Der Einblick in die aktuellen Arbeiten erklärt das Vorgehen bei der Klassifizierung von Objekten und stellt u. a. die geplanten technischen Erweiterungen des Chatbots zur Einbindung von Geodaten und -informationen vor. Im Fokus von „Umwelt digital 4.0“ steht eine mobile Anwendung, die mithilfe von Augmented Reality und Sensorik Umweltinformationen per Smartphone auf die Live-Umgebungsbilder einblendet. Nutzerzentriertes Entwickeln und der pädagogische Mehrwert dieser Anwendung sind neben den technologischen Entwicklungen wesentliche Schwerpunkte des Projekts. Aus den aktuellen Arbeiten wird der Prototyp für die Darstellung von verschiedenen Wasserständen mit AR vorgestellt. Mit der Vorstellung der drei Forschungsprojekte werden viele Herausforderungen der Umweltverwaltung in diesem Kapitel thematisiert. Aufgrund des frühen Projektstatus handelt es sich größtenteils um die Vorstellung von Konzepten und Ausblicke in kommende Arbeiten.

————————————————

T. Schlegel
E-Mail: thomas.schlegel@h-ka.de

A. Wolf · A. Preiß
Naturschutzzentrum Karlsruhe-Rappenwört, Karlsruhe, Deutschland
E-Mail: info@nazka.de

A. Preiß
E-Mail: info@nazka.de

Schlüsselwörter

Digitalisierung · Verwaltung · Umweltdaten · Öffentlichkeitsbildung · Semantik · Datendienste · Suchdienst · Chatbot · Mobile Anwendung · Augmented Reality

1   Einleitung

Die Landesanstalt für Umwelt Baden-Württemberg (LUBW) wurde im Rahmen der Digitalisierungsstrategie des Landes Baden-Württemberg, digital@bw, vom Ministerium für Umwelt, Klima und Energiewirtschaft Baden-Württemberg in 2019 beauftragt die drei Forschungsprojekte „Umweltdaten 4.0" (UD4.0), „Umweltsuche 4.0" (US4.0) und „Umwelt digital 4.0" (UDi4.0) umzusetzen. Das gemeinsame Ziel der drei Projekte ist es, die Umweltinformationen des Landes umfassend, interaktiv und in einer modernen, innovativen Form der Öffentlichkeit, Fachöffentlichkeit und der Verwaltung zu präsentieren und zur Verfügung zu stellen.

Vorarbeiten für die Forschungskooperation wurden Ende 2020 an der LUBW aufgenommen und im Februar 2022 begann die Kooperation mit den Forschungspartnern an der Hochschule Karlsruhe (HKA), am Karlsruher Institut für Technologie (KIT) und dem Naturschutzzentrum Karlsruhe-Rappenwört (NAZKA). Die Förderung endet Ende Oktober 2024.

Die drei Forschungsprojekte fokussieren sich auf unterschiedliche Aspekte des Umweltdatenmanagements und sind doch eng miteinander verknüpft. So sind zum Beispiel eine transparente Dateninfrastruktur und zentral gepflegte Metadaten (UD4.0) die Grundvoraussetzung für das Auffinden (US4.0) und die Verwendung der Daten in Webangeboten (UD4.0) und mobilen Anwendungen (UDi4.0). Insbesondere fokussiert „Umweltdaten 4.0" auf eine transparentere, effizientere und flexiblere Gestaltung der Datenhaltung und der Datendienste der LUBW [1]. Für über 800 Umweltobjekte gibt es zahlreiche Datensätze unterschiedlicher Datentypen (z. B. Rasterdaten und Messreihen). Diese sollen für die fachliche Bearbeitung schneller auffindbar, mit modernen Methoden wie künstlicher Intelligenz auswertbar und einfacher miteinander verknüpfbar sein (z. B. Texterkennung, Mustererkennung und Bilderkennung). Datendienste sollen neuen Anforderungen (z. B. Open Data) gerecht werden und über standardisierte Schnittstellen verfügen, um sowohl den Verwaltungsaufwand zu verringern als auch die innovative Nachnutzung durch Dritte zu ermöglichen.

Im Fokus von „Umweltsuche 4.0" stehen kompakte, zielgerechte und bei Bedarf kontextbezogene Suchergebnisse von Umweltdaten und -informationen und deren Visualisierung in den Umweltportalen und in den mobilen Anwendungen der Landesverwaltung [2]. Hierfür sollen intelligente Umweltsuchdienste entwickelt werden. Mithilfe von künstlicher Intelligenz und Umweltthesauri sollen für die Umweltsuchdienste Umweltdaten und -informationen erst semantisch angereichert und dann so miteinander verknüpft werden, dass sie benutzerfreundlich dargestellt werden können. Im Absatz 3.3

wird z. B. die Verwendung von neuronalen Netzen zur semantischen Anreicherung von Objekten mit Zeitbezügen mit einer listenbasierten Methode verglichen. Als Ergänzung der Benutzeroberfläche für die Umweltsuchdienste soll ein Umwelt-Chatbot konzipiert werden, der Fragen zu bestimmten Umweltthemen beantwortet.

Im Fokus von „Umwelt digital 4.0" steht eine mobile Anwendung, die, mithilfe von Augmented Reality (AR) und Sensoren, Umweltinformationen auf dem Bildschirm in die direkte Umgebung projiziert, bzw. Live-Daten aus der Umgebung direkt verarbeitet und darstellt [3]. Ziel dieser Anwendung ist es, den Daten- und Wissensschatz der Landesverwaltung in der Natur, also vor Ort, erlebbar zu machen. Als Anwendungsbeispiel dient der neu ausgebaute Auenerlebnispfad des NAZKA. Zum Beispiel sollen die Besucher dank der mobilen Anwendung die Auswirkungen verschiedener Wasserstände auf ihre direkte Umgebung sehen können ohne dabei nasse Füße zu bekommen oder sich in Gefahr zu begeben.

Generell werden alle drei Forschungsprojekt mithilfe von praxisnahen und exemplarischen Machbarkeitsstudien an Prototypen umgesetzt. Daraus sollen Handlungsempfehlungen und Vorgehensweisen für die Umsetzung im Regelbetrieb resultieren, die dann auch anderen Verwaltungseinheiten oder der Öffentlichkeit zur Verfügung gestellt werden.

Die Forschungspartner bringen schon einschlägige Erfahrungen aus den Bereichen Entwicklung und Betrieb von Umweltinformationssystemen, Entwicklung von mobilen AR-Anwendungen und Naturpädagogik mit. Das KUI betreibt Informationssysteme zur verwaltungsinternen Nutzung sowie zur Bürgerinformation, beispielsweise das Umweltportal Baden-Württemberg, die beiden Apps „Meine Umwelt" (https:// umweltportal.baden-wuerttemberg.de/meine-umwelt-app) und „Meine Pegel" (https:// um.baden-wuerttemberg.de/de/presse-service/unsere-online-angebote/meine-pegel-app), das Räumliche Informations- und Planungssystem (RIPS), das Informationssystem Wasser, Immissionsschutz, Boden, Abfall, Arbeitsschutz (WIBAS), das Naturschutz-Informationssystem (NAIS) sowie Umwelt-Fachanwendungen für die LUBW und den IuK-Verbund Land/Kommunen. Diese Bandbreite an Themen und Systemen bietet diverse Anwendungsbeispiele als Grundlage für die Forschungsarbeiten. Das Institut für ubiquitäre Mobilitätssysteme der HKA (IUMS) verfügt über umfangreiche Vorarbeiten im Bereich der mobilen Systeme. Auch die Expertise im Bereich der Mensch-Computer Interaktion und Gebrauchstauglichkeit (Usability) mobiler Systeme, im Speziellen mit Augmented- und Virtual-Reality-Anwendungen und der damit verbundenen User Experience, bieten einen hohen Mehrwert für die Forschungsarbeiten. Das Institut für Automation und angewandte Informatik des KIT (IAI) entwickelt mit seiner Arbeitsgruppe Webbasierte Informationssysteme Bausteine für Umweltinformationssysteme. Der Baukasten an Komponenten für Backends und Frontends in (Micro-)Service-basierten Architekturen soll im Rahmen der Forschungsarbeiten um weitere, innovative Komponenten ergänzt werden. Dank der Expertise des NAZKA in den Bereichen Natur- und Umweltschutz am Oberrhein, Natur- und Umweltpädagogik, Landschaftspflege wie auch Koordination von Naturschutzaktivitäten ist das Naturschutzzentrum ein entscheidender Projektpartner für die Erarbeitung von bürgernahen und pädagogisch hochwertigen Anwendungen in allen drei Teilprojekten.

Dieser Beitrag ist wie folgt aufgebaut: Abschn. 1 gibt einen generellen Einblick in die 3 Teilprojekte und die involvierten Forschungspartner, in den Abschn. 2 bis 4 werden Motivation, Ziele und aktueller Status der einzelnen Teilprojekte vertiefter dargestellt und Abschn. 5 schließt das Kapitel mit einer kurzen Zusammenfassung und einem Ausblick ab.

2 Umweltdaten 4.0 – für eine intuitivere, effizientere und nutzerorientiertere Haltung, Verwaltung und Weitergabe von Umweltdaten

Im Zuge der Open Data Policy, der Öffnung von Regierungs- und Verwaltungsdaten, kommt neben der allgemeinen Berichtspflicht auch der Veröffentlichung von Umweltdaten eine große Bedeutung zu. Angesichts der wachsenden Nachfrage im Bereich Umweltinformationen steigen die Anforderungen hinsichtlich Auffindbarkeit, Verfügbarkeit, Datenqualität, Freigabeberechtigung oder Verknüpfbarkeit von Datenbeständen. Daten unterschiedlicher Datentypen (Messnetzdaten, Geodaten, 3D Rasterdaten, Sachdaten, Mediendaten etc.) sowie unstrukturierte Umweltinformationen (Dokumente, Webseiten etc.) sollen auffindbar, auswertbar und miteinander verknüpfbar sein, sowie als Datendienste über standardisierte Schnittstellen zur innovativen Nachnutzung durch Dritte angeboten werden. Dies erfordert u. a. flexiblere Datenhaltung, intelligente Suchfunktionen sowie eine schnelle, automatisierte, bedarfsorientierte Aggregation von Umweltdaten. Darüber hinaus müssen rechtliche, organisatorische und technische Rahmenbedingungen für die Datenbereitstellung geklärt sein, z. B. die Beschreibung von Datenformaten und Schnittstellen (Dokumentation, Metadaten, Provenienzdaten etc.), die explizite Bereitstellung der Lizenzen für alle Datensätze, Verwertungsrechte, Datenschutzaspekte (z. B. Verwendung personenbezogener Daten), Service Level Agreements (SLAs), welche z. B. die Verfügbarkeit bzw. Skalierbarkeit von Diensten im Betrieb regeln.

Um diesen Anforderungen zu genügen, wird ein modernes, leistungsfähiges Datenhaltungs- und Metadatensystem benötigt, das alle relevanten Datenbestände in einer standardisierten Form bündelt und über einen leistungsfähigen Suchalgorithmus zielgruppenorientiert hochverfügbar für verschiedene Anwendungstypen (Websites/Portale, mobile Anwendungen, Fachanwendung, Nutzung durch Dritte etc.) bereitstellt. Um dies zu erreichen, muss zum einen die Datenhaltungsarchitektur ertüchtigt werden, sodass Erfass- und Auswertedatenbanken entkoppelt und Daten z. B. über einen „Webcache" (z. B. hochverfügbare und performante Clouddienste) bereitgestellt werden. Zum anderen muss eine generelle Unterscheidung der Bereitstellungswege zwischen offenen und geschützten bzw. verwaltungsinternen Daten getroffen werden.

2.1   Aktueller Stand der Umweltdaten-Infrastruktur

Das Umwelt-Informationssystem (UIS) Baden-Württemberg erfüllte lange Zeit eine Vorbildfunktion hinsichtlich des Daten- und Metadatenmanagements. Inzwischen stößt das UIS aufgrund der wachsenden Anforderungen und Datenmenge mit der jetzigen Architektur und den jetzigen Software-Komponenten an seine Grenzen, insbesondere im Bereich offener Daten oder neuer Datenformate wie 3D-Punktwolken oder (Echtzeit-) Messnetzdaten. Datenerfassung und Auswertedatenbanken des UIS sind auf die Erfüllung von gesetzlich vorgegebenen Berichtspflichten durch die Landesverwaltung (Primäraufgabe) für die Fachseite fokussiert, wobei die Daten über die primären Datenangebote Berichtssystem (BRS), die automatisierte Geodatenabgabe für Dienststellen und die UIS-Auslieferung der Landesverwaltung bereitgestellt werden. Die Informationen, die über diese Systeme gehalten und bereitgestellt werden, sind zum einen oftmals projektbezogen abgelegt, und damit untereinander schlecht vernetzt. Zum anderen unterliegen sie z. T. strengen Datenschutzbestimmungen (z. B. Personenangaben in Standortbeschreibungen) und dürfen nur für einen eng begrenzten Nutzerkreis einsehbar sein und sind damit nicht allgemein verfügbar. Um die eingeschränkte Nutzung zu gewährleisten, muss die Übermittlungsstufe über die Freigabeberechtigung bereits bei der Erfassung in den Metadaten festgehalten sein. Die Metadatenerfassung ist allerdings komplex und aufwendig, sodass nicht immer alle Metadaten gewissenhaft nachgeführt sind.

Für die Bereitstellung von Daten für die Öffentlichkeit (sekundäre Nachnutzung), die andere Ansprüche, z. B. an den Datenschutz aber auch an die Verfügbarkeit, Genauigkeit oder Aktualität hat, ist die Architektur des UIS zum einen zu komplex und träge, zum anderen sollte für die Präsentation dieser Daten nicht auf die gleiche Erfass- und Auswertedatenbank, die auch für die Landesverwaltung genutzt wird, zugegriffen werden. Eine generelle Trennung der offenen Daten von der Erfassungsdatenbank in eine oder mehrere separate Auswertedatenbanken (z. B. „Webcaches") würde die Datenschutzkonformität gewährleisten und die IT-Sicherheit erhöhen. Eine entkoppelte, themenorientierte Bereitstellung von öffentlichen Daten im Internet wird bereits für einige Fachangebote realisiert. So werden Daten für die Online-Angebote in einem Cloud-Speicher gehalten wodurch z. B. die Messwerte zur Luftqualität über das Internetangebot der LUBW nahezu in Echtzeit 24/7 verfügbar sind. Daten rund um das Thema Energie oder zu Natur, Landschaft, Hochwasser und Verkehr werden im Energieatlas (https://www.energieatlas-bw.de/) oder über die „Meine Umwelt"-App und dem Portal Umwelt BW ebenfalls rund um die Uhr per Cloud-Speicher zur Verfügung gestellt. Zusätzlich gibt es noch Umweltdaten für die Öffentlichkeit im Karten- und Datendienst der LUBW (https://udo.lubw.baden-wuerttemberg.de/). Hierfür werden Daten und Metadaten auf datenschutzrelevante Inhalte geprüft und vor der Veröffentlichung überarbeitet. Da dieser Prozess sehr aufwendig sein kann, wird hierdurch die Veröffentlichung von Datensätzen verzögert oder sogar verhindert. Neue Datenpräsentationen wie z. B. die Visualisierung von 3D- oder Modelldaten, Echtzeitdaten, AR/VR Daten oder Chatbots befinden sich z. T. im Gartner Hype Cycle auf dem „Pfad der Erleuchtung" (slope of enlightment) [4], stehen dem Bürger aber in den derzeitigen Webanwendungen der LUBW nicht zur Verfügung und die vorhandene Dateninfrastruktur muss erst auf ihre Kompatibilität geprüft werden. Daher soll ein entsprechendes Daten- und Metadatenhaltungskonzept etabliert und getestet werden, um zukünftig diese neuen Datenformate, wie sie z. B. in UDi4.0 entwickelt werden, entsprechend zugänglich machen zu können.

Mit dem derzeitigen Datenangebot für die Öffentlichkeit wird zwar der Informationspflicht der öffentlichen Verwaltung (UVwG) Rechnung getragen, allerdings sind die verschiedenen Angebote kaum untereinander vernetzt, sodass der (Fach-)Öffentlichkeit unersichtlich bleibt, welche Daten auf welchen Portalen zur Verfügung stehen. Außerdem sind die Präsentation und die Bereitstellung der öffentlichen Metadaten derzeit nicht intuitiv, sodass davon auszugehen ist, dass ein Großteil der Information (Aktualität, Status, Genauigkeit, Erfassungsdatum, fachliche Zuordnung etc.) verborgen bleibt. Auch eine umfassende, themenübergreifende Darstellung bzw. Auswertung von Umweltphänomenen ist kaum möglich. Des Weiteren liegen den verschiedenen Angeboten unterschiedliche Nutzungsbedingungen zugrunde und es sind keine echten offenen Daten, die z. B. über Datenschnittstellen in weitere Angebote oder Drittsysteme eingebunden werden oder mit anderen offenen Daten vernetzt werden können („Linked Open Data", LOD).

Ziel des Forschungsprojekts ist es, Lösungsansätze für eine effiziente und intuitive Vernetzung aller Daten, für eine zentrale Suchfunktion und damit für einen zentralen Datenzugang für die Endanwender zu analysieren und zu erarbeiten.

2.2   Vielschichtige Ziele und Anforderungen erfordern vielschichtige Lösungen

Das Teilprojekt „Umweltdaten 4.0" soll einen direkten, datenschutzkonformen und umfassenden Zugang zu den Umweltinformationen des Landes Baden-Württemberg ermöglichen. Dabei steht die Öffnung aller Umweltinformationen für Bürger und Bürgerinnen mit intuitiven Anwendungen und entsprechend den aktuellen technischen und rechtlichen Anforderungen (z. B. Open Data) im Vordergrund. Umweltinformationen, die bisher isoliert abgelegt sind, müssen über smarte Datendienste zu cleveren Marktplätzen, d. h. im Stil von modernen Online-Shopping-Portalen, vernetzt werden, über die fachliche Informationen in allen Richtungen sicher ausgetauscht und weitergereicht werden können. Datenhaltung, -zugriff, analytische Verarbeitung und Visualisierung bilden dabei eine durchgängige Prozesskette. Im Mittelpunkt stehen dabei die Qualität der Daten, die Datenintegration sowie die Datensicherheit und -governance. Im Laufe des Projekts werden verschiedene Teilziele bearbeitet:

- Eine zukunftsorientierte Umweltdatenbereitstellung und ein zielgruppenorientierter Datenzugang setzen ein effizientes Metadatenmanagement (Daten, Dokumente, Bilder etc.) sowie flexible Auskunfts- und Bereitstellungskomponenten voraus. Das

Metadatensystem sollte über ein intuitiv bedienbares Erfassungs- und Verwaltungswerkzeug verfügen, sodass Inhalte von der Fachseite leicht gepflegt und aktuell gehalten werden können. Auch die Metadaten der neuen Datenformate sollen hierüber erfasst und gepflegt werden können. Die Zuordnung zu fachlichen (semantischen) Konzepten soll teilautomatisiert (Text Mining, generierte Annotationen etc.) bei der Datenerfassung erfolgen und die Daten sollen projektneutral abgelegt werden können.

- Die Umweltinformationen werden für verschiedene Nutzergruppen (Öffentlichkeit, Forschung, Wissenschaft und Verwaltung) zügig auffindbar und verständlich aufbereitet bereitgestellt. Dabei wird generell zwischen öffentlichem/offenem und verwaltungsinternem Inhalt unterschieden. Um möglichst viele Daten der Öffentlichkeit zugänglich zu machen, sollen Mechanismen untersucht werden, mit denen in bestimmten Fällen auch personenbezogene Informationen, u. a. aus dem Verwaltungsbereich, sicher pseudonymisiert bzw. anonymisiert werden können.

- Die Öffentlichkeit soll Zugang zu aktuellen (Echtzeit und zeitnah veröffentlichte) Daten bekommen. Daten, die Fortschreibungen unterliegen, sollen entsprechend dem jeweiligen Bearbeitungsstand (vorläufig, freigegeben, Entwurfsdaten, Rohdaten, Referenzdaten etc.) gekennzeichnet werden. Die dazugehörigen Metadaten sollen automatisch aktualisiert werden, sobald sich der Bearbeitungsstatus ändert und generell benutzerfreundlich angezeigt werden.

- Der Einstieg in die Datenrecherche soll für die öffentlichen Nutzer einfach und intuitiv sein. Daten sollen über eine intelligente Suchfunktion zugänglich gemacht werden (Schnittstelle zu US4.0). Fragen wie z. B. „Wo gibt es aktuelle Daten zum Thema erneuerbare Energien?" oder „Wo finde ich Referenzdaten zu Hochwasserständen?" sollen mit einer Präsentation der entsprechenden Datensätze beantwortet werden. Die Daten und Dokumente könnten in Form eines konfigurierbaren Kundenportals zur Selbstabholung entsprechend den Belangen der Nutzer mit den dazugehörigen Nutzungsvereinbarungen abgegeben werden. Offene Daten sollen über standardisierte Schnittstellen (Rest API etc.) z. B. als Dienste direkt an Drittsysteme abgegeben werden können.

- Die Datenhaltung und -präsentation soll für neue Daten und Datenformate (3D Rasterdaten, Modelldaten, Simulationen, Echtzeitsensorik etc.) geöffnet werden. Hierfür muss ein cleveres Konzept entwickelt werden, wie neue Datenformate z. B. aus dem Bereich AR/VR oder Chatbot Bibliotheken zukünftig verwaltet, ausgewertet und präsentiert werden können (Link zu US4.0 und UDi4.0).

- Die Harmonisierung von Datenschemata und Datensemantik ist grundlegend für die Verknüpfbarkeit und Interoperabilität der Daten. Um alle Daten zu finden und miteinander zu verknüpfen, ist eine semantische Auszeichnung von Umweltdaten (Schemata, Vokabulare, Provenienz- und Metadaten) wichtig (Schnittstelle zu US4.0). Um Daten und Dienste für das „Semantic Web" zu öffnen und damit eine Verknüpfung mit anderen offenen Daten zu ermöglichen, kann die Bereitstellung als RDF oder OWL erwägt werden.

- Sowohl der Datenhaltung, als auch der Datenerfassung, -verwaltung, -verarbeitung und -präsentation sollen Technologien zugrunde gelegt werden, die über standardisierte Schnittstellen miteinander kommunizieren und verlustlos Daten austauschen können. Hierdurch können einzelne Technologien (Erfassungswerkzeuge, Auswertekomponente, Metadatenverwaltung, Suche etc.) jederzeit bedarfsorientiert optimiert und neuen Bedürfnissen angepasst werden. Die individuellen Technologien sollen über intelligente Dienste (z. B. automatisierte inhaltliche Kategorisierung und Verlinkung) zu einer Prozesskette verknüpft werden. Es sollen zusätzliche Standards für Datenaustauschformate definiert und etabliert werden, auf die diese Datendienste aufsetzen.

2.3 Einblick in die aktuellen Forschungsthemen von „Umweltdaten 4.0"

„Dateninsel" – IT-Testumgebung im Containerbetrieb. Im Arbeitspaket „Dateninsel" wird eine Testumgebung aufgebaut, um verschiedene IT-Komponenten und IT-Lösungen für den Einsatz im KUI zu testen. Durch die isolierte Testumgebung können gleich mehrere Teilziele aus Abs. 2.2 analysiert werden, ohne den Produktivbetrieb zu beeinflussen. Der Fokus liegt hierbei auf der performanten und nutzerorientierten Bereitstellung der Geodaten. Der Weg der Daten von der Fachseite zu der Anwendung wird als nächster Anwendungsfall im zweiten Teil dieses Abschnitts beschrieben.

Bereits die Dateninsel selbst ist durch den Containerbetrieb in der Cloud der erste Testfall. Hiermit werden die Google-Cloud und der Containerbetrieb mit Kubernetes als eine flexible Bereitstellungskomponente der Dateninfrastruktur analysiert. Der Aufbau und einige Komponenten sind in Abb. 1 schematisch dargestellt. Ziel der Dateninsel ist es u. a. folgende Szenarien zu testen:

- Erprobung von SensorThings API (STA) [5] und FROST Server (https://www.iosb. fraunhofer.de/de/projekte-produkte/frostserver.html) für die Erfassung und Weitergabe von Echtzeit-Messreihen im OGC Standard und mit einem Daten-Abonnementdienst wie MQTT [6].
- Anbindung von Liferay-Darstellungskomponenten an den FROST Server, um Echtzeitdaten nutzerorientiert der Öffentlichkeit zu präsentieren
- Anbindung von bestehenden Web-Anwendungen an eine PostgreSQL Datenbank und Performanztests im Vergleich zur jetzigen Oracle-Datenbank mit dem Ziel, die Ladezeiten der Geodaten in den Webanwendungen zu verkürzen, auf aufbereitete Datenviews zukünftig zu verzichten (Arbeitsaufwand) und browserbasierte Datenprozessierung zu erlauben (z. B. Cadenza Workbooks, s. u.)
- Datenanalyse und -darstellung in Cadenza Workbooks (https://www.disy.net/de/produkte/ cadenza/datenanalyse-software/) basierend auf PostgreSQL, um der Öffentlichkeit einen einfachen und intuitiven Einstieg für die Datenrecherche zu bieten

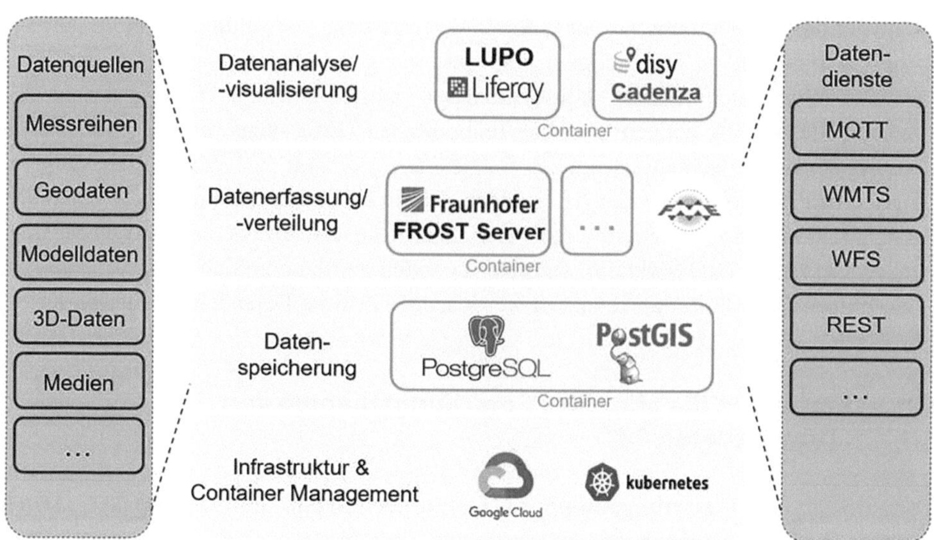

Abb. 1 Schematischer Aufbau der „Dateninsel", der Testumgebung in der Cloud mit verschiedenen IT-Komponenten und IT-Lösungen für eine effiziente und nutzerorientierte Bereitstellung von Geodaten

- Betrieb von Anwendungen wie Liferay und Cadenza Web im Container, um die Verfügbarkeit und Skalierbarkeit zu analysieren
- Erweiterung der Datenformate (z. B. Echtzeitdaten, 3D Daten) zur Visualisierung und/oder Verarbeitung in (Web-)Anwendungen
- Erprobung von maschinenlesbaren Schnittstellen für andere Datenformate (nicht nur mit FROST) im OGC Standard bzw. als Open Data Service

Die Liste an Szenarien ist eine Momentaufnahme und wird im Laufe des Teilprojekts wiederholt überarbeitet und erweitert. Aktuell sind alle in Abb. 1 dargestellten Container-Komponenten betriebsbereit und die Anbindung von Luftqualitätsmessungen an den FROST Server sowie der Datenabruf mit dem MQTT-Dienst wurden erfolgreich getestet. Des Weiteren werden momentan verschiedene Geodaten für die performante Darstellung in Cadenza-Workbooks in einer PostgreSQL Datenbank angelegt. Zum Einspielen der Daten ist geplant, FME (https://www.conterra.de/portfolio/fme) zu nutzen. Dies wird aber nicht im Container, bzw. nicht in der Cloud betrieben und ist nur vollständigkeitshalber in Abb. 1 dargestellt.

Neben den Performanztests von Cadenza basierend auf PostgreSQL werden in 2022 noch die Anbindung des FROST Servers an die Webkomponenten zur Darstellung von Messreihen sowie der generelle Betrieb von FROST in der Google Cloud analysiert. Daraus sollen Handlungsempfehlungen sowie Kosten- und Aufwandsabschätzungen für einen potenziellen Produktivbetrieb erarbeitet werden.

„Datenwege" – Dokumentation der Abläufe und Speicherorte der Umweltdaten vom Import bis zur Anwendung. Das KUI ist sowohl zuständig für die IT-Infrastruktur wie auch für die IT-(Fach-)Anwendungen zur Erfassung, Verarbeitung und Weitergabe von Umweltdaten. Die enge Zusammenarbeit mit der Fachseite ermöglicht es, den inhaltlichen und technischen Anforderungen eines Fachthemas gerecht zu werden. Gleichzeitig führt die Vielzahl an Themen, Formaten, Abläufen und Zuständigkeiten auch zum Teil zu komplexen Datenwegen innerhalb des KUI. Wie schematisch in Abb. 2 dargestellt, werden die Daten in der Regel auf verschiedenen Datenspeichern und in verschiedenen Prozessierungsstufen gehalten, um je nach Anwendung oder Dienst wie auch abhängig von Nutzungsrechten einen performanten Zugriff für die Fachseite und die Öffentlichkeit zu ermöglichen. Die Darstellung zeigt auch auf, dass sowohl verwaltungsinterne Anwendungen (symbolisiert mit einem Schloss) als auch öffentliche Anwendungen (Schloss mit Fragezeichen, da es z. B. sowohl öffentliche als auch interne Webanwendungen gibt) auf die gleiche Datenquelle zugreifen. Dies kann einerseits ein Sicherheitsrisiko darstellen, andererseits auch die Performanz stark beeinträchtigen, da die aktuellen Datenspeicher nicht agil skalierbar sind.

Eine weitere Herausforderung solcher gewachsenen Strukturen und Abhängigkeiten besteht darin, die Abläufe und Verantwortungen transparent, verständlich und aktuell zu dokumentieren. Ein solches System ist sehr abhängig von einzelnen Personen und/oder

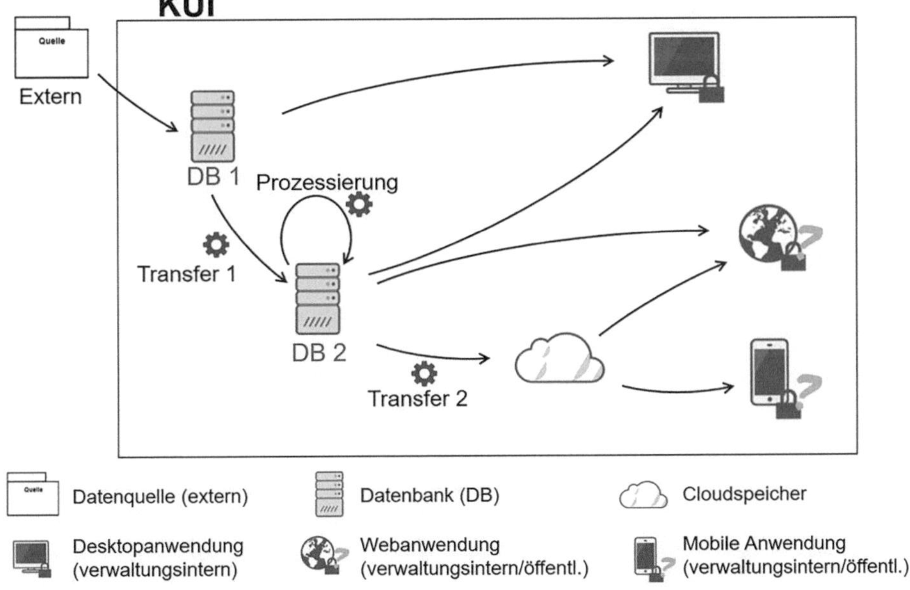

Abb. 2 Vereinfachte Darstellung eines Datenweges innerhalb des Kompetenzzentrums Umweltinformatik (KUI) der Landesanstalt für Umwelt Baden-Württemberg (LUBW)

Komponenten und bedarf eines hohen Pflegeaufwands. Zudem können die verschiedenen Abhängigkeiten zu einer Verzögerung der Datenbereitstellung führen.

Mit dem Ziel, die Dateninfrastruktur für die heutigen Anforderungen an Sicherheit, Performanz und Agilität zu ertüchtigen, werden daher momentan im Rahmen des Forschungsprojekts die Datenwege einzelner Umweltobjekte (z. B. Naturschutzgebiete) dokumentiert, um anschließend u. a. folgende Fragestellungen zu analysieren:

- Könnten Prozesse vereinfacht und/oder automatisiert werden?
- Gibt es wiederkehrende Abläufe verschiedener Umweltobjekte, die gebündelt werden könnten?
- Ist eine Form der Datenhaltung oder ein Prozessschritt redundant?
- Welche Software-Tools werden verwendet und wo sind unterschiedliche Tools überhaupt notwendig?
- Können Datenwege automatisiert dokumentiert werden?

Basierend auf dieser Analyse soll eine Anforderungsliste für eine neue Dateninfrastruktur (incl. Software-Tools) erarbeitet werden, die es erlaubt, Aufwand und Nutzen neuer Komponenten und/oder Abläufe gegeneinander abzuwägen und darauf basierend ein neues Konzept für das Datenmanagement zu erstellen. Auch aktuelle, noch nicht berücksichtigte Anforderungen, wie z. B. die Bereitstellung von Geodaten als Open Data und über maschinenlesbare Schnittstellen, werden in dieses Konzept mit einfließen.

3   „Umweltsuche 4.0" – die Umweltsuchmaschine mit Fachwissen

Für die Umweltportale und mobilen Anwendungen der Landesverwaltung sollen intelligente Umweltsuchdienste bereitgestellt werden, die effizient und mit minimalem Pflegeaufwand fachlich relevante und nutzerorientierte Suchergebnisse liefern. Der Anspruch geht dabei über die reine Volltextsuche hinaus. Mithilfe der Umweltsuchdienste soll eine semantische Unterscheidung einzelner Umweltobjekte bzw. die Zuordnung von konkreten Umweltobjekten zu Suchanfragen möglich werden. So sollen z. B. die Suchtreffer anhand von vorgeschlagenen standort- bzw. kontextbezogenen Informationen genauer definiert bzw. facettiert werden können. Um dies zu erreichen, ist in der Regel eine semantische Erkennung und/oder Anreicherung der Suchergebnisse (z. B. um Geokoordinaten) notwendig. Speziell auf die Umweltthematik zugeschnittene KI-Ansätze (KI: künstliche Intelligenz) sollen zu diesem Zweck erprobt werden, z. B. Deep Learning (Maschinenlernen) zur Erkennung von Pflanzen und Tierarten, Inhalten von Textfragmenten oder von Umweltproblematiken und -fragestellungen. Die Suchdienste sollen strukturierte, semistrukturierte und unstrukturierte Daten sowie digitale Medien mit Umweltbezug indizieren (Big Data) und die Suchergebnisse zur maschinellen Weiterverarbeitung, ggf. als Open (Government) Data, bzw. Linked Open

Data bereitstellen (siehe UD4.0). Darüber hinaus sollen Beziehungen zu weiteren Daten(-quellen) (z. B. aktuelle Messdaten) hergestellt werden können.

Auch neue Informationsquellen, z. B. durch den Bürger generierte Messdaten oder Inhalte des Chatbots, könnten auf diese Weise automatisch klassifiziert und verfügbar gemacht werden. Diese Technologien würden auch für fortgeschrittene Naturführer-Anwendungen (z. B. Einbindung des Chatbots in die mobile Anwendung von UDi4.0) genutzt werden können.

3.1   Aktuelle Web-Suche von Umweltinformationen und -daten

Die Internetangebote der Umweltverwaltung in Baden-Württemberg bauen auf komplexen Suchanwendungen mit einem hohen manuellen Pflegeaufwand auf. Dem liegt vor allem die Vielzahl und Heterogenität der angebundenen Systeme und Angebote zugrunde. Drittsysteme, wie das statistische Landesamt (www.statistik-bw.de) oder das Bürger-Serviceportal (service-bw.de) werden nach umweltrelevanten Inhalten durchsucht und entsprechend in den Suchindex aufgenommen. Teile dieser strukturierten Daten können aus verschiedenen Gründen (Lizenz, Kosten, Schnittstellen, Formate etc.) nicht, bedingt oder nur mit erheblichem Aufwand durch die bisherige Volltextsuchmaschine erfasst werden. Daraus folgt, dass die Suche nach Daten mit Geobezug bzw. die Indizierung binärer Inhalte (Medien) nicht bzw. nur sehr eingeschränkt (z. B. bei expliziter Anreicherung mit Metadaten) möglich ist.

Daher wurde in den letzten Jahren bereits die bisherige, geschlossene Suchmaschine (Google Search Appliance, GSA [7]) durch eine individualisierbarere Suchmaschine (Site Search Pro von IntraFind, https://intrafind.com/de/ifinder) schrittweise ersetzt, mit dem Ziel die diversen Datenbestände entsprechend den eigenen Anforderungen zu indizieren und effizient für Suchanfragen bereitzustellen.

Die bisher verwendeten proprietären OneBox-Mechanismen der GSA für die Abfrage einzelner separater Datenquellen werden sukzessive in unabhängige Services migriert und diese Services auch funktional erweitert (Abfrage nicht mehr nur Suchwortgetrieben, sondern z. B. basierend auf gegebenen Geokontext). Die Auslagerung der Bereitstellung und Suche nach diversen Daten(typen) auf Basis von Microservices, d. h. Daten über standardisierte Schnittstellen und über leistungsfähige Infrastrukturen bereitzustellen, stellt einen vielversprechenden Ansatz dar.

Für den intelligenten Umweltsuchdienst ist jedoch zu analysieren, ob die Komplexität der vorhandenen Suche nicht durch den Einsatz von möglichst universalen und modularen Diensten und KI-Methoden (z. B. Textanalyse) reduziert, wenn nicht sogar ersetzt werden kann. Ein systematischer Neuaufbau des Umweltsuchdienstes würde es außerdem erlauben, die Forschungsergebnisse zu den Themen Metadatenhaltung und Dateninfrastruktur aus UD4.0 zu berücksichtigen und zu integrieren.

Für die Suche nach unstrukturierten bzw. semistrukturierten Datenbestände sollen nach wie vor klassische Volltextsuchindexe verwendet werden, die jedoch künftig semantisch angereichert und annotiert werden sollen, z. B. mithilfe von semantischer Textanalyse/Textmining bzw. anhand von formalen Wissensrepräsentationen wie Taxonomien, Thesauri oder Ontologien.

3.2 Schrittweise Erarbeitung der Umweltsuchdienste

Ziel des intelligenten Umweltsuchdienstes ist es, den Nutzern standort- bzw. kontextbezogene Informationen in möglichst verständlichen Darstellungen (Trefferlisten, Karten, Diagrammen etc.) zu präsentieren. Dabei sollen die neuen intelligenten Dienste zwar z. T. auch weiterhin auf einer regelbasierten Suche basieren, aber auch selbstlernende Algorithmen, die durch die Verknüpfung von Fragen kontextbezogene Assoziationen finden und mit den Nutzern „interagieren", sollen zunehmend erarbeitet und integriert werden. Das Ergebnis soll weniger ein Suchen als ein Finden von kontextbezogenen, nutzerorientierten Informationen sein, die z. B. eine Grundlage für den Chatbot-Ranger sein können. Um diese Ziele zu erreichen, müssen folgende Teilziele erarbeitet werden:

- Der neue Umweltsuchdienst soll auf einer produktunabhängigen neutralen Schnittstelle für den Zugriff auf Volltextsuchmaschinen basieren. Die neutrale Schnittstelle soll die Anbindung neuer Suchmaschinen (z. B. iFinder für die Landesverwaltung und weitere) und den Austausch von Suchmaschinen und den parallelen Zugriff auf mehrere konkrete Suchmaschinen erleichtern. Somit soll eine möglichst weitgehende Produktunabhängigkeit sowohl einen Vendor-Lock-In vermeiden als auch die Flexibilität für die Einbindung eigener oder dritter Suchdienste bewahren. Gerade die Möglichkeiten zur gleichzeitigen Abfrage mehrerer Suchindizes und die respektive gemeinsame und vereinheitlichte Darstellung der Ergebnisse soll die Trefferqualität und die Nutzerfreundlichkeit erhöhen. Die Anbindung weiterer Suchmaschinen und deren Suchindizes, z. B. Metadatenkataloge (Catalogue Service for the Web, CSW), Suchmaschine Service-BW oder YaCy Verwaltungssuchmaschine NRW, soll über Adapter erfolgen, die u. a. die konkreten Funktionalitäten von Suchmaschinen in generische Funktionen übersetzen.
- Bestandteil der neutralen Schnittstelle soll unter anderem die Möglichkeiten zur Abfrage strukturierter Informationen und Metadaten sein, d. h. die Abfrage dedizierter Attribute, die einen Eintrag explizit beschreiben. Diese strukturierten Daten bieten einerseits die Möglichkeit zur Filterung und Sortierung, z. B. in Form von Facetten, andererseits auch die Möglichkeit zur semantisch eindeutigen Beschreibung der Einträge, z. B. ausgehend von einem gegebenen Vokabular als Basis für eine gezielte Selektion und Verknüpfung von Objekten.
- Außerdem soll der Zugang zur Suche und die Darstellung der Suchergebnisse möglichst einfach und bürgerfreundlich gestaltet werden. Zur Anzeige von Suchergebnissen

in der Anwendung stehen eine Reihe flexibler, hochkonfigurierbarer Webkomponenten (Trefferlisten, Darstellung von Facetten, Suchschlitze, Vorschauen, Kartenviewer etc.) zur Verfügung. Die innovativen Ansätze zur Gestaltung der Trefferlisten, Ergebnispräsentation, Filterfunktionen und zur Weiternavigation sollen implementiert und evaluiert werden. Zusätzlich könnten der Einsatz von Sprachassistenten oder eine natürlich sprachliche Eingabe der Suchanfragen getestet werden.

- Die semantische Erfassung von Suchergebnissen z. B. über die Abbildung auf Begriffe eines zentralen Vokabulars und die Nutzung des Link-Services sind ein essentieller Bestandteil des intelligenten Umweltsuchdienstes. Dabei sollen die klassischen Volltextsuchindexe z. B. mithilfe von Textanalyse/Textmining, semantisch angereichert und anhand von formalen Wissensrepräsentationen wie Taxonomien, Thesauri oder Ontologien annotiert werden. Einen möglichen Dienst dieser Art stellt bereits jetzt der Semantic Network Service (SNS, https://sns.uba.de) des Umweltbundesamtes (UBA) dar. Der SNS bietet Dienste zur automatischen Verschlagwortung basierend auf einem geprüften Umweltvokabular mit Synonymlisten und mit verschiedenen Übersetzungen an. Auch Suchanfragen der Nutzer werden entsprechend klassifiziert und gegen die gewonnenen Konzepte der annotierten Datensätze und Dokumente gematched. Im Gegensatz zu sehr allgemeinen Vokabularen, die z. B. in der semantischen Suchmaschine IBM Watson verwendet werden (DBpedia, Wordnet, Freebase etc.), wird erwartet, dass durch die Nutzung fachlich abgestimmter Umwelt-Vokabulare eine bessere Datenqualität erreicht und die Möglichkeit zur Verlinkung von unterschiedlichen Objekten gesteigert wird.
- Umweltrelevante behördliche Informationen liegen in der Regel nicht nur in Dokumenten vor, sondern z. B. auch als strukturierte Objektdaten (z. B. aus Datenbanken), Medien (Fotos, Videos etc.) oder Messdaten (Messreihen, einzelne Messungen etc.). Diese Objekte werden nicht mit der klassischen Volltextsuche erfasst und können auch in relativ großen Datenmengen vorliegen. Eine Analyse von Methoden der künstlichen Intelligenz, wie z. B. Deep Learning, soll Erkenntnisse liefern, wie und ob diese Datenmengen und -formate effizient an die Umweltsuche angebunden werden können.
- Die verwendeten semantischen Methoden (semantisches Erkennen der Suchanfrage sowie die semantische Aufbereitung und Bereitstellung der Daten) ermöglichen auch die Anbindung an eine Suchschnittstelle in Form eines Chatbots. Der Chatbot soll den Nutzern direkt Antworten auf umweltrelevante Fragen liefern. Als Daten- und Informationsquellen sind vorerst ein redaktionell gepflegter Dialoge-Katalog, Webinhalte (z. B. Verlinkung zu aktuellen Veranstaltungen), Datendienste (z. B. Abruf aktueller Pegeldaten) und der Umweltthesaurus angedacht. Ziel des Chatbots soll auch sein, den Einsatz von automatisch generierten Inhalten basierend auf Fachliteratur und Methoden der künstlichen Intelligenz wie „Natural Language Generation" fachkritisch zu evaluieren.

3.3 Einblick in die aktuellen Forschungsthemen von „Umweltsuche 4.0"

Semantische Annotation der Suchinhalte. Um eine Verknüpfung der Inhalte auf Basis des Semantic Web Gedanken zu ermöglichen und um später weitere Facettierungsmöglichkeiten implementieren zu können, sollen Suchinhalte auf ihre semantischen Konzepte überprüft werden. Diese Aufgabe teilt sich in drei Teilaufgaben:

Die Analyse des Textinhaltes und der damit verbundenen Zuweisung von Themenkategorien, die geographische Zuordnung des Textes und die Abfrage des zeitlichen Bezuges.

Die Zuweisung von Themenkategorien erfolgt mithilfe einer REST-Schnittstelle des Umweltthesaurus des SNS. Hier wird ein automatischer Verschlagwortungsdienst angeboten, der einen beliebigen Textinhalt per HTTP-GET/HTTP-POST Request erwartet und ein strukturiertes JSON-Objekt mit semantischen Konzepten und Relevanz zurückgibt. Die zurückgegebenen Konzepte verfügen über einen Identifier und sind somit eindeutig. Das zu klassifizierende Dokument wird in drei unterschiedlich gewichtete Textkorpora unterteilt, um Dokumententitel und Dokumentenpfad (z. B. Webseitenpfad als „Breadcrumbs" [8]) höher zu gewichten als den restlichen Volltext.

Für die geographische Suche wird ein Datensatz des Bundesamtes für Kartographie und Geodäsie (BKG) [9] herangezogen. Dieser Datensatz enthält rund 150.000 geographische Begriffe mit ihren entsprechenden Geometrien als Multipolygone. Weiterhin sind die Begriffe hierarchisch angeordnet, was eine spätere Facettierung vereinfacht. Die geographischen Begriffe werden nun in eine von sieben Hierarchiestufen eingeteilt (1. Ort, 2. Gemeinde, 3. Verwaltungsgemeinschaft, 4. Kreis, 5. Regierungsbezirk, 6. Bundesland, 7. „Sonstiges"). Der zu analysierende Text wird dann in einzelne Wörter zerlegt, welche anschließend dem Referenzdatensatz präsentiert werden, um die entsprechenden Geometrien zu extrahieren. Erkannte Begriffe der Hierarchiestufe 7 werden durch einen Flächenverschnitt derjenigen Geometrie zugewiesen, mit der sie die größte Schnittfläche haben. Das zurückgegebene Ergebnis dieser Klassifizierung ist eine eindeutige Geoeinheit inklusive Geometrie.

Für die Analyse des zeitlichen Bezuges existieren zwei unterschiedliche Ansätze: regelbasierte Verfahren, welche anhand vordefinierter Regeln zeitliche Informationen extrahieren, und lernbasierte Verfahren, welchen ein neuronales Netz zugrunde liegt, das auf Basis von Trainingsdaten lernt. Aus [10] wird evident, dass der dort vorgestellte Ansatz des TOMN-Modelles, ein lernbasiertes Verfahren, im Schnitt bessere Ergebnisse erzielt als andere Verfahren. Für den direkten Vergleich mit einem regelbasierten Verfahren basierend auf der Bibliothek HeidelTime [11], werden beide Verfahren auf den Vergleichsdatensatz „WikiWars" [24], welcher Wikipedia-Artikel über bekannte Kriege enthält, angewandt. Hierbei erzielt das regelbasierte Verfahren die besten Ergebnisse. Da die vorliegenden Dokumente die größte Ähnlichkeit mit dem „WikiWars" Datensatz haben und die HeidelTime-Bibliothek in Java implementiert wurde, somit also aufwandsarm einzubinden ist, wird vorerst diese Bibliothek zur Extraktion von Zeitausdrücken erprobt. Parallel wird an einer eigenen Implementierung geforscht, die auf Basis des Stanford Dependency Parsers (https://nlp.stanford.edu/software/nndep.html) statt einer generischen Erkennung von Zeitausdrücken (inkl. Uhrzeiten) eine auf die deutsche Sprache spezialisierte Erkennung von für die Facettierung relevanten Informationen (Jahreszahlen, Jahreszeiten, Monate etc.) bieten soll.

Die drei Klassifizierungen wurden in Java programmiert, um eine spätere Bereitstellung als Microservice-Dienste zu ermöglichen. Hiermit können die Funktionalitäten nicht nur für die Websuche, sondern beispielsweise auch vom Chatbot als eigenständige Module genutzt werden.

„KarlA" – Die Chatbot-Rangerin der Karlsruher Auen. Als Teilziel von US4.0 wird ein Chatbot entwickelt, der Umweltfragen zum Lebensraum der Karlsruher Auen auf der Webseite des NAZKA (https://www.nazka.de) beantworten soll (siehe Mockup in Abb. 3). Chatbots sind mittlerweile ein breit verbreiteter Anwendungsfall für künstliche Intelligenz (Texterkennung) in der öffentlichen Verwaltung geworden [12]. Dies sind jedoch meist Service-Bots, die Bürgeranfragen schnell und gezielt bearbeiten sollen. Der Chatbot „KarlA" soll jedoch besonders Jugendliche und junge Erwachsene ansprechen und deren Interesse an Umweltthemen nähren sowie deren Neugierde an der Natur in der eigenen Umgebung bzw. rund um das NAZKA wecken. Die Interaktion mit dem Chatbot soll dabei nicht nur Umweltwissen digital vermitteln, sondern vor allem dazu ermuntern, die Natur selber zu erkunden.

Abb. 3 Mockup für das Dialogfeld von KarlA, der Chatbot-Rangerin der Karlsruher Auen, einem Chatbot zu Umweltfragen

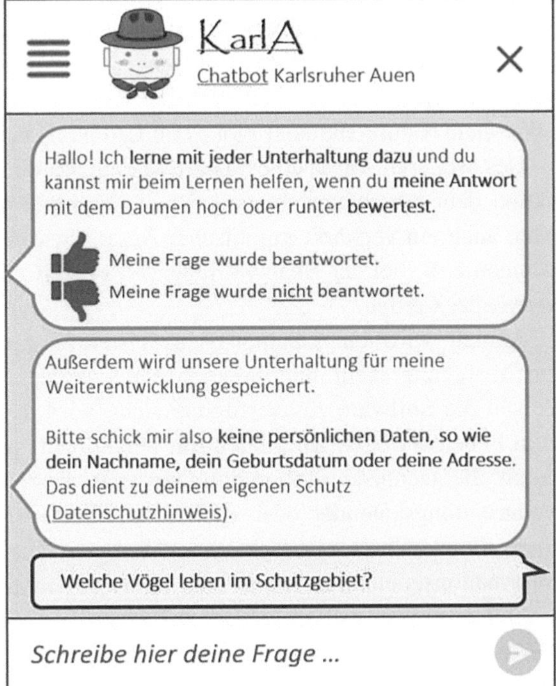

Im aktuellen Konzept ist geplant, dass KarlA, die Chatbot-Rangerin der Karlsruher Auen, sowohl organisatorische als auch fachliche Fragen beantwortet. Hierbei sollen zwei verschiedene Dialogstrategien getestet werden: praktische Informationen wie Öffnungszeiten, Veranstaltungen und Anfahrt werden aktuell und möglichst kompakt wiedergegeben. Interessieren sich die Nutzer jedoch für ein Umweltthema (z. B. „Was machen Enten bei Hochwasser?"), so sollen Inhalte in interaktiven Dialogen mit kurzen Antworten und aktiver Beteiligung der Nutzer vermittelt werden. Das soll einerseits verhindern, dass die Nutzer von zu langen Texten gelangweilt werden, und andererseits den Entdeckergeist stärker wecken. So sollen z. B. Rückfragen zu bestimmten Themen (z. B. „Denkst du denn, dass das Nest des Haubentauchers schwimmen kann?") nicht nur den Gesprächsverlauf lenken, sondern auch das eigene Nachdenken und Lernen gefördert werden.

Im technischen Kontext des Umweltsuchdienstes ist KarlA eine idealer Use Case, um verschiedene Funktionalitäten zu testen: die Anbindung an die neutrale Schnittstelle, die Integration von aktuellen Daten in eine Suchanfrage (s. u.), die Anbindung von Webinhalten wie den Veranstaltungskalender des NAZKA an die Suche und der Abgleich der Suchanfrage per Chatbot („intend") mit den semantisch angereicherten Umweltinformationen.

Aus fachlicher und technischer Sicht ist besonders die Abfrage von aktuellen Daten wie Wasserstände oder auch ortsbezogene Informationen zu Umweltobjekten wie Schutzgebiete ein äußerst relevantes Forschungsthema. Hierbei soll die Frage nach einem aktuellen Wasserstand nicht nur eine abstrakte Zahl, sondern auch verständliche Kontextinformationen zurückgeben (z. B. „Heute steht das Wasser überdurchschnittlich hoch, was mit den Niederschlagsmengen der letzten Tage zusammenhängt."). Andererseits sollen die Nutzer auch einfache Umweltfakten per Chat abfragen können (z. B. „Wie viele Naturdenkmäler gibt es im Landkreis Karlsruhe?").

Des Weiteren soll auch evaluiert werden, ob eine klassische, textbasierte Nutzerinteraktion denn überhaupt sinnvoll für die Vermittlung von Umweltwissen ist. Alternativ wäre auch ein verstärkt graphischer Ansatz, wie in Abb. 4 dargestellt, denkbar. Hierbei könnten z. B. bei der Beantwortung von Fragen graphische Inhalte aus UDi4.0 wiederverwendet werden.

Aktuell wird ein Chatbot-Dienstleister ausgewählt, der die Softwareinfrastruktur zur Verfügung stellt und bei den Entwicklungsarbeiten Unterstützung leisten kann. Sobald die Software zur Verfügung steht, wird der Chatbot auf zwei parallelen Wegen zum Leben erweckt: zum einen mit redaktionell gepflegten Dialogen und zum anderen durch die technische Anbindung an z. B. bestehende Informationsquellen wie dem Veranstaltungskalender oder auch den online-verfügbaren Pegeldaten. Ziel ist es, bis Ende dieses Jahres ein fachliches Thema in Dialogform aufzuarbeiten, verschiedene Informationsquellen zu integrieren und aus den gewonnenen Erfahrungen Handlungsempfehlungen für weitere Inhalte abzuleiten.

Abb. 4 Idee für ein interaktives Chatbot-Dialogfeld, über das sowohl per Click Informationen zu den angezeigten Arten abgerufen als auch Bildmaterial und Animationen zur Beantwortung von Fragen hinzugezogen werden könnten

4 „Umwelt digital 4.0" – Anhand von AR und Sensorik das Naturerlebnis mit Umweltdaten und -informationen anreichern

Digitale Umweltassistenten sollen Fragen wie „Was ist um mich herum?" oder „Wie hängen die Dinge, die ich sehe, miteinander zusammen?" beantworten. Digitale Assistenten wie „Siri" (Apple) oder „Alexa" (Amazon) sind allerdings keine Spezialisten für Umweltfragen. Neue Möglichkeiten der Darstellung (z. B. AR) können helfen, einen direkten Zugang zu Umweltobjekten in der echten Umwelt zu bekommen, oder um komplexe Sachverhalte oder Zusammenhänge auf einen Blick erkennen und verstehen zu können. Seit der Veröffentlichung von ARKit und ARCore im Jahr 2017, entstehen zudem jährlich neue Ansätze und Möglichkeiten wie virtuelle Objekte korrekt über AR dargestellt werden können [13]. Im Rahmen des Projektes soll eine mobile Anwendung basierend auf intelligenten, modularen Hintergrunddiensten entwickelt werden, die Informationen orts- und kontextbezogen für den Anwender bereitstellt. Die Ergebnisse sollen den Bezug zur realen Umwelt darstellen, z. B. durch Aufblenden der ermittelten Informationen auf Live-Umgebungsbildern per Smartphone oder das Abspielen von Tonspuren. Über Einbeziehung von Sensorik vor Ort (Internet of Things, IoT) sowie der Erfassungssysteme in mobilen Geräten (Kamera, GPS, Lagesensor etc.) soll eine unmittelbare Interaktion des Nutzers mit der lokalen Umgebung ermöglicht werden. AR ergänzt also die Realität, anstatt sie vollständig zu ersetzen [14].

Die entwickelten Technologien sollen z. B. die Implementierung intelligenter und bürgerfreundlicher Naturpädagogik- und Naturführer-Anwendungen erlauben, bei denen die Nutzer mit ihrer Umgebung und dem entfernten Informationssystem im Sinne einer erweiterten Realität interagieren. Regelbasierte und auf lernenden Analyseverfahren basierende Dienste können dabei als Assistenten genutzt werden, um die Nutzer z. B. durch Erkennung von Objekten in der durch die Kamera aufgenommenen Realität zu unterstützen. Durch Einsatz von AR Technologien können neben dem reinen Erleben z. B. auch Konsequenzen aus Naturgefahren wie Überflutungen oder Deichbruch, aber auch die zu erwartenden Folgen des Klimawandels oder geplanter Baumaßnahmen erlebbar gemacht und verbildlicht werden. Der Einsatz von innovativen Technologien wie AR ermöglicht die Zukunfts- und Wettbewerbsfähigkeit zu erhöhen. Dies gilt vor allem bei der Umsetzung von 3D-Modellen und deren Anwendungen, die sich nach dem gegebenen Kontext ändern [15].

4.1   Aktuelle Verbreitung von AR in der Umweltverwaltung

Obwohl AR Technologien seit einiger Zeit auf dem Vormarsch sind, über Spiele-Apps sogar in den Consumer-Bereich Einzug gehalten haben und es einige vielversprechende Anwendungen im Bereich Wartung, Montage und Lehrsysteme gibt, sind sie bisher noch nicht weit im Alltag der Umweltverwaltung verbreitet. Mit dem immer weiter fortschreitenden Technologielebenszyklus von AR erweitert sich auch die sinnvolle Einsatzmöglichkeit von AR für die Umweltverwaltung [16]. Die LUBW verfügt über einen landesweit breit gefächerten Datensatz an Umweltinformationen, der bisher standardmäßig über einfache Kartendarstellung und Tabellenansichten mit limitierten Auswertefunktionalitäten präsentiert wird. Moderne Visualisierungsmöglichkeiten fehlen, um die Attraktivität, den Informationsgehalt und dessen Verständlichkeit für Bürger zu erhöhen – eine zentrale Anforderung an nachhaltige Umweltbildung. Gerade mit Technologien aus dem Bereich der mobilen Systeme und des Internet of Things bestehen mittlerweile über mobile und AR-Systeme neue, realisierbare Möglichkeiten, Informationen schnell (Echtzeit- und Realdaten), verständlich (visuell und überlagert) sowie vor allem im Kontext des Nutzers darzustellen. Damit können Verfügbarkeit, Aufbereitung und Situations-/Nutzerangepasstheit deutlich verbessert und attraktive Lösungen für Nutzer erzeugt werden. Die Zugänglichkeit zu den Umweltinformationen kann so für die Nutzer erhöht und deren Bewusstsein wie Interesse vertieft werden. AR-Anwendungen müssen weiterhin in der Lage sein, auf zukünftige technische Herausforderungen zu reagieren. In diversen Studien werden unter anderem folgende technische Herausforderungen genannt: binokulare Sicht, hohe Auflösung, Farbtiefe, Leuchtdichte, Kontraste, Sichtfeld und Fokustiefe [17–19].

Der Auenerlebnispfad des NAZKA und die weitere Umgebung des Naturschutzzentrums sind typische Umweltumgebungen, die andere Nutzungskontexte und -anforderungen erzeugen, als dies im Labor mit einem AR-System möglich ist. Daher sollen umweltpädagogische Konzepte für AR prototypisch umgesetzt werden. Diese werden in mehreren Zyklen nach dem Modell des User Centered Design Prozesses (ISO 9241-210) [20] in jeder Iteration evaluiert und die hierbei gewonnenen Erkenntnisse fließen in die Entwicklungen des Folgezyklus mit ein. Dabei stehen unterschiedliche Methoden für die nutzerzentrierte Anforderungsanalyse und Evaluation zur Verfügung, wie Contextual Inquiries, Fokusgruppen, Expertenevaluationen und gerade auch Nutzerevaluationen, bei denen Nutzer anhand einer typischen Aufgabenstellung das System einsetzen und dabei sowohl beobachtet als üblicherweise auch interviewt werden. Um das Verhalten mit und ohne AR-System sowie die kognitiven Abläufe bei der Nutzung methodisch und auch quantitativ aus- und bewerten zu können, sollen mobile Eye-Tracker eingesetzt werden. Hier können Aufmerksamkeitsverteilungen, Nutzungshemmnisse, Blickpfade und Areas of Interest identifiziert werden, die beim Verständnis der Abläufe und der Nutzung neue Erkenntnisse bringen. Daraus sollen sowohl konkrete Verbesserungen der Situationen, Aufgaben und Themen des Naturschutzzentrums und des Auenerlebnispfads folgen, als auch weitere Anwendungsfälle für AR definiert werden, die helfen, Anwendungen der LUBW zielgerichteter, zeitgerechter und nutzerorientierter zu gestalten. Konkret werden häufig in realen Szenarien Hinweise übersehen, Hilfen nicht gefunden, AR-Elemente nicht gesehen, nicht genutzt oder missverstanden, interessante Punkte oder Themen durch die Anwendung nicht abgedeckt oder Funktionen nicht oder anders durch den Nutzer wahrgenommen oder genutzt.

Die hier zu erarbeitenden neuen innovativen Konzepte und Dienste stellen eine wesentliche Erweiterung, Modernisierung und Steigerung der Attraktivität des bisherigen Angebotes der Umweltverwaltung dar [21].

4.2 Umweltpädagogische Herausforderungen mit modernen Technologien angehen

Die prototypischen Entwicklungen in „Umwelt digital 4.0" setzen stark auf anwendungsnahe Use-Cases, um u. a. den optimalen Einsatz von Sensorik in mobilen Geräten (Kamera, GPS, Lagesensor etc.), die fachlich korrekte Darstellung von Umweltobjekten mit AR (Tiefe, Größenverhältnisse, Bewegungen etc.) und die technische Umsetzung unter Berücksichtigung verschiedener Rahmenbedingungen (mobile Netzabdeckung, verschiedene Betriebssysteme etc.) zu testen. Die gesammelten Erfahrungen werden schließlich in Best-Practices dokumentiert, um so als Grundstein für vergleichbare zukünftige Vorhaben zu dienen. Im Laufe des Projekts sollen folgende Teilziele erreicht werden:

- Als ein Beispielszenario (Feldprototyp) soll der Auenerlebnispfad im Naturschutzzentrum Rappenwört dienen, für das im Rahmen des Projektes ein neues innovatives Lehrpfadkonzept unter Einbeziehung von Sensorik vor Ort zur Interaktion mit mobilen Geräten erarbeitet werden soll. Das Naturschutzzentrum bietet die Gelegenheit, Beispiele aus aktuellen Themen, wie dem Hochwasserbereich (z. B. Überflutungs- bzw. Deichbruchszenarien im Rahmen der Polderplanung), dem Artenschutz (z. B. „Wie still ist ein Wald ohne Tiere?" bzw. „Wie laut ‚lebt' ein Wald mit großer Artenvielfalt?"), des Klimawandels (z. B. „Welche Baumarten wachsen hier noch in 30, 40, 70 Jahren und wie sieht der Wald dann aus?") oder der Planung (z. B.

„Wie würde sich eine Hochwasserschutzmaßnahme in die Landschaft einfügen?" bzw. „Wo liefen die Grenzen eines Schutzgebiets?") zu erarbeiten.

- Prinzipiell könnten serverseitige Dienste eines Webcaches Informationen bereitstellen, die bei der Interaktion des Benutzers mit dem Lehrpfad angezeigt werden können. Eine typische Herausforderung bei der Datenbereitstellung oder -verarbeitung (auch im Gebiet des Naturschutzzentrums) stellt die Nicht-Verfügbarkeit von Netzinfrastruktur im ländlichen Raum bzw. in der freien Natur dar (z. B. mangelnde oder leistungsschwache mobile Datennetzabdeckung) [22]. Die Möglichkeit zur Offline-Nutzung der mobilen Anwendungen (Datenmitnahme und Bereitstellung auf dem Gerät) ist daher essentiell. Geeignete Verfahren innerhalb der Anwendungen sowie in den Basis-Diensten (Exportfunktion) sind daher zu untersuchen und zu implementieren.

- Durch Zusammenarbeit mit weiteren Partnern mit der notwendigen Fachkenntnis soll ein innovatives fachpädagogisches Konzept für die digitalen Inhalte des Auenerlebnispfades sowie die dazugehörigen fachlichen Inhalte und Repräsentationen ausgearbeitet werden. Damit kann die Verknüpfbarkeit digitaler Informationen, z. B. Sensorik vor Ort mit ortsbezogenen Informationen im Hintergrund, in zweierlei Hinsicht optimal genutzt werden: die Bedeutung der verschiedenen Umweltthemen dem Besucher des Lehrpfades näher zu bringen und dem Besucher ein Gefühl für die Auswirkungen der realen Naturgefahren wie Sturm und Hochwasser oder die Folgen des Klimawandels zu vermitteln. Die dabei entwickelten grundlegenden Konzepte ließen sich dann auf viele Lehrpfade und Erlebnisorte in Baden-Württemberg (fünf weitere Naturschutzzentren; 13 weitere Polder) übertragen.

- Als Anwendungsfall für den digitalen Chatbot-Ranger aus US4.0 soll eine mobile User Interface bzw. eine mobile Anwendung entwickelt werden. Hierbei ist auch die Frage der Datenbereitstellung als Herausforderung für die Nutzung das Rangers im Feld zu evaluieren.

- Der Freundeskreis des NAZKA, die Kooperationen mit vielen umliegenden Schulen und die Zusammenarbeit mit ansässigen Naturschutzorganisationen ermöglichen es, Probanden verschiedener Interessengruppen für die Nutzergruppenanalyse und Evaluation der entwickelten Prototypen zu akquirieren. Denn die prototypischen Anwendungen sollen in mehreren Zyklen durch gezielte Nutzerbefragung und geeignete Sensorik (z. B. Eye-Tracking) evaluiert und entsprechend der Ergebnisse angepasst werden (User Centered Design).

- Im letzten Drittel des Projekts sollen geeignete Drittprojekte, die von den erwähnten intelligenten Diensten und Basiskomponenten profitieren könnten, analysiert bzw. konzipiert werden, um sinnvolle Nachnutzungsszenarien für die Basistechnologien zu definieren. Auf Basis der so gewonnenen Anforderungen sollen die Hintergrunddienste und Basiskomponenten prototypisch in eine spezifische Anwendung (z. B. die „Meine Umwelt"-App) integriert werden, bzw. die potenzielle Integration evaluiert werden.

4.3   Einblick in die aktuellen Forschungsthemen von „Umwelt digital 4.0"

„Wasserstandszenarios" – mit AR verschiedene Wasserstände simulieren. Ein Teilziel des Projekts „Umwelt digital 4.0" ist es, mithilfe von AR Umweltinformationen und
-daten per Smartphone auf Live-Umgebungsbilder der Besucher des Auenerlebnispfades
zu projizieren. Entlang des Auenerlebnispfads werden die Themen Hochwasser und
historische Wasserstände immer wieder in den analogen Informationstafeln präsentiert.
So gibt es z. B. eine Tafel an der man durch das Drehen von Modulen verschiedene
Wasserstände und Szenarien darstellen kann.

Das Thema der wechselnden Wasserstände wurde auch für die ersten Testläufe mit
AR aufgegriffen. Basierend auf Pegeldaten einer 3D-Simulation sollen ortsspezifische
Flutungsszenarien an bestimmten Standorten entlang des Auenerlebnispfades mit AR
visualisiert werden. Als erster Schritt wurden verschiedene Visualisierungen der Wasserstände analysiert. In Abb. 5 sind 2 Szenen eines exemplarischen Mockups zu sehen,
bei dem über den Regler am unteren Bildschirmrand der darzustellende Wasserstand
bestimmt werden kann. Auf dem Umgebungsbild wird der erhöhte Wasserstand leicht
transparent dargestellt, um den Bezug zur Realität beizubehalten. Der Kartenausschnitt

Abb. 5 AR-Mockups zur Einblendung von verschiedenen Wasserständen im Auenwald. Der
Wasserstand wird per Regler am unteren Bildschirmrand definiert und per AR in die Umgebungs-
bilder geblendet. Der Kartenausschnitt stellt die aktuelle Position und die Ausbreitung des
gewählten Flutungsszenarios dar [23]

zeigt sowohl den aktuellen Standort als auch das Ausmaß des gewählten Flutungsszenarios. In den nächsten Schritten werden die Darstellung der Raumtiefe und die Anpassung der Ränder an die Umgebung noch weiter ausgearbeitet.

5 Zusammenfassung und Ausblick

In diesem Kapitel wurde dargestellt, dass die Umweltverwaltung vor vielen u. a. technologischen, fachlichen und pädagogischen Herausforderungen steht. Die Anforderungen an die Haltung, Verwaltung und Weitergabe von Umweltdaten entwickeln sich stets weiter. Um den Anschluss nicht zu verlieren, bedarf es sowohl agiler Systeme als auch (verwaltungsinterner) Fachkompetenz für die Konzeption und Umsetzung neuer Lösungen.

Im Rahmen der drei Forschungsprojekte „Umweltdaten 4.0", „Umweltsuche 4.0" und „Umwelt digital 4.0" werden anhand von Prototypen Handlungsempfehlungen sowie einsatzfähige Dienste und Anwendungen entwickelt, die die Angebote der LUBW effizienter, nutzerorientierter und zeitgerechter machen sollen. Anhand der Beschreibung der Projektteilziele sowie von Einblicken in laufende Arbeiten wurden die Herangehensweise und auch die Heterogenität der Fragestellungen verdeutlicht. Aufgrund der noch recht kurzen Laufzeit des Projektes und dem breiten Themenfeld konnten nur vorläufige Erkenntnisse aus den einzelnen Teilprojekte angerissen werden. Sobald erste, handfeste Ergebnisse erzielt wurden, werden diese der (Fach-) Öffentlichkeit zur Verfügung gestellt.

Danksagung Wir danken für die Förderung des Projekts im Rahmen der Digitalisierungsstrategie digital@bw und für die Unterstützung durch das Ministerium für Umwelt, Klima und Energiewirtschaft Baden-Württemberg. Außerdem danken wir den Organisatoren des AK-UIS Workshops für die Möglichkeit, unsere Arbeit hier zu präsentieren.

Literatur

1. Becker, J., & Hahn-Woernle, L. (2021). *Projektbeschreibung „Umweltdaten 4.0".* https://um.baden-wuerttemberg.de/de/umwelt-natur/nachhaltigkeit/nachhaltige-digitalisierung/projekte/umweltdaten-40/.
2. Hahn-Woernle, L., & Schlachter, T. (2021). *Projektbeschreibung „Umweltsuche 4.0".* https://um.baden-wuerttemberg.de/de/umwelt-natur/nachhaltigkeit/nachhaltige-digitalisierung/projekte/umweltsuche-40/.
3. Becker, J., & Hahn-Woernle, L. (2021). *Projektbeschreibung „Umwelt digital 4.0".* https://um.baden-wuerttemberg.de/de/umwelt-natur/nachhaltigkeit/nachhaltige-digitalisierung/projekte/umwelt-digital-40/.
4. Hülsbömer, S. (2015, Graphiken 2022 aktualisiert). *Gartner Hype Cycle for Emerging Technologies – 2005 bis 2021.* https://www.computerwoche.de/g/gartner-hype-cycle-for-emerging-technologies-2005-bis-2021,105825,14#galleryHeadline.

5. SensorThings API. (19. Januar 2022). Wikipedia. https://en.wikipedia.org/wiki/SensorThings_API.

6. Message Queuing Telemetry Transport (MQTT). (22. März 2022). Wikipedia. https://de.wikipedia.org/wiki/MQTT.

7. Google Search Appliance (30. Juli 2019). Wikipedia. https://de.wikipedia.org/wiki/Google_Search_Appliance.

8. Brotkrümelnavigation. (11. Juli 2021). Wikipedia. https://de.wikipedia.org/wiki/Brotkr%C3%BCmelnavigation.

9. BKG. (31. Dezember 2020). *Geographische Namen 1:250.000 (GN250)*. https://gdz.bkg.bund.de/index.php/default/geographische-namen-1-250-000-gn250.html.

10. Zhong, X., & Cambria, E. (2018). Time expression recognition using a constituent-based tagging scheme. *Proceedings of the 2018 World Wide Web Conference, 983–992.* https://doi.org/10.1145/3178876.3185997.

11. Strötgen, J., & Gertz, M. (2010). HeidelTime: High quality rule-based extraction and normalization of temporal expressions. *Proceedings of the 5th International Workshop on Semantic Evaluation, 321–324.* http://www.aclweb.org/anthology/S10-1071.

12. Etscheid, J., van Lucke, J., & Stroh, F. (2020). *Künstliche Intelligenz in der öffentlichen Verwaltung.* Fraunhofer IAO. https://publica.fraunhofer.de/handle/publica/300105.

13. Doerner, R., Broll, W., Grimm, P., & Jung, B. (Hrsg.). (2022). *Virtual and Augmented Reality (VR/AR).* Springer International Publishing.

14. Azuma, R. T. (1997). A survey of augmented reality. *Presence: Teleoperators and Virtual Environments, 6*(4), 355–385. https://doi.org/10.1162/pres.1997.6.4.355.

15. Korbel, J. J., & Zarnekow, R. (2022). Die Rolle von 3D-Modellen im Wertschöpfungsprozess von physischen und virtuellen Konsumgütern. *HMD, 59*(1), 329–350. https://doi.org/10.1365/s40702-021-00816-x.

16. Burkard, S., Fuchs-Kittowski, F. Abecker, A., Haß, E., Heise, F., Miller, R., Runte, K., & Hosenfeld, F. (2020). Grundbegriffe, Anwendungen und Nutzungspotenziale von geodatenbasierter mobiler Augmented Reality im Umweltbereich. In U. Freitag et al. (Hrsg.). *Umweltinformationssysteme – Wie verändert die Digitalisierung unsere Gesellschaft?* (S. 243–259). Springer. https://doi.org/10.1007/978-3-658-30889-6_15.

17. Mekni, M., & Lemieux, A. (2011). Augmented reality: Applications, challenges and future trends. *Applied Computational Science, 205–214.*

18. Furht, B. (2011). *Handbook of augmented reality.* Springer.

19. van Krevelen, D., & Poelman, R. (2019). A survey of augmented reality technologies. *Applications and Limitations, IJVR, 9*(2), 1–20. https://doi.org/10.20870/IJVR.2010.9.2.2767.

20. Nutzerorientierte Gestaltung. (1. Juli 2022). Wikipedia. https://de.wikipedia.org/wiki/Nutzerorientierte_Gestaltung.

21. Garzón, J., Pavón, J., & Baldris, S. (2017). Augmented reality applications for education: Five directions for future research. In L. De Paolis, P. Bourdot, & A. Mongelli (Hrsg.) *Augmented reality, virtual reality, and computer graphics.* AVR 2017. Lecture Notes in Computer Science, (Bd. 10324). Springer. https://doi.org/10.1007/978-3-319-60922-5_31.

22. Müller, C. (2020). Eine mobile offline Bildanalyse-App zur Bestimmung der Kronentransparenz bei der Waldzustandserhebung. In U. Freitag et al. (Hrsg.), *Umweltinformationssysteme – Wie verändert die Digitalisierung unsere Gesellschaft?* (S. 157–176). https://doi.org/10.1007/978-3-658-30889-6_10.

23. Prasser, L. (2022). *Konzeption einer AR-Anwendung zur Veranschaulichung wechselnder Wasserstände in Auengebieten.* Hochschule Karlsruhe.

24. Mazur, P. & Dale, R. (2010). WikiWars: A New Corpus for Research on Temporal Expressions. Proceedings of the 2010 Conference on Empirical Methods in Natural Language Processing, 913–922. https://aclanthology.org/D10-1089.pdf.